河南省中等职业学校特色专业建设项目

机械设备控制技术

主　编　王富强　杜克欣
副主编　谢　瑞　王富有

黄河水利出版社
·郑州·

内容提要

针对现代中等职业教育教学的特点，为适应市场经济的需求，本书以设备的使用及维护为重点，系统介绍了常用低压电器、电气控制基本环节、常用机床的电气控制、PLC的组成及其应用、液压传动基础、液压元件、液压基本回路、典型液压系统和气压传动。

本书内容丰富，重点突出，新内容较多，实用性强；同时对工厂机械设备的运行、维修，常见故障及电气元件的选择进行了分析，突出了实践技能培养。

书中所使用的图形符号、文字符号及电路图的绘制均采用最新国家标准。

本书编写时力求由浅入深、通俗易懂、简明扼要、注意实用。本书适用于中等职业学校机械类专业师生使用，也可供其他有关专业师生及从事现场工作的技术人员参考。

图书在版编目(CIP)数据

机械设备控制技术/王富强，杜克欣主编.—郑州：黄河水利出版社，2020.11

ISBN 978-7-5509-2859-6

Ⅰ.①机… Ⅱ.①王… ②杜… Ⅲ.①机械设备-控制系统-中等专业学校-教材 Ⅳ.①TP273

中国版本图书馆CIP数据核字(2020)第238694号

组稿编辑：田丽萍　　电话：0371-66025553　　E-mail：912810592@qq.com

出 版 社：黄河水利出版社　　网址：www.yrcp.com

地址：河南省郑州市顺河路黄委会综合楼14层　　邮政编码：450003

发行单位：黄河水利出版社

发行部电话：0371-66026940、66020550、66028024、66022620(传真)

E-mail：hhslcbs@126.com

承印单位：河南承创印务有限公司

开本：787 mm×1 092 mm　1/16

印张：11

字数：260千字　　印数：1—1 000

版次：2020年11月第1版　　印次：2020年11月第1次印刷

定价：50.00元

前　言

根据现代中等职业教育的特点，本书主要突出以下特色：

(1)在内容上以设备控制技术为主线，从应用的角度综述了电气控制技术、液压技术、气动技术和PLC应用技术；以成熟实用的技术为出发点，注重理论与实际应用的紧密结合，以培养和提高学生的应用能力为目标，进行详尽而实用的阐述。

(2)在模块的编排上，力求线索明晰、简明扼要、言简意赅，并配备了大量图表，使教材图文并茂，便于记忆和理解。

(3)本书所使用的图形符号及文字符号均采用最新国家标准。

(4)本书在每一模块后面都附有习题。习题只是对本模块重要内容的一种提示，希望引起读者的注意，使读者更易于掌握章节知识要点。

全书共九个模块。第一、二、三模块主要介绍了常用低压电器、电气控制基本环节、常用机床的电气控制；第四模块主要介绍了PLC的组成及其应用；第五、六、七、八模块主要介绍了液压传动基础、液压元件、液压基本回路和典型液压系统；第九模块主要介绍了气压传动。

本书由王富强、杜克欣担任主编，谢瑞、王富有担任副主编。参与本书编写的教师具体分工为：模块一、模块二由王富强编写，模块三、模块四由杜克欣编写，模块五、模块六、模块七由谢瑞编写，模块八、模块九由王富有编写。

由于编者水平有限，错误与不足之处在所难免，恳请同行专家及广大读者批评指正。

编　者

2020年9月

目　录

模块一　常用低压电器

低压电器是电力拖动自动控制系统的基本组成元件。控制系统的优劣与所用低压电器直接相关。电气技术人员必须熟悉常用低压电器的原理、结构、型号、规格和用途,并能正确的选择、使用与维护。

任务一　低压电器概述

低压电器通常是指工作在交流电压小于 1 200 V、直流电压小于 1 500 V 的电路中起接通、断开、保护、控制或调节作用的电器设备。

一、低压电器的分类

低压电器的种类繁多,结构原理各异,功能多样,用途广泛。

(一)按其用途或所控制对象划分

(1)低压配电电器。包括刀开关、转换开关、熔断器和自动开关。主要用于低压配电系统中,要求在系统发生故障的情况下动作准确、工作可靠。

(2)低压控制电器。包括接触器、控制继电器、主令开关、起动器、电磁铁等。主要用于电力拖动自动控制系统和用电系统中,要求寿命长、体积小、工作可靠。

(二)按动作方式划分

(1)自动电器。是按照外来信号或某个物理量的变化而自动动作的电器,如接触器、继电器等。

(2)非自动电器。是通过人工或外力直接操作而动作的电器。

(三)按电器的执行机能划分

可分为有触点电器和无触点电器。例如有触点电器包括开关、按钮等,无触点电器有晶闸管、IGBT 管等。

二、低压电器的基本结构

各类电器基本结构主要由两部分组成:感受部分和执行部分。前者接收外界输入的信号,并通过转换、放大与判断做出相应的反应,使执行部分动作。对于有触点的电磁式电器,感受部分是电磁机构;执行部分是触点系统、灭弧装置,实现电路的接通或断开。

电磁机构由线圈、铁芯(静铁芯)、衔铁(动铁芯)组成。根据电磁感应原理,将电能转换为机械能并带动触点闭合或断开。

当线圈通入电流后,磁通 ϕ 通过铁芯、衔铁和工作气隙形成闭合回路,如图 1-1 中的虚线所示,磁路中建立的磁通在铁芯、衔铁之间产生吸力,衔铁受到吸力吸向铁芯。衔铁的运动受到反作用弹簧的拉力,只有吸力大于反作用弹簧的拉力时,衔铁才能牢牢吸合。

但吸力又不宜过大,否则衔铁和铁芯会产生严重碰撞,这样会产生很大的噪声。

电磁铁有各种不同的结构形式,如E形和U形等;按动作方式分有直动式和转动式;如图1-2所示,它们根据各自不同的结构特点和动作方式适用于不同的工作场合。

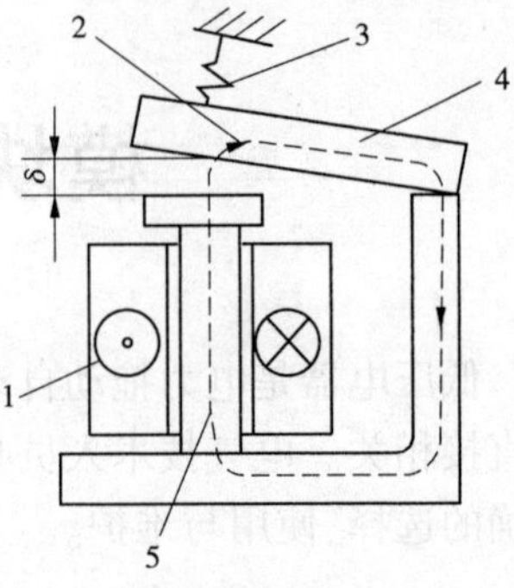

1—线圈;2—磁通;3—反力弹簧;4—衔铁;5—铁芯

图1-1 电磁机构示意图

电磁铁有直流和交流两大类,两者在结构上不同。直流电磁铁的铁芯在恒定状态下通过恒定磁通,铁芯中无磁滞损耗和涡流损耗,所以铁芯用整块软钢或工程纯铁制成;线圈做成高而薄的细长形,线圈没有骨架,直接套在铁芯上,使线圈产生的热量通过铁芯散发出去。交流电磁铁通过交变磁通,铁芯中有磁滞损耗和涡流损耗,所以铁芯用片间绝缘的硅钢片叠成,以减少铁损生热;线圈制成短粗形,并由线圈骨架把它和铁芯隔开,以利于铁芯和线圈的散热。

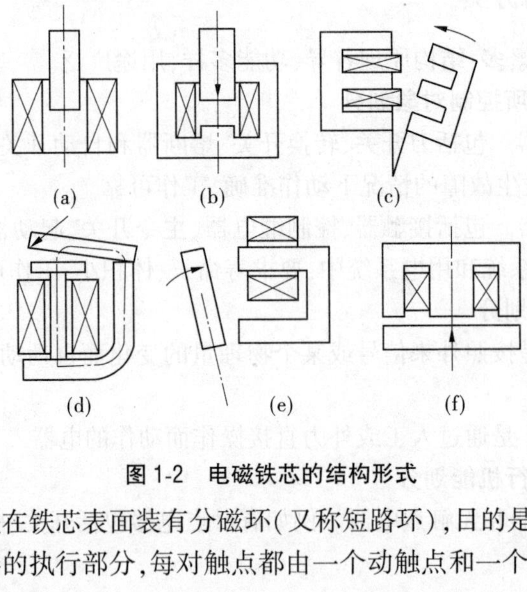

图1-2 电磁铁芯的结构形式

单相交流电磁铁在铁芯表面装有分磁环(又称短路环),目的是消除振动和噪声。

触点系统是电器的执行部分,每对触点都由一个动触点和一个静触点组成,用来接通和断开电路。

(一)触点系统结构形式

触点系统的结构形式有点接触、面接触、指形接触等,如图1-3所示。其中点接触和面接触常采用桥式结构,点接触形式用于电流及触点压力小的情况下,而面接触形式则用于电流及触点压力大的情况下。指形接触形式接触面为一直线,触点动作产生滚滑,有利于接触电阻的减小、氧化膜的消除,适用于电流大、触点动作频繁的情况。

(二)触点系统的分类

根据所控制的电路不同可分为主触点和辅助触点(如接触器)。主触点用于通断电流较大的主电路,辅助触点用于通断电流较小的控制电路。

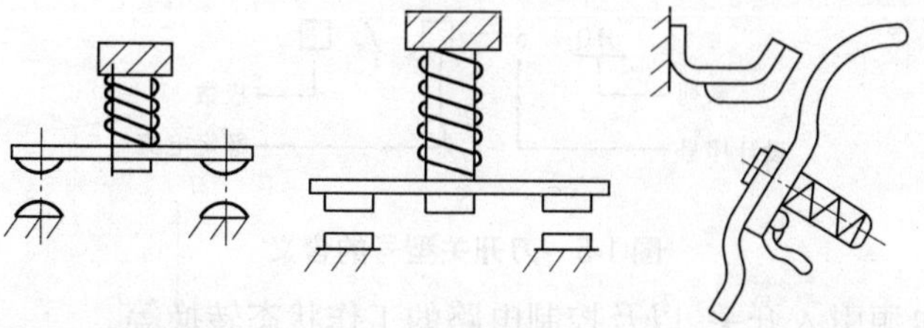

图 1-3　触点的结构形式

任务二　开关与主令电器

这类电器包括刀开关、组合开关、控制按钮和行程开关等。属于非自动切换的开关电器，常用于电源的引入、隔离或在规定条件下接通、断开电路，以实现电路工作状态的转换。

一、刀开关

刀开关在继电器-接触器控制系统中，常用于不频繁地接通和断开额定电流以下的负载，如小型电动机、电阻炉等。

刀开关按极数划分有单极、双极和三极，其图形符号和文字符号如图 1-4 所示，其结构由手柄、刀片、触点座和底板组成。常用刀开关的主要类型有 HD 和 HS 系列刀开关、HK 系列开启式负荷开关、HH 系列封闭式负荷开关、HR 系列熔断式刀开关等。

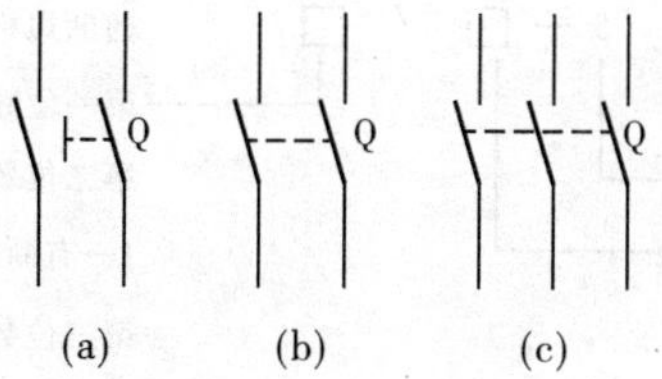

图 1-4　刀开关图形符号和文字符号

选用刀开关时，闸刀极数应与电源相数相等。刀开关的额定电压须大于所控电路的额定电压。刀开关的额定电流须大于电路的额定电流及尖峰电流。

刀开关安装时，手柄要向上装，不得倒装或平装，以免手柄松动下落而引起误合闸，造成人身伤亡和意外事故。电源线从上端引入，下端接电器，这样开关断开时，电器元件不带电，防止意外事故产生。刀开关型号的含义如图 1-5 所示。

二、组合开关

组合开关又称转换开关，实际上也是一种刀开关，只是它的刀片为转动式，动触点旋转代替闸刀的断开和闭合。常用于机床电路电源的引入开关，也可用作非频繁起停小功

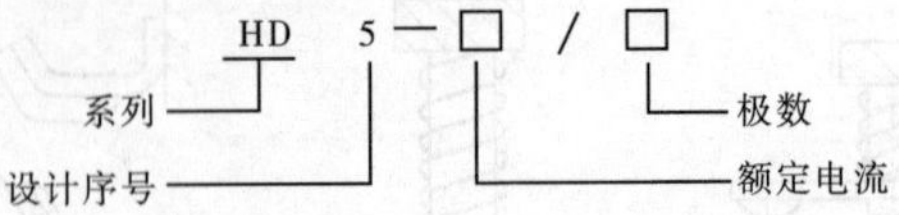

图 1-5　刀开关型号的含义

率异步电动机的电源引入开关,以及控制电路的工作状态转换等。

组合开关由动触点、静触点、方形转轴、手柄、定位机构及外壳组成。动触点、静触点分别叠装于数层绝缘壳内,转动手柄时每层动触片都随方形转轴一起转动,使其插入或转出相应的静触片,接通或断开被控电路。组合开关的结构如图 1-6(a)、(b)、(c)所示,图形符号和文字符号如图 1-6(d)所示。

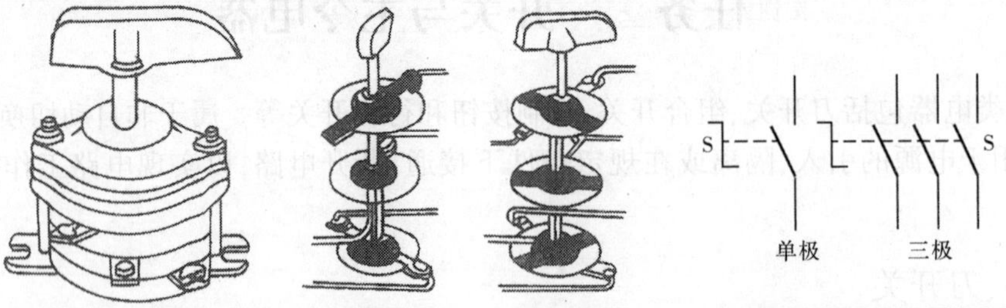

(a)外形　(b)接通位置　(c)分断位置　(d)图形符号及文字符号

图 1-6　HZ10-25/3 组合开关

组合开关可分为单极、双极和多极三类,其主要参数有额定电压、额定电流、允许操作频率、极数、可控电动机最大频率等。全国统一设计使用的有 HZ15 系列及其他 HZ 系列,引进生产的有德国西门子 3ST、3LB 系列等。组合开关型号含义见图 1-7。

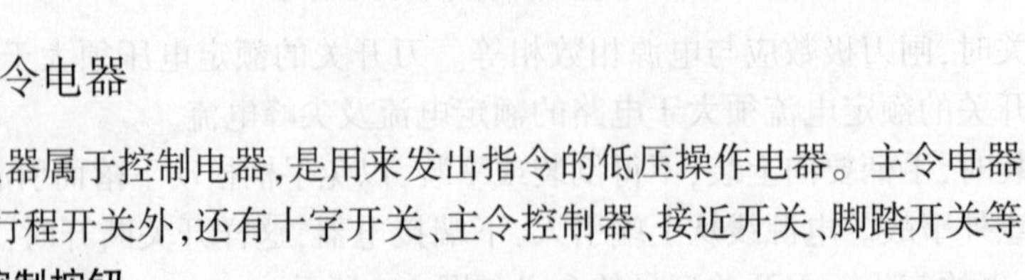

图 1-7　组合开关型号含义

三、主令电器

主令电器属于控制电器,是用来发出指令的低压操作电器。主令电器的种类很多,除控制按钮、行程开关外,还有十字开关、主令控制器、接近开关、脚踏开关等。

(一)控制按钮

控制按钮简称按钮,手动操作,用于接通或断开控制电路。

(1)按钮的结构。按钮的结构如图 1-8 所示,由按钮帽、复位弹簧、桥式触点和外壳组成。按钮的图形符号和文字符号见图 1-9。

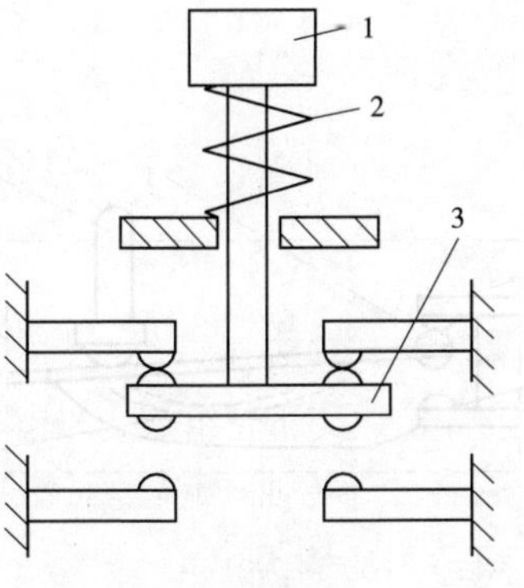

1—按钮帽;2—复位弹簧;3—动触点

图 1-8　按钮结构示意图

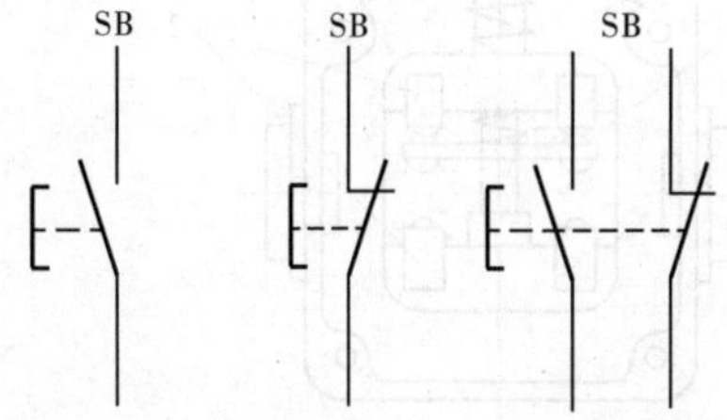

(a)动合触点　(b)动断触点　(c)复式触点

图 1-9　按钮的图形符号和文字符号

(2)按钮的动作原理。按下按钮帽,常闭(动断)触点断开,动合触点闭合,松开按钮帽,触点复位。若为复合按钮,按下时常闭触点先断开,常开触点后闭合,松开时则常开触点先复位,常闭触点后复位。

(3)按钮的主要技术要求。按钮的主要技术要求有规格、结构形式、触点对数和按钮颜色等。通常所选用的规格为交流额定电压 500 V、允许持续电流 5 A。

(4)按钮的型号含义。按钮型号有国产型号 LA 系列,统一设计新型号为 LA25 系列,引进德国 BBC 公司的 LAZ 系列。型号含义如图 1-10 所示。

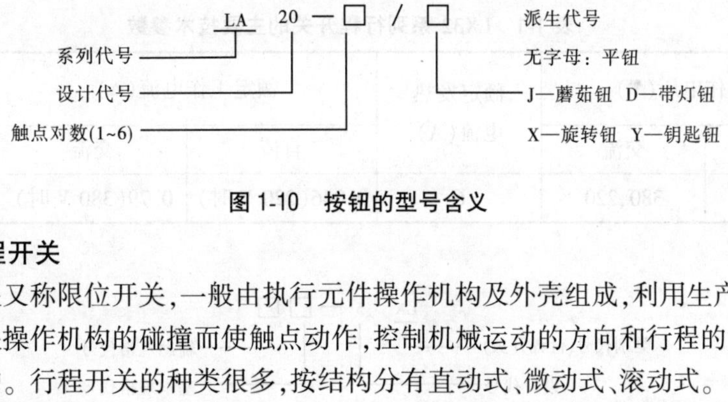

图 1-10　按钮的型号含义

(二)行程开关

行程开关又称限位开关,一般由执行元件操作机构及外壳组成,利用生产机械的某运动部件对开关操作机构的碰撞而使触点动作,控制机械运动的方向和行程的大小,或实现极限位置保护。行程开关的种类很多,按结构分有直动式、微动式、滚动式。

1. 直动式行程开关

如图 1-11 所示,其结构与按钮相似,只是它用运动部件上的挡块来碰撞行程开关的推杆。这种行程开关触点的分合速度取决于挡块的移动速度,在挡块移动速度低于 0.4 m/min 时,触点断开太慢,电弧易烧坏触点,此时不应采用这类行程开关。

2. 微动式行程开关

微动开关具有弯片式弹簧瞬动机构,如图 1-12 所示。当推杆被压下时,弓簧片变形,储存能量。当达到预定位置时,弹簧片连同动触点产生瞬时跳跃,实现电路的切换。当操作力小时,弹簧释放能量,反向跳跃,触点分合速度不受推杆压下速度影响,克服了直动式行程开关的缺点。这种行程开关不仅动作灵敏而且体积小,适用于小型机构。

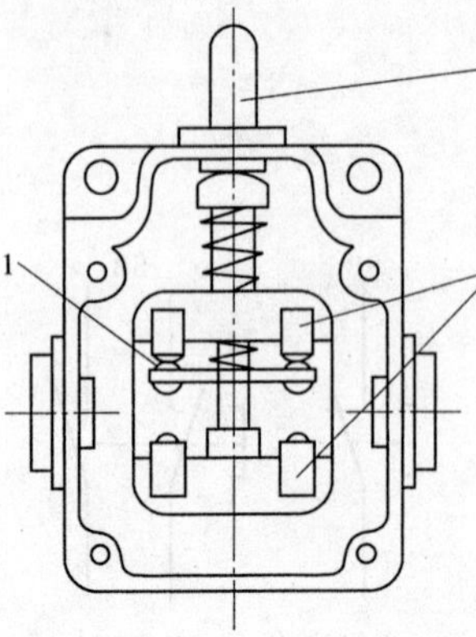

1—动触点；2—静触点；3—推杆

图 1-11　直动式行程开关

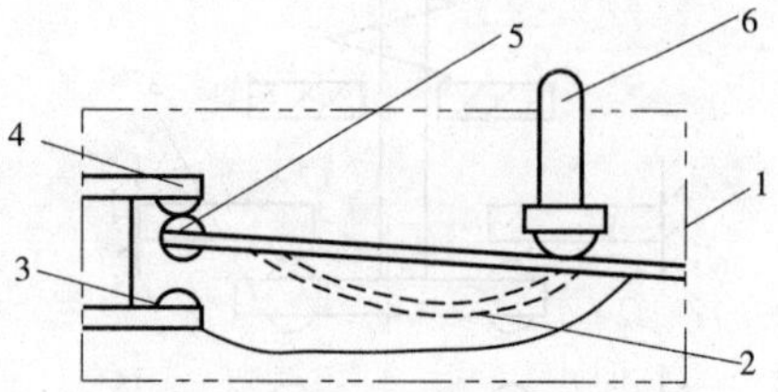

1—壳体；2—弓簧片；3—常开触点；
4—常闭触点；5—动触点；6—推杆

图 1-12　微动式行程开关

3. 行程开关的技术参数和型号举例

行程开关的主要技术参数有额定电压、额定电流、触点换接时间、动作力、动作角度或工作行程、触点数量、结构形式和操作频率等。全国统一新设计的行程开关有 LX31、LX32、LX33 系列，其他常用的行程开关有 LX19、LXW-11（微动式）、JIXk1（快速式）、LW2、LX5、LX10 等系列，引入产品有德国西门子公司的 3SE、法国柯赞公司的 831 系列。LX32 系列行程开关的主要技术参数及型号含义见表 1-1、图 1-13。

表 1-1　LX32 系列行程开关的主要技术参数

额定工作电压（V）		额定发热电流（A）	额定工作电流（A）		额定操作频率（次/h）
直流	交流		直流	交流	
220、110、24	380、220	6	0.046（220 V 时）	0.79（380 V 时）	1 200

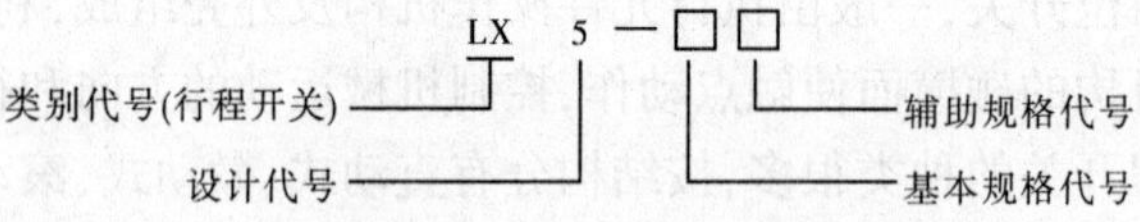

图 1-13　行程开关的型号含义

任务三　保护电器

保护电器属于配电电器，在电路短路、断路、过载、电动机断相时，对电路中所接的电器及电动机起保护作用，主要有断路器、熔断器、热继电器等。

一、断路器

断路器又称自动开关，相当于刀开关、熔断器、热继电器和欠压继电器的组合，既能起开关作用,又自动进行短路、过载、欠压、失压、过电流保护等,是低压配电系统中一种非常重要的保护电器。

(一)断路器的结构

断路器主要由操作机构、触点、灭弧装置、脱扣器等组成,见图 1-14。

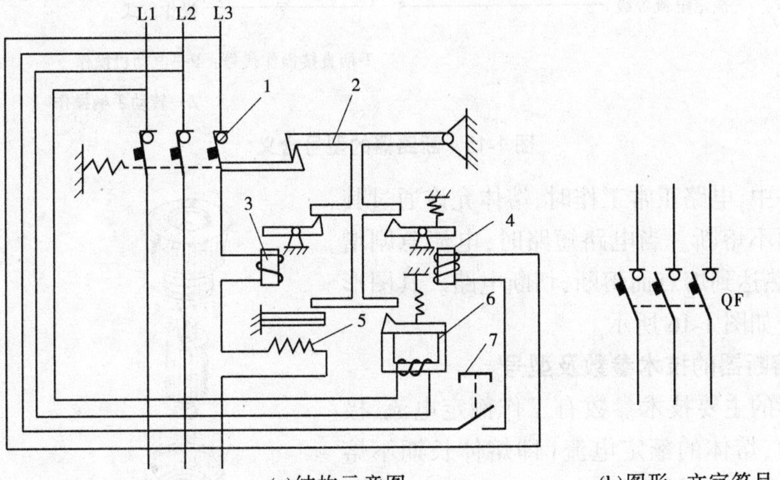

(a)结构示意图　(b)图形、文字符号

1—主触点;2—自由脱扣器;3—过电流脱扣器;4—分离脱扣器;
5—热脱扣器;6—失压脱扣器;7—操作机构

图 1-14　断路器的结构示意图和图形、文字符号

(二)断路器的工作原理

从结构图上可以看出,断路器有三对触点,串联在主电路中。在电路工作正常时,主触点通过操作机构闭合,自由脱扣机构将主触点锁定在闭合位置,电路正常接通;若要切断电路,操作分离脱扣器,使自由脱扣器自动脱扣,主触点断开,切断电路。

断路器的过电流脱扣器线圈和热脱扣器的发热元件与主电路串联,失压脱扣器线圈与电路并联。当电路短路或过载时,过电流脱扣器的衔铁被吸合,热脱扣器的发热元件受热增加弯曲变形,自由脱扣器的脱扣机构自动脱扣,主触点断开,切断电路,保护电路和电气设备。

(三)断路器的型号

常用的断路器有 DZ15、DZ20、DZ5、DZ10、DZX10、DZX19 等系列,引进生产的有德国 BBC 公司生产的 SO60 系列等,其中 DZ5、DZ10 已被 DZ14、DZ20 所取代,DZX 系列为限流型。断路器的型号含义如图 1-15 所示。

二、熔断器

熔断器是一种简单有效的保护电器,在电路中用于短路保护。

(一)熔断器的结构和工作原理

熔断器主要由熔体(熔丝或熔片)和安装熔体的熔管(或熔座)组成。熔体串接在被

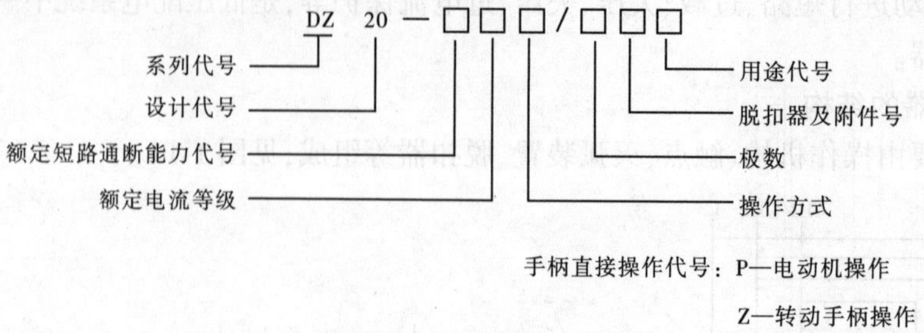

图 1-15 断路器的型号含义

保护的电路中，电路正常工作时，熔体允许通过其额定电流而不熔断。当电路短路时，电流急剧增大，熔体过热达到熔点而熔断，切断电路。其图形和文字符号如图 1-16 所示。

(二)熔断器的技术参数及型号

熔断器的主要技术参数有工作额定电流、极限分断能力、熔体的额定电流(即熔体长期不熔断的最大电流)、熔断电流等。

常用熔断器系列有 RC1A、RM7、RM10、RL6、RL7、RT12、RT14、RT15、RS0、RS3、RLS2 等。RC1A 系列常用于照明电路；RM 系列常用于小容量电网电路；RL 系列常用于机床控制电路；RT 系列常用于大容量电网电路；RS、RLS 系列为快速熔断器，用于半导体元件的保护。

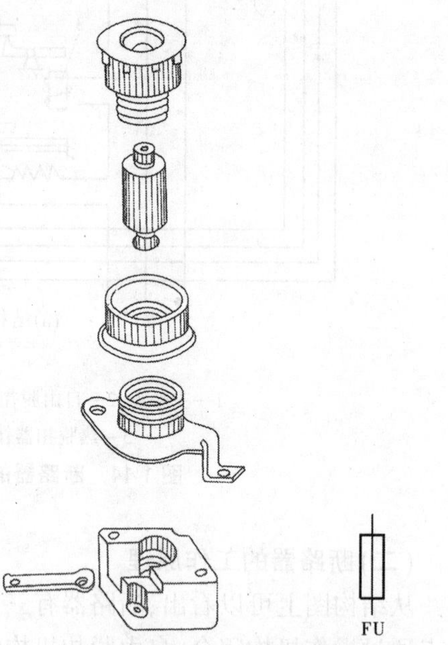

(a)结构示意图 (b)图形和文字符号

图 1-16 熔断器的结构示意图和图形、文字符号

三、热继电器

热继电器是利用热效应原理来工作的，主要用于电动机过载或缺相时的自动保护。在电动机运行过程中，若过载不太严重，绕组温升不超过一定值，是允许的。若过载时间长，绕组温升超过允许值，会加速电动机绝缘老化，烧坏绕组。当电动机断相时，一相绕组松开或熔断，若负载不变，由于电动机转矩减小，使绕组中电流过大，会烧坏电动机，所以必须采用保护措施。

(一)热继电器的结构及工作原理

如图 1-17 所示，热继电器由发热元件、双金属片、导板和常闭触点组成。发热元件一般为电阻丝，绕在双金属片上，串接在主电路中；双金属片由两种膨胀系数不同的金属碾压而成，作为热继电器的感测元件，当电路中的电流增大，发热元件发热增加，温度升高，双金属片向膨胀系数小的一方弯曲的位移增大，经过一段时间，双金属片推动导板，常闭触点断开，切断电路。由于双金属片有热惯性，电路短路时不能立即断开，因此热继电器不能用于短路保护。但在电动机起动或短时轻微过载时，可避免电动机的不必要停车。

热继电器的图形和文字符号见图1-18。

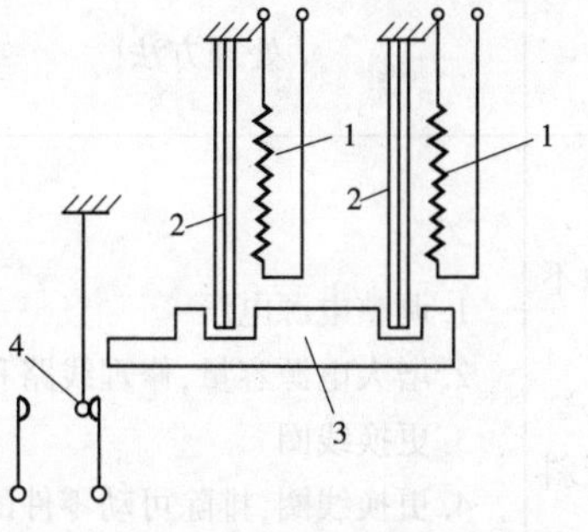

1—发热元件;2—双金属片;3—导板;4—触点

图1-17 热继电器工作原理示意图

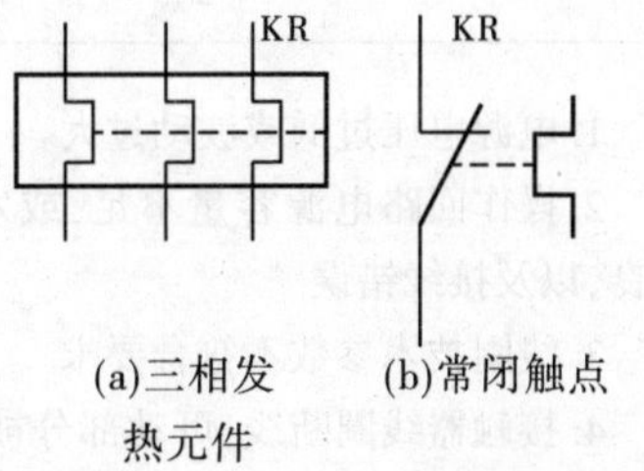

图1-18 热继电器的图形和文字符号

(二)热继电器的型号含义

热继电器的选用主要根据电动机的额定电流来确定型号、发热元件的电流等级和额定电流。其型号含义如图1-19所示。

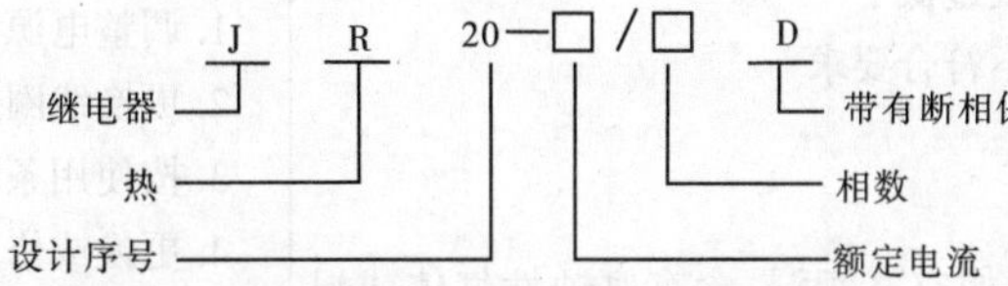

图1-19 热继电器的型号含义

任务四 交流接触器

接触器用于频繁操作的大功率电动机或其他负载电路,利用电磁吸力使触点动作,主要用于主电路控制。

接触器按触点通过的电流种类不同,可分为交流接触器和直流接触器两种。由于交流接触器应用较为广泛,故只介绍交流接触器。

一、交流接触器的主要结构和工作原理

交流接触器主要由电磁机构和触点系统、灭弧装置等组成,它的图形符号和文字符号如图1-20所示。

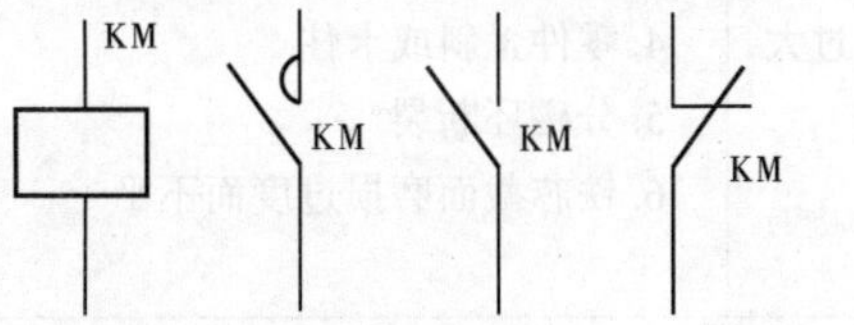

图1-20 交流接触器的图形符号和文字符号

二、交流接触器常见故障与维修

接触器可能发生的故障很多,应定期检查,及时修理。表1-2列出了触点、线圈、铁芯等最易发生的故障及维修办法。

表 1-2　接触器常见故障及处理方法

故障现象	产生故障的原因	处理方法
吸不上或吸不足	1. 电源电压过低或波动过大 2. 操作回路电源容量不足,或发生断线,触点接触不良,以及接线错误 3. 线圈技术参数不符合要求 4. 接触器线圈断线,可动部分被卡住,转轴生锈、歪斜等 5. 触点弹簧压力与超程过大 6. 接触器底盖螺钉松脱或其他原因使静、动铁芯间距太大 7. 接触器安装角度不合规定	1. 调整电源电压 2. 增大电源容量,修理线路和触点 3. 更换线圈 4. 更换线圈,排除可动零件的故障 5. 按要求调整触点 6. 拧紧螺钉,调整间距 7. 电器底板垂直水平面安装
线圈过热或烧损	1. 电源电压过高或过低 2. 线圈技术参数不符合要求 3. 操作频率过高 4. 线圈已损坏 5. 使用环境特殊,如空气潮湿,含有腐蚀性气体或温度太高 6. 运动部分卡住 7. 铁芯截面不平	1. 调整电源电压 2. 更换线圈或接触器 3. 按使用条件选用接触器 4. 更换或修理线圈 5. 选用特殊设计的接触器 6. 针对情况设法排除 7. 修理或更换铁芯
噪声过大	1. 电源电压低 2. 触点弹簧压力过大 3. 铁芯截面生锈或沾有油污、灰尘 4. 零件歪斜或卡住 5. 分磁环断裂 6. 铁芯截面磨损过度而不平	1. 提高电压 2. 调整触点压力 3. 清理铁芯截面 4. 调整或修理有关零件 5. 更换铁芯或分磁环 6. 更换铁芯
触点融焊	1. 操作频率过高或超负荷使用 2. 负载侧短路 3. 触点压力过小 4. 触点表面有凸起的颗粒或异物 5. 操作回路电压过低或机械性卡住触点停顿在刚接触的位置上	1. 按使用条件选用接触器 2. 排除短路故障 3. 调整弹簧压力 4. 修整触点 5. 提高操作电压,排除机械性卡阻故障

续表 1-2

故障现象	产生故障的原因	处理方法
触点过渡磨损	1. 触点弹簧压力过小 2. 触点表面有油污或不平，铜触点氧化 3. 环境温度过高，或使用于密闭箱中 4. 操作频率过高或工作电流过大 5. 触点的超程太小 6. 接触器选用欠妥，在某些场合容量不足，如反接制动、密集操作等 7. 三相触点不同步 8. 负载侧短路	1. 调整触点压力 2. 清理触点 3. 接触器降容使用 4. 调换合适的接触器 5. 调整或更换触点 6. 接触器降容或改用合适的 7. 调整使之同步 8. 排除短路故障
其他	1. 可逆接触器互锁不可靠 2. 灰尘、水汽、污垢等使绝缘材料导电 3. 某些零部件损坏(如灭弧室)	1. 检修互锁装置 2. 经常清理，保持清洁 3. 更换损坏的零件

三、接触器的常用系列及型号含义

目前常用类型有 CJ0——A、CJ0——B、CJ10、CJ12、CJ10X、CJ20 等系列，其型号含义如图 1-21、图 1-22 所示。

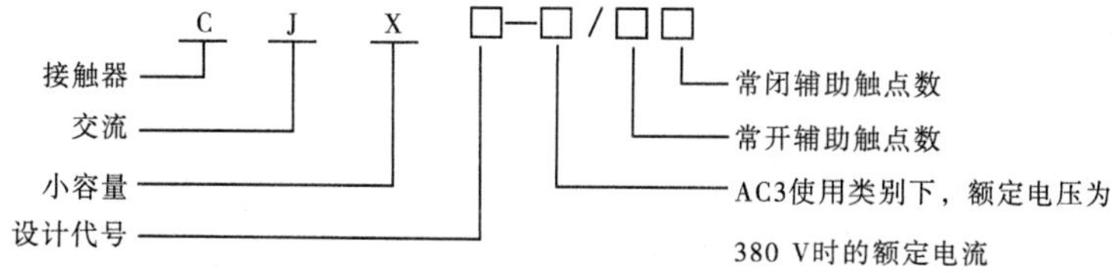

图 1-21　接触器型号含义

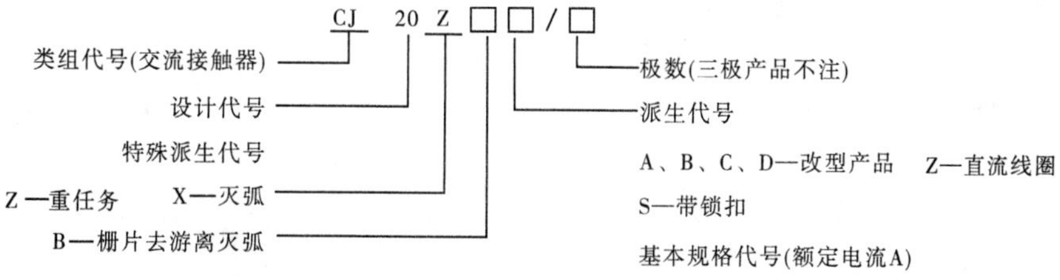

图 1-22　交流接触器型号含义

任务五　继电器

继电器的作用是根据输入信号的变化，接通或断开控制电路，对电路或电器实现自动控制和保护。继电器的种类很多，习惯上按输入信号分有电流继电器、电压继电器、时间继电器、速度继电器等。图 1-23 为电流继电器的图形符号和文字符号。

继电器也由电磁机构和触点系统组成，与接触器相类似。两者的区别是：继电器的输入信号可以是电压、电流、时间、速度、温度、压力等多种参量，而接触器只受电压控制；继电器只用于控制电路，而接触器的主触点常用于主电路，辅助触点常用于控制电路。

一、电流继电器

电流继电器的线圈串接于控制电路中，反映电路中电流的变化。其匝数少、导线粗，以减小对被测电流的影响。

图 1-23　电流继电器的图形符号和文字符号

电流继电器有过电流继电器和欠电流继电器两种。当线圈上的电流超过或低于被测值时，触点动作；当电流正常时，触点复位。电流继电器在电路正常工作时，触点不动作，是一种保护电器。

二、电压继电器

电压继电器的线圈与所控电路并联，反映电路中电压的变化。与电流继电器相反，其匝数多，导线细。

电压继电器有过电压继电器、欠电压继电器和零压继电器三种。当线圈电压超过或低于规定值或降至 5%～25%的额定电压时，触点动作；当电压正常时触点复位。电压继电器也是一种保护电器。

三、中间继电器

（一）中间继电器的结构

中间继电器属于一种电压继电器，在结构上与电压继电器基本类似，原理相同。但其触点对数多、容量大，用来传递中间信息。

（二）中间继电器的型号含义

中间继电器的常用系列有 JZ14、JZ15、JZ17（交、直流）及 JZ7（交流）等，其型号含义如图 1-24 所示。

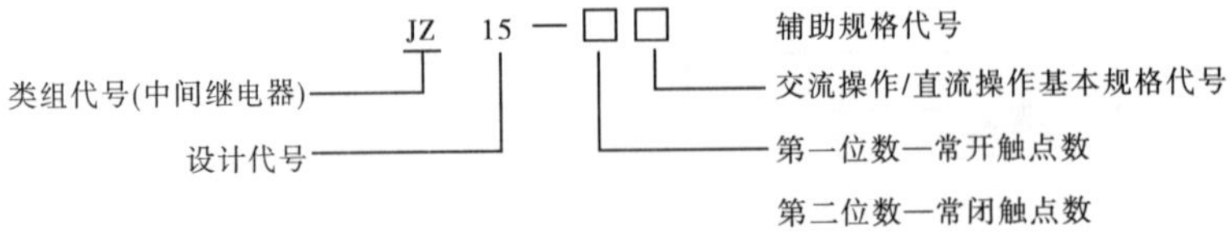

图 1-24　中间继电器的型号含义

四、时间继电器

这是一种输入或去除外部信号后，要经过一段时间触点才能动作或复位的继电器。因此，按触点的动作情况来划分，时间继电器有通电延时型和断电延时型两种。按结构原理来划分有空气阻尼式、直流电磁式、晶体管式等。

（一）空气阻尼式时间继电器

该继电器利用空气阻尼作用使触点延时，由电磁机构、触点系统和延时机构组成，延时机构采用气囊式阻尼器，有通电延时型和断电延时型两种。图1-25为断电延时型结构原理图，通过调整气孔大小调整延时时间。

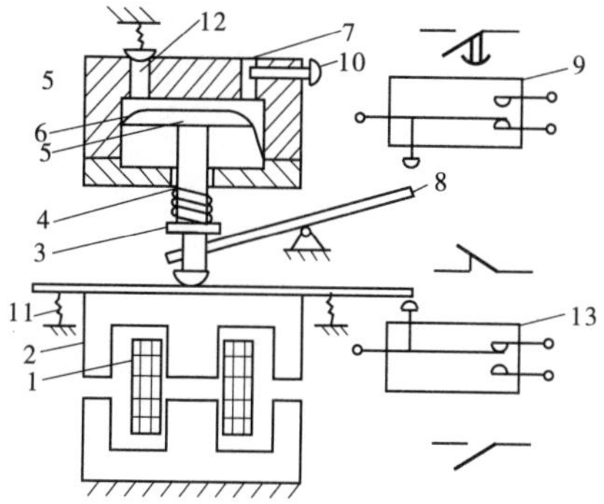

1—线圈；2—动铁芯；3—活塞杆；4—释放弹簧；5—伞形活塞；6—橡胶膜；
7—进气孔；8—杠杆；9—延时触点；10—调节螺钉；11—复位弹簧；12—排气孔；13—瞬动触点

图1-25　断电延时型空气阻尼式时间继电器结构原理

（二）直流电磁式时间继电器

直流电磁式时间继电器是在直流电磁式电压继电器的铁芯上加一个阻尼铜套，在线圈断电时，磁通变化，产生电磁感应，感应磁场阻碍原有磁场的变化，产生阻尼实现延时。这类时间继电器只有断电延时型，通过调整释放弹簧的松紧或改变动、静铁芯间的气隙大小来调整延时时间。

（三）晶体管式时间继电器

晶体管式时间继电器又称半导体式时间继电器，是利用RC电路中电容器充电，端电压逐渐上升原理，通过调整电路的时间常数来调整延时时间。该时间继电器延时范围宽、精度高、调整方便、体积小、寿命长，应用日益广泛。

时间继电器的图形符号和文字符号见图1-26。

五、速度继电器

速度继电器主要用于笼式异步电动机的反接制动、能耗制动控制，又称反接制动继电器。主要由转子、定子、触点三部分组成，其原理如图1-27所示。其中，转子是一个圆柱形永久磁铁；定子是一个笼形空心圆环，装有笼形绕组。其转子的轴与被控电动机的轴相联，定子空套在转子上。电动机转动，速度继电器的转子也随之转动，定子导体切割磁力

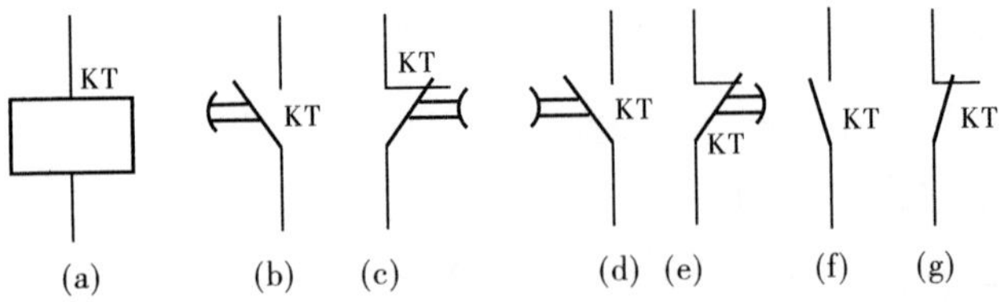

图 1-26　时间继电器的图形符号和文字符号

线产生感应电流,从而产生电磁转矩,定子也随之转动。转过一定角度时,定子上的摆锤拨动触点动作。电动机转速低于某一值时,转矩下降,触头复位。常用的系列有 JY1 系列、ZF20-1 系列、ZF20-2 系列等,一般的速度继电器触点动作转速为 120 r/min,复位转速为 100 r/min 以下。速度继电器的图形符号和文字符号如图 1-27 所示。

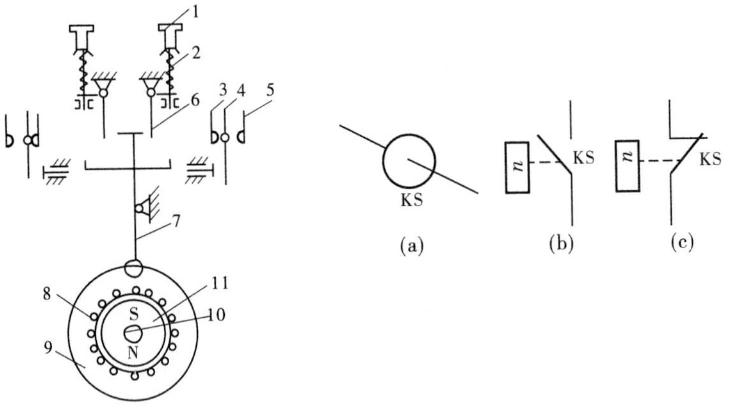

1—调节螺钉;2—反力弹簧;3—常闭触点;4—动触点;5—常开触点;
6—推杆;7—摆杆;8—笼型导条;9—定子;10—转轴;11—转子

图 1-27　速度继电器的结构原理及图形符号、文字符号

习　题

1-1　刀开关和组合开关主要由哪几部分组成?安装使用时应注意什么?

1-2　接触器如何分类?主要结构由哪几部分组成?在电路中起什么作用?

1-3　接触器主触点在电路中产生过热的主要原因是什么?应如何排除?

1-4　交流接触器线圈断电后,衔铁不能立即释放,因此电动机不能立即停止,试分析这种故障的原因,应如何处理?

1-5　从结构特点上如何区分电压继电器和电流继电器?

1-6　中间继电器在结构上与电压继电器有什么不同?在电路中起什么作用?

1-7　说明空气阻尼式、直流电磁式、晶体管式时间继电器的工作原理及如何调整延时时间?

1-8　分析熔断器和热继电器的工作原理及其在电路中的应用,判断它们能否互相替代？为什么？

1-9　熔断器的额定电流、熔体的额定电流、熔断器的极限分断电流有何不同？

1-10　断路器主要有哪些脱扣机构？试述其功能。

1-11　三相交流接触器铁芯上有无短路环？为什么？

1-12　画出时间继电器的线圈及触点的图形符号和文字符号,并说明其含义。

1-13　热继电器由哪几部分组成？各组成部分在电路中如何使用？

模块二 电气控制基本环节

由于各种生产机械的工艺过程不同,其控制电路也千差万别,但都遵循一定的原则和规律,都是由多个简单的基本环节组成的。因此,掌握电气控制电路的基本环节,将对生产机械整个电气控制电路的原理分析及维修打下良好的基础。本模块将介绍电气控制电路的一些主要基本环节。

任务一 电气控制系统图

电气控制系统中各电气元件及其连接关系的图称为电气控制系统图。常用的电气控制系统图包括电气原理图、电气安装图、电气接线图三类。

一、电气控制系统图中的图形符号、文字符号

电气控制系统图由电动机、电气元件和控制电路等组成。为了便于分析控制系统的工作原理、安装、调试和检修,必须采用统一的图形符号和文字符号来表示。

(一)图形符号

所有图形符号应符合《电气制图用图形符号》(GB/T 4728.1~13—1996~2000)的规定。

(二)文字符号

电气控制系统图中的文字符号应符合《电气技术中的文字符号制订通则》(GB/T 7159—1987)的规定。该标准规定的文字符号适用于电气技术领域中技术文件的编制,也可在电气设备、装置和元器件上或其近旁,用以标明电气设备、装置和元器件的名称、功能、状态和特征。

二、电气原理图

电气原理图是表示电路工作原理及电气元件相互作用和关系的一种图。绘制电气原理图时一般应遵循以下原则:

(1)从电源到电动机(或大负载)间的电路称为主电路,主电路外的其他电路称为控制电路。一般主电路画在左侧,控制电路画在右侧。

(2)电路中,同一电器的各导电元件如线圈和触点通常分开画,但必须用同一文字标示。

(3)电路中的全部触点都按“常态”绘制。对接触器、继电器的触点按线圈未通电状态绘制;对按钮、行程开关的触点,按不受外力作用时的状态绘制。

(4)主电路与电源电路垂直绘制。控制电路与信号电路垂直画在两条水平电源线之间。耗能元件(如电器线圈、电磁铁、信号灯等)直接与下方水平线连接,控制触点连接在

上方水平线与耗能元件之间。

(5)电路图中各电器元件触点图形符号垂直放置时,以“左开右闭”绘制;当图形为水平放置时,以“下开上闭”绘制。

(6)电路各接点标记:交流系统三相电源导线和中性线用 L1、L2、L3、N 标记。直流系统电源正、负极导线和中间线用 L+、L-、M 标记,保护接地线用 PE 标记,接地线用 E 标记。

6 个接线端子的三相电路,首端分别用 U1、V1、W1 标记,尾端分别用 U2、V2、W2 标记,中间抽头用 U3、V3、W3 标记。

控制电路接线端采用阿拉伯数字编号,一般由三位或三位以下的数字组成。标记方法按“等电位”原则进行,在垂直绘制的电路中,标号顺序一般由上而下编号,凡是被线圈、绕组、触点或电阻、电容等元件所间隔的线段,都应标以不同的电路标号。图 2-1 为 CW6132 型车床控制电路图。

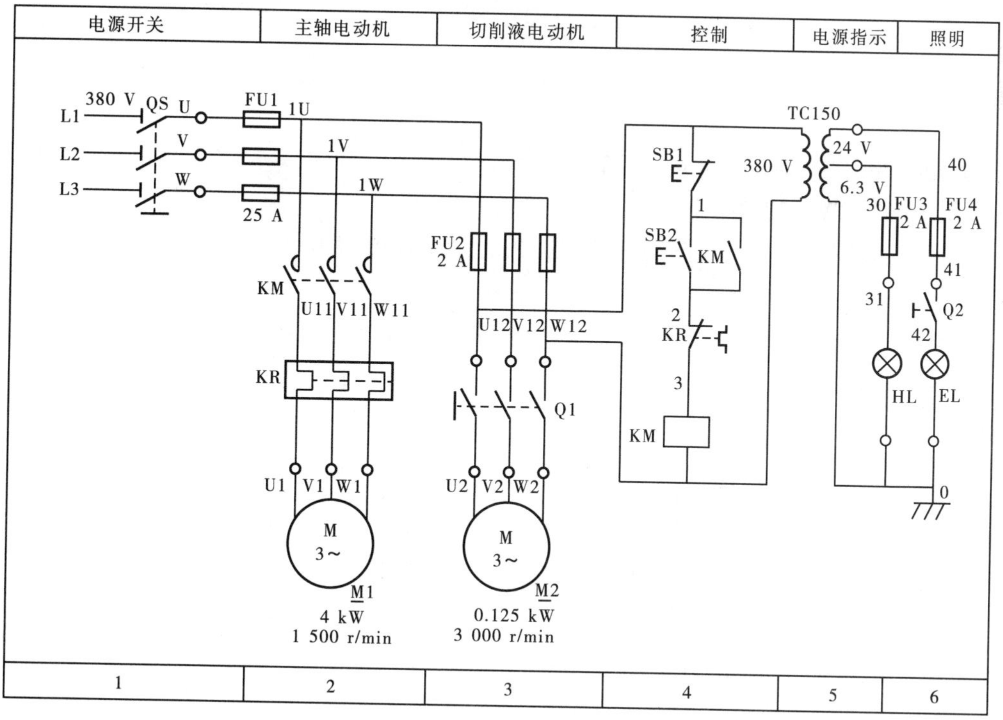

图 2-1 CW6132 型车床控制电路图

三、电气安装图和电气接线图

电气安装图表示电气设备或元件在机械设备和电气控制柜中的安装位置。各电气元件的安装位置是由电气元件功能和机械设备工作要求所决定的。如电动机与被拖动的机械部件连在一起,行程开关应放在能取得信号的位置。图 2-2 为 CW6132 型车床控制盘电气位置图。

电气接线图表示各电气设备间实际接线关系。绘制接线图时应把各电气元件的各部

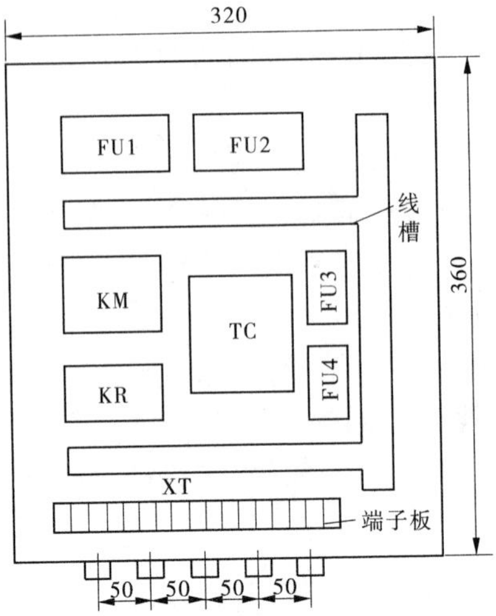

图 2-2　CW6132 型车床控制盘电气位置图

分(如触点和线圈)画在一起;文字符号、元件连接关系、线路编号都必须与电气原理图一致。图 2-3 为 CW6132 型车床电气接线图。

电气安装图和电气接线图是电气安装接线、检修和施工用图。

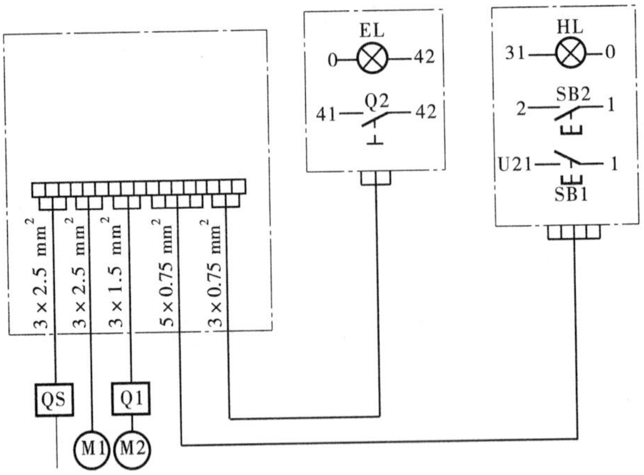

图 2-3　CW6132 型车床电气接线图

任务二　三相笼型异步电动机直接起动控制电路

电动机接通电源后,由静止状态逐渐加速到稳定运行状态的过程称为电动机的起动。电动机直接起动又称为全压起动。它是将额定电压直接加在电动机定子绕组上,使电动机旋转。这种起动方法的优点是所用电气设备少、线路简单;缺点是起动电流大,可达电动机额定电流的 4~7 倍。过大的起动电流会造成电网电压显著下降,直接影响在同一电网工作的其他电动机,甚至使它们停转或无法起动,故直接起动电动机的功率受到一定限制。

小功率电动机(10 kW 及其以下)可以直接起动。

一、单向旋转控制电路

三相异步电动机单向旋转可用开关或接触器控制,相应的有开关控制电路和接触器控制电路。

(一)开关控制电路

图 2-4 为电动机单向旋转控制电路。采用开关控制电路仅适用于不频繁起动的小功率电动机,它不能实现远距离控制和自动控制,也不能实现零压、欠压和过载保护。

(二)接触器控制电路

图 2-5 为接触器控制电动机单向旋转的电路。图中 Q 为三相刀开关,FU1、FU2 为熔断器,KM 为接触器,KR 为热继电器,M 为笼型异步电动机,SB1 为停止按钮,SB2 为起动按钮。

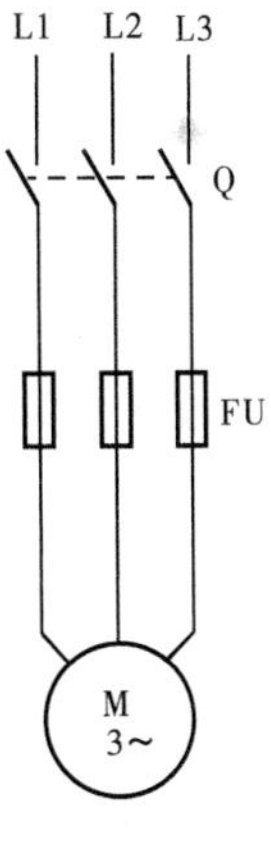

图 2-4　电动机单向旋转控制电路

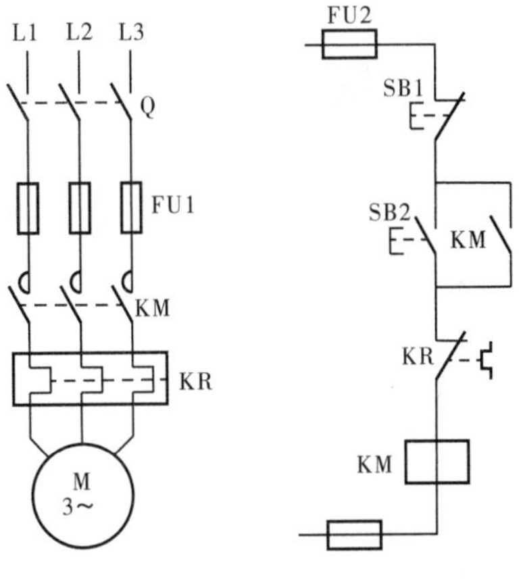

图 2-5　接触器控制电动机单向旋转电路

其电路工作过程是:合上电源开关 Q,按下起动按钮 SB2,KM 线圈通电,常开主触点闭合,电动机起动运转;同时,与起动按钮并联的接触器常开触点也闭合,当松开 SB2 时,KM 线圈通过其本身常开辅助触点继续保持通电,从而保证了电动机连续运转。这种依靠接触器自身辅助触点保持线圈通电的电路,称为自锁或自保电路。辅助常开触点称为自锁触点。

当需电动机停止时,可按下停止按钮 SB1,KM 线圈断电,电动机停止运转。

图 2-5 中的 FU1、FU2 分别为实现主电路和控制电路的短路保护。KR 为电动机的长期过载保护,KM 自锁触点作为欠压或失压保护。欠压或失压保护是指当电源电压由于某种原因严重欠压或失压时,KM 电磁吸力急剧下降或消失,衔铁释放,其常开主触点和自锁触点断开,电动机 M 停转。而当电源电压恢复正常时,电动机 M 不会自行起动运转,避免人身或设备事故发生。

二、点动控制

生产机械除需正常连续运转外，还需要做调整运动，这时就需要有“点动”控制。如把图 2-5 控制电路的自锁回路断开，即不接自锁触点，便成为单纯的点动控制电路，见图 2-6(a)。当电动机需点动时，先合上电源开关 Q，按下按钮 SB，KM 线圈通电，常开主触点闭合，电动机起动旋转；松开按钮 SB，KM 线圈断电，主触点断开，电动机停止运转。所以，点动控制电路的最大特点是取消了自锁触点。

图 2-6(b)为采用开关 SA 断开自锁回路的点动控制电路。该电路可实现连续运转和点动控制，由开关 SA 选择，当 SA 合上时为连续控制，当 SA 断开时为点动控制。

图 2-6(c)为用点动按钮常闭触点断开自锁回路的点动控制电路。SB2 为连续运转起动按钮，SB1 为连续运转停止按钮，SB3 为点动按钮。当按下 SB3 时，常闭触点先将自锁回路切断，随后常开触点才闭合，使 KM 线圈通电，常开主触点闭合，电动机起动旋转；当松开 SB3 时，常开触点先断开，KM 线圈断电，常开主触点断开，电动机停转，而后 SB3 常闭触点才闭合，但 KM 常开辅助触点已断开，KM 线圈无法通电，实现点动控制。

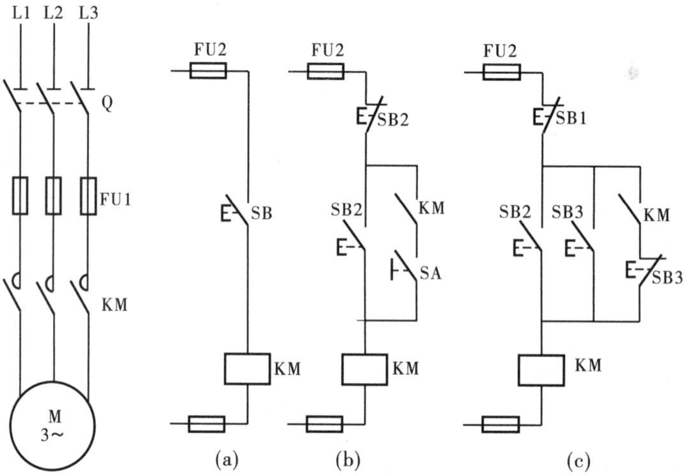

图 2-6　电动机的点动控制电路

三、两地起停控制

在大型设备或机床中，为了操作方便，要求能在两地或多地点进行起停控制。如图 2-7 所示，把起动按钮并联起来，停止按钮串联起来，分别装在两个地方(SB11 和 SB12 组合，SB21 和 SB22 组合)，就可实现两地起停控制。

四、顺序起停控制

对于多台电动机驱动的设备，由于电动机的功用不同，需要分先后起动顺序，如 Y3150E 型滚齿机床，液压泵电动机先起动，其次是主轴电动机起动，最后是冷却泵电动机起动。图 2-8 为液压泵电动机 M2 和主轴电动机 M1 的顺序起动控制电路。控制要求是

M1、M2 的顺序起动,M1、M2 的顺序停止。其工作过程是:当电动机组起动时,合上电源开关 Q,先按下 SB2,KM2 线圈通电并自锁,M2 起动运行;再按下 SB4,KM1 线圈通电并自锁,M1 起动运行,且将 SB1 锁住。当电动机组停止时,先按下 SB3,KM1 线圈断电,M1 停转;由于与 SB1 并联的 KM1 自锁触点已复位,再按下 SB1 时,KM2 线圈断电,M2 停转。

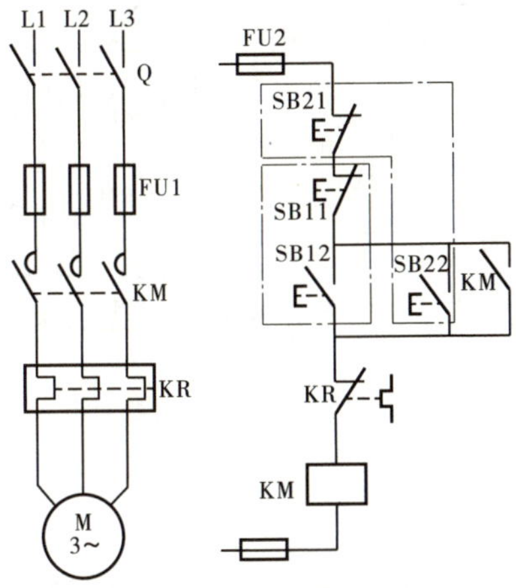

图 2-7　两地起停控制电路

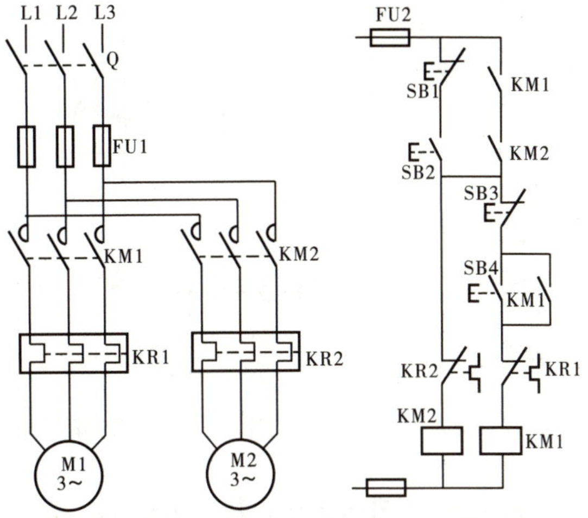

图 2-8　两台电动机顺序起动控制电路

五、可逆旋转控制电路

有的生产机械往往要求能实现正反两个方向的运动,如机床工作台的前进与后退,主轴旋转的正向与反向,这就要求电动机必须可以正反转。由电机原理可知,改变电动机三相电源的相序,就能改变电动机的转向。

(一)手动按钮控制

图 2-9 为按钮控制电动机正反转控制电路。其中,图 2-9(a)为两组单相旋转控制电路组合而成,主电路由正反转接触器 KM1、KM2 的主触点来改变电源的相序,实现电动机的可逆旋转。但图 2-9(a)若发生电动机已进行正转旋转后,又按下反转按钮 SB3 的误操作时,由于正反转接触器 KM1、KM2 线圈同时通电,其主触点闭合,将造成电源两相短路,电动机无法工作。为此,将 KM1、KM2 正反转接触器的常闭触点串接在对方线圈电路中,形成相互制约的控制,如图 2-9(b)所示,从而避免发生电源短路的故障。这种利用接触器常闭辅助触点的制约控制,称为电气互锁。在这一电路中,欲使电动机由正转变反转或由反转变正转,都必须先按下 SB1,然后进行正反转的起动控制。

图 2-9(c)是在图 2-9(b)的基础上增设了 SB2、SB3 的常闭触点构成的按钮互锁电路,从而构成具有电气、按钮双重互锁的控制电路,此电路在正反转控制操作时,不需再按停止按钮,即可直接实现电动机正反转切换控制。

(二)自动循环控制

机械设备中如机床的工作台、自动输料机构等均需要自动往复运动。通常情况下,自动往复是利用行程开关(光电开关)检测运动部件的相对位置,并发出正反向运动切换信号,这种控制称为行程控制。

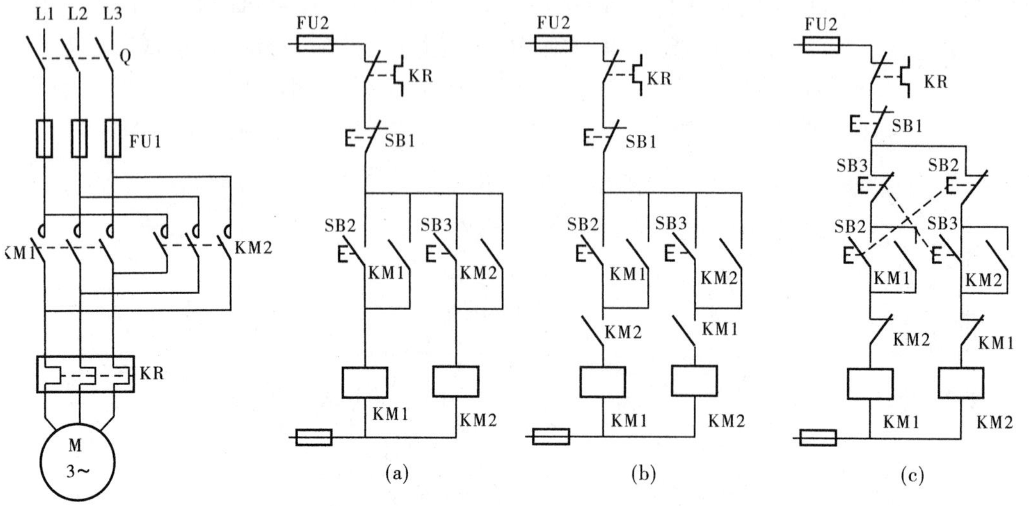

图 2-9　按钮控制的电动机正反转电路

图 2-10(a)为机床工作台往复运动示意图。行程开关 SQ1、SQ2 均固定在床身上,其中 SQ1 为反向转正向行程开关并反映加工起点位置,SQ2 为正向转反向行程开关并反映加工终点位置。SQ4、SQ3 为正反向极限保护开关。挡块 A、B 固定在工作台上,随着运动部件的移动分别压下行程开关时,发出切换信号,使电动机正反向运转。

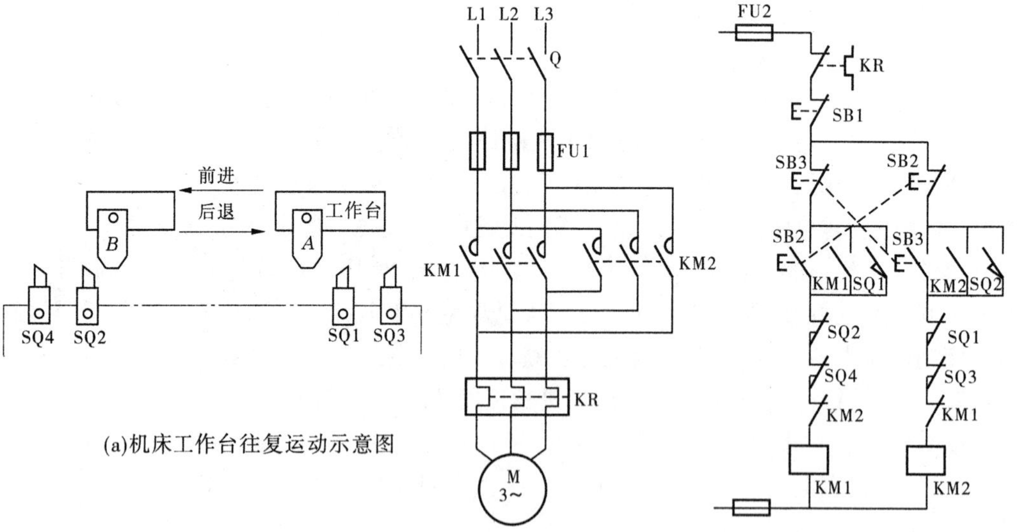

(a)机床工作台往复运动示意图

(b)自动循环的正反向控制电路

图 2-10　自动循环控制电路

图 2-10(b)为自动循环的正反向控制电路,其工作过程是:合上电源开关 Q,按下正向起动按钮 SB2,正向接触器线圈 KM1 通电并自锁,电动机 M 正转,工作台前进。当前进

到位时,挡块 B 压下 SQ2,其常闭触点断开,KM1 断电,但 SQ2 常开触点闭合,使反向接触器线圈 KM2 通电,M 反转,工作台后退。当后退到位时,挡块 A 压下 SQ1,KM2 断电,SQ1 常开触点闭合,又使 KM1 通电,M 正转,如此周而复始地自动往复工作。当按下停止按钮 SB1 时,电动机便停止旋转。若换向用行程开关 SQ1、SQ2 失灵,则由限位开关 SQ3、SQ4 的常闭触点切断电路电源,防止工作台因超出极限位置而发生事故。

任务三　三相笼型异步电动机降压起动控制电路

三相异步电动机的功率在 10 kW 以上时,应采用降压起动。三相异步电动机常用的降压起动方法有星形-三角形降压起动、定子绕组串电阻降压起动、自耦变压器降压起动等。尽管方法各异,但目的都是限制电动机的起动电流。

一、星形-三角形降压起动控制

凡是正常运行时三相定子绕组接成三角形的三相异步电动机,常用星形-三角形降压起动。起动时,定子绕组先为星形联结,待转速升到接近额定转速时,再将定子绕组恢复三角形联结,使电动机进入全压运行。图 2-11 为时间继电器自动切换的星形-三角形降压起动电路。其工作过程是:合上电源开关 Q,按下起动按钮 SB2,KM 线圈通电并自锁,同时 KM1 线圈与 KT 时间继电器线圈通电,电动机按星形联结起动。当时间继电器 KT 延时时间到,其常闭延时触点断开,KM1 断电,常开延时触点闭合,使 KM2 通电并自锁,电动机 M 按三角形联结运行。

图 2-11 中,KM1、KM2 常闭辅助触点构成电气互锁,防止主电路电源短路。

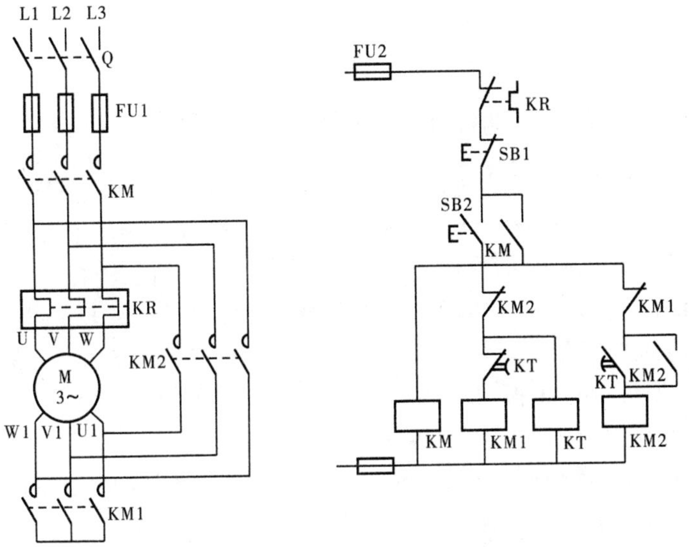

图 2-11　星形-三角形降压起动电路

二、定子绕组串电阻降压起动控制

定子绕组串电阻降压起动不受电动机接线形式的限制,控制电路简单。电动机起动时,三相定子绕组串电阻,降低起动电压,起动结束后,再将电阻短接,使电动机进入全压运行。图 2-12 为定子绕组串电阻降压起动控制电路,其起动过程是:合上电源开关 Q,按下起动按钮 SB2,接触器 KM1 和时间继电器 KT 线圈通电,电动机 M 串电阻起动。当时间继电器 KT 延时到时,其常开延时触点闭合,KM2 线圈通电并自锁,KM2 常闭辅助触点断开使 KM1、KT 线圈先后断电,电动机 M 全压起动运行。

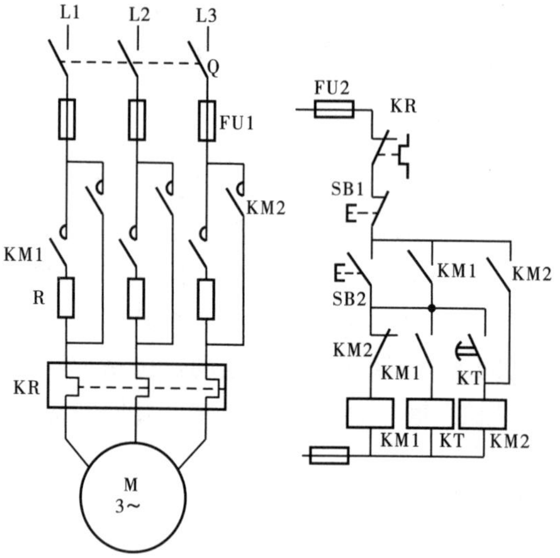

图 2-12　定子绕组串电阻降压起动控制电路

三、自耦变压器降压起动控制

自耦变压器降压起动也不受电动机接线形式的限制。电动机起动时,定子绕组加上自耦变压器的二次电压,起动结束后,切除自耦变压器,定子绕组加上额定电压,使电动机全压运行。图 2-13 为自耦变压器降压起动控制电路,起动过程是:合上电源开关 Q,按下起动按钮 SB2,KM1 线圈通电,自耦变压器 T 做星形联结,同时 KM2 通电并自锁,电动机 M 机 M 降压起动,KT 线圈通电并自锁。当 M 运行达到 KT 整定时间,其常闭延时触点先断开,KM1、KM2 先后断电,T 被切除,KT 的常开延时触点后闭合且 KM1 常闭辅助触点复位时,KM3 通电并自锁,电动机 M 全压运行。

电路中 KM1、KM3 常开辅助触点构成电气互锁保护,防止 KM1、KM2、KM3 同时通电使自耦变压器 T 的部分绕组短接烧坏。笼型异步电动机有多种起动方法,其起动电压、起动转矩、起动电流、应用场合及特点各有不同,表 2-1 为几种起动方式比较。

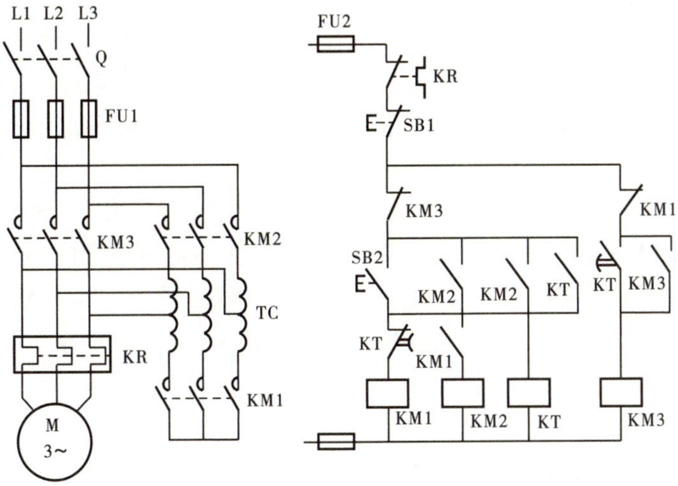

图 2-13　自耦变压器降压起动控制电路四、绕线式异步电动机起动控制

表 2-1　笼型异步电动机起动方式的比较

起动方式	直接起动	串电阻降压起动	星形-三角形降压起动	自耦变压器降压起动		
降压百分比				73	64	55
起动电压 额定电压	1	0. 8	0. 58	0. 73	0. 64	0. 55
起动力矩 全压起动力矩	1	0. 64	0. 33	0. 53	0. 41	0. 30
起动电流 全压起动电流	1	0. 8	0. 33	0. 57	0. 45	0. 36
应用场合	高、低压电动机	低压电动机	正常运行时，定子绕组按三角形联结	高、低压电动机		
特点	起动简单，起动电流、起动电压较大	起动电流和起动力矩较大，起动中能耗较大	起动电流小，起动力矩小	起动电流小，起动力矩较大		

四、绕线式异步电动机启动控制

三相绕线式异步电动机转子中绕有三相绕组，通过集电环可以串接外加电阻，从而减小起动电流和提高起动转矩，适用于要求起动转矩高及调速的场合。图 2-14 为电流继电器控制的绕线式转子异步电动机转子串电阻起动控制电路，它采用根据电动机在起动时转子电路中电流大小来逐级切除电阻的起动方法。图 2-14 中 KM1 为电源接触器；KM2、KM3 为短接电阻接触器；R1、R2 为转子起动电阻；KA 为中间继电器；KA1、KA2 为电流继电器，其吸合电流设置相同，但 KA1 的释放电流应大于 KA2 的释放电流。

启动过程是：合上电源开关 Q，按下启动按钮 SB2，KM1 线圈通电并自锁，电动机 M 串入全部电阻起动，同时 KA 通电。由于电动机 M 刚起动时电流很大，大于 KA1、KA2 的吸合电流,故同时通电动作,其常闭触点全部断开,使 KM1、KM2 线圈不能得电,电动机串接全部电阻进行起动。随着电动机 M 的转速升高,转子电流减小,当小到 KA1 的释放电流时,KA1 释放,其常闭触点复位,使 KM2 线圈通电,主触点闭合短接电阻 R1。切除电阻 R1 后,转子电流增大,电动机转速上升,但转速上升又使转子电流减小,当电流减小到 KA2 的释放电流时,KA2 释放,其常闭触点复位,使 KM3 线圈通电,短接电阻 R2,转子电流又增大,使电动机转速继续上升,当上升到额定值时,完成整个起动过程。

KA 的作用:若无 KA,当转子电流由零上升尚未达到电流继电器吸合值时,KA1、KA2 未吸合,使 KM2、KM3 同时通电,将转子起动电阻全部短接,导致电动机 M 直接起动。有了 KA,在 KM1 线圈通电后才使 KA 通电,在 KA 常闭触点闭合之前,转子电流已超出 KA1、KA2 吸合值并已动作,其常闭触点已将 KM2、KM3 电路断开,确保转子串电阻起动。

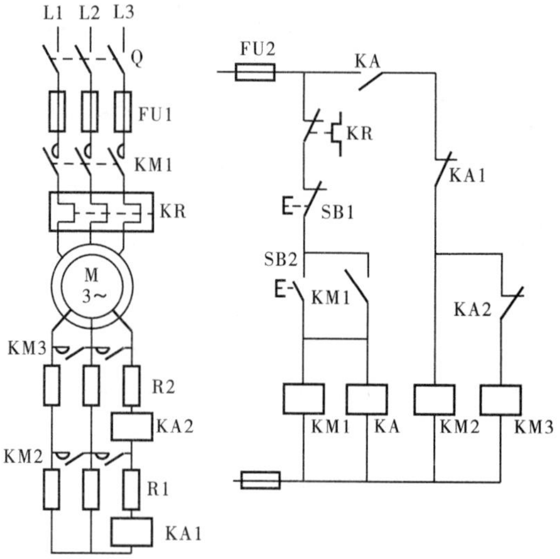

图 2-14　绕线式异步电动机

任务四　三相笼型异步电动机电气制动控制电路

三相异步电动机从切断电源到完全停转,由于惯性的作用,总要经过一段时间。许多生产机械,如铣床、镗床、组合机床都要求迅速停车和准确定位,这就要求对电动机进行强迫停车,即制动。制动的方式一般有两种:机械制动和电气制动。机械制动是利用电磁铁或液压操纵机械抱闸机构,使电动机快速停转的方法。电气制动实质上是使电动机产生一个与原转子的转动方向相反的制动转矩。常用的电气制动有能耗制动和反接制动。

一、电磁抱闸制动控制

图 2-15(a)为电磁抱闸制动原理图。图中电动机转子与制动轮同轴安装。当电动机刚停止时,电磁铁使制动闸紧紧地抱住制动轮,从而使电动机迅速停转。从图 2-15 中看出,若弹簧选用压簧,则制动闸平时处于抱闸状态,这种制动称为断电制动;若弹簧选用拉簧,则制动闸平时处于松开状态,这种制动称为通电制动。

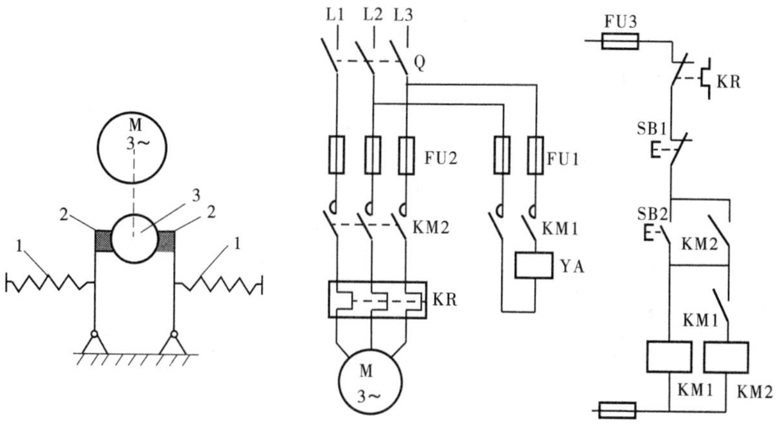

(a)　(b)

1—弹簧;2—制动闸;3—制动轮

图 2-15　电磁抱闸断电制动控制电路

(一)断电制动控制

像电梯、卷扬机等一类升降机械,为了避免因电源中断或电路故障影响制动的安全性和可靠性,一般采用断电制动控制方式。图 2-15(b)为断电制动控制电路。为避免电动机起动瞬间出现抱闸堵转现象,必须使电磁线圈 YA 先通电,待制动闸松开后,电动机才接通电源。其工作过程是:合上电源开关 Q,按下起动按钮 SB2,KM1 线圈通电并自锁,线圈 YA 首先通电。衔铁吸上,压簧压紧使制动闸松开,此时 KM2 通电,电动机 M 起动运行。当按下停止按钮 SB1 时,电动机切断电源,线圈 YA 断电,压簧复位,制动闸抱紧,电动机迅速制动。

(二)通电制动控制

为减少制动电磁线圈通电时间,对于像车床一类经常需要调整工件位置的机械设备,一般采用通电制动控制方式。

图 2-16 为电磁抱闸通电制动控制电路。其工作过程是:合上电源开关 Q,按下起动按钮 SB2,KM1 线圈通电并自锁,电动机起动运行。当按下停止按钮 SB1 时,KM1 首先断电,电动机脱离电源,然后 KM2 通电并自锁,同时 KT 和 YA 线圈通电动作。制动闸抱紧制动,待电动机停转且时间继电器 KT 整定时间到,延时动断触点断开,使 KM2 和 KT 线圈先后断电,YA 线圈断电,制动闸恢复松开状态。

二、能耗制动控制

能耗制动是指电动机断开三相交流电源后,迅速给定子绕组加入直流电源,以产生静止磁场,起阻止旋转的作用,待转子转速接近零时再切除直流电源,达到制动的目的。

图 2-17(a)为手动复合按钮控制的能耗制动控制电路。变压器 TC 和整流元件 VD 组成整流装置,并提供整流直流电源;KM2 为制动接触器。电动机停车时,按下复合按钮 SB1,直到制动结束后再放开按钮。这种控制的制动时间需靠人工掌握,操作不方便。

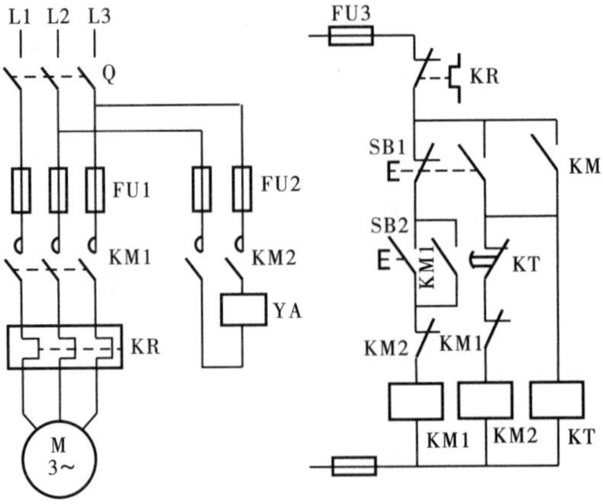

图 2-16　电磁抱闸通电制动控制电路

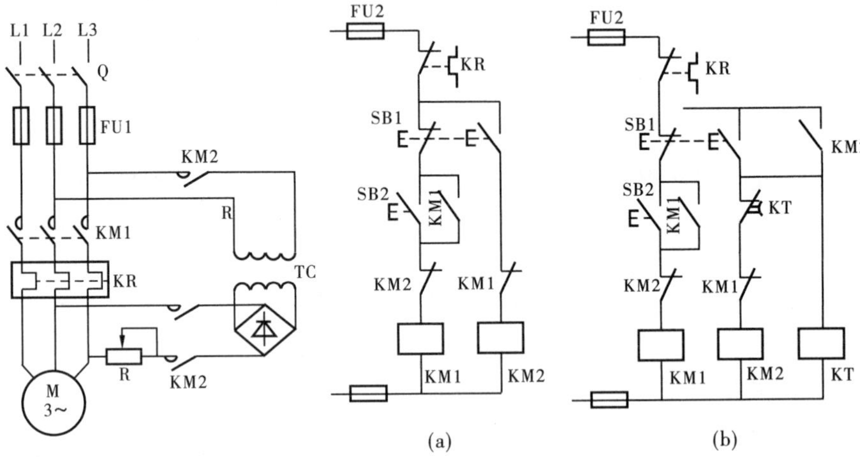

图 2-17　能耗制动控制电路

图 2-17(b)为时间继电器控制的能耗制动控制电路。KT 为时间继电器,延时整定值由制动时间确定。电路工作过程是:合上电源开关 Q,按下起动按钮 SB2,KM1 线圈通电并自锁,电动机 M 起动运行。当需要停车时,按下停止按钮 SB1,KM1 线圈断电,切断电动机电源;同时 KM2、KT 线圈同时通电并自锁,将两相定子接入直流电源进行能耗制动。转速迅速下降,当接近零时,KT 延时到,其延时触点动作,使 KM2、KT 先后断电,制动结束。

能耗制动的效果与通入直流电流的大小和电动机转速有关,在同样的转速下,电流越大,其制动时间越短。一般取直流电流为电动机空载电流的 3~4 倍,过大电流会使定子过热。直流电源中串接的 R 用于调节制动电流的大小。

能耗制动具有制动准确、平稳、能量消耗小等优点。但制动转矩小,故适用于要求制动准确、平稳的设备,如磨床、组合机床的主轴制动。

三、反接制动控制

反接制动是通过改变电动机三相电源的相序，使电动机定子绕组产生的旋转磁场与转子旋转方向相反，产生制动，使电动机转速迅速下降。当电动机转速接近零时应迅速切断三相电源，否则电动机将反向起动。为此，采用速度继电器来检测电动机的转速变化，并将速度继电器调整在 $n>120$ r/min 时速度继电器触点工作，而当 $n<100$ r/min 时触点复位。

图 2-18 为电动机单向旋转反接制动控制电路。图中 KM1 为单向旋转接触器，KM2 为反接制动接触器，KS 为速度继电器，R 为反接制动电阻。其工作过程是：合上电源开关 Q，按下起动按钮 SB2，KM1 线圈通电并自锁，电动机 M 起动运转，当转速升高后，速度继电器的常开触点 KS 闭合，为反接制动做准备。停车时，按下停止复合按钮 SB1，KM1 线圈断电，同时 KM2 线圈通电并自锁，电动机进行反接制动，当电动机转速迅速降低到接近零时，速度继电器 KS 的常开触点断开，KM2 线圈断电，制动结束。

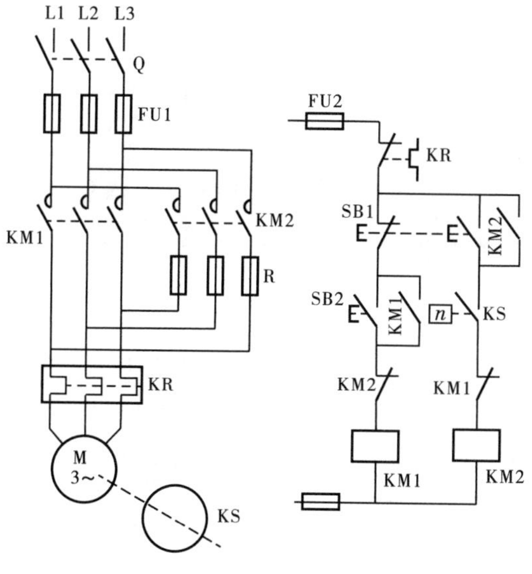

图 2-18　反接制动控制电路

反接制动时，由于制动电流很大，因此制动效果显著。但在制动过程中有机械冲击，故适用于不频繁制动、电动机功率不大的设备，如铣床、镗床、中型车床的主轴制动。

任务五　三相异步电动机调速控制电路

三相异步电动机的调速方法有变磁极对数、变转差率及变频调速三种，目前广泛应用的是变极（即改变磁极对数）调速。

一、变极调速原理

由三相异步电动机同步转速公式 $n_0 = 60f/p$ 可知，如果电动机的磁极对数 p 减少一半，则同步转速 n_0 便提高一倍，转子的额定转速 n 也接近提高一倍。下面以最常用的双速电动机为例，说明变极调速原理。

图 2-19 为变极调速原理图，每相定子绕组分成 A1X1 和 A2X2 两个半相绕组。其中图 2-19(a)是两个半相绕组串联，则可获得四个($p=2$)磁极；图 2-19(b)是两个半相绕组反向并联，获得两个($p=1$)磁极。

图 2-20 是双速电动机定子绕组接线图。其中图 2-20(a)是三角形联结，U1、V1、W1 三端与电源连接，中间抽头 U2、V2、W2 三端悬空，电流方向如箭头所示，此时电动机磁极对数 $p=2$，同步转速为 1 500 r/min，低速运行。图 2-20(b)是双星形联结，中间抽头 U2、V2、W2 三端连接电源，U1、V1、W1 三端连在一起，箭头表示电流方向，此时磁极对数 $p=1$，电动机同步转速为 3 000 r/min，双速电动机的高转速约等于低转速的 2 倍。

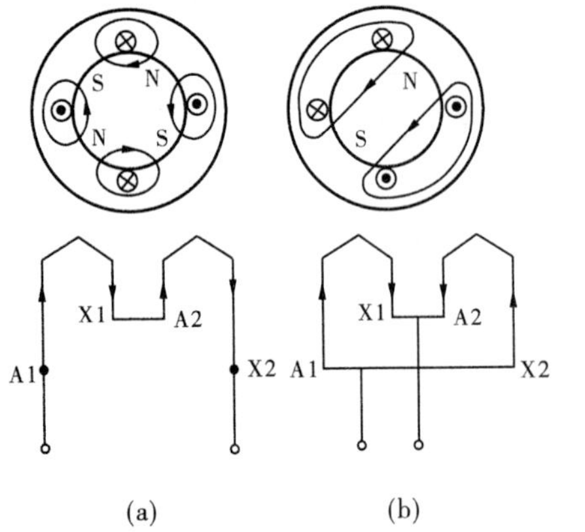

图 2-19　变极调速原理

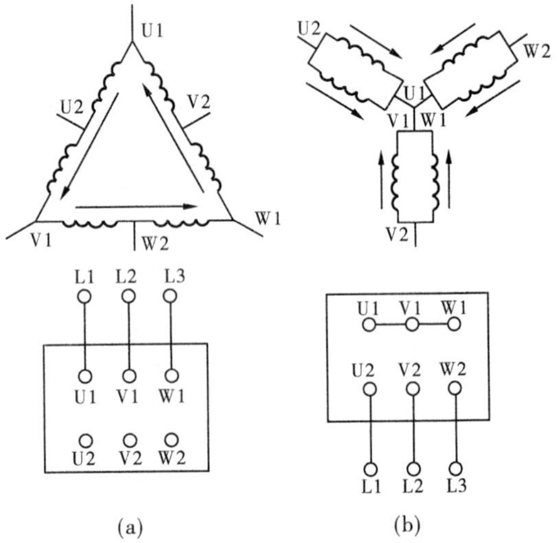

图 2-20　双速电动机定子绕组接线图

二、双速电动机变速控制

图 2-21 为时间继电器控制的变速电路。其工作过程为：合上电源开关 Q，按下起动按钮 SB2，接触器 KM1 线圈通电并自锁，电动机 M 低速运行，同时时间继电器 KT 线圈通电。当 KT 延时时间到，其常闭触点先断开，使 KM1 断电，KT 的延时常开触点后闭合，接触器 KM2、KM3 通电并自锁，电动机 M 由低速升到高速。

必须注意：从一种联结改为另一种联结时，为了保证旋转方向不变，通过接触器触点切换，改变电源的通电相序。双星形联结的电动机额定功率约为三角形联结额定功率的 1.15 倍，近似于恒功率调速，主要适用于恒功率传动负载，如车床、铣床主轴调速。

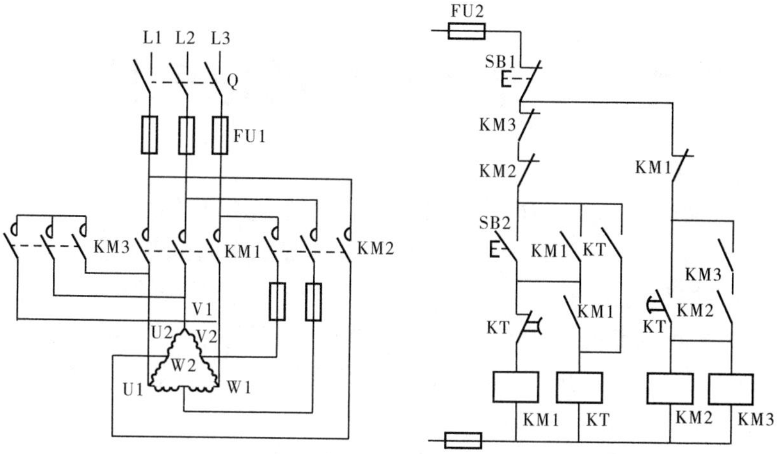

图 2-21　变极调速控制电路

习　题

2-1　在电动机主电路中，为什么既装熔断器又装热继电器？二者各有什么作用？

2-2　试述"自锁""互锁"的含义，并举例说明各自的作用。

2-3　试画出某机床主轴电动机控制电路图。要求：①可正反转；②可正向起动、两地控制；③可反接制动；④有短路和过载保护；⑤有安全工作照明及电源信号灯。

2-4　试分析图 2-22 中各控制电路存在的问题，并按操作时出现的问题加以改进。

2-5　在星形–三角形起动控制电路中，时间继电器的延时整定由哪些因素确定？延时过长或过短对电动机有什么影响？

2-6　三相笼型异步电动机的制动方法有几种？各种方法适用于什么场合？

2-7　试设计两地控制同一台电动机的起停控制电路，并要求有短路、过载和欠压、失压保护。

2-8　试设计两台三相交流异步电动机的顺序控制电路，要求其中一台电动机 M1 起动后，另一台电动机 M2 才能起动，M2 停止后 M1 才能停止。

2-9　分析图 2-23 中电动机具有几种工作状态？各按钮、开关、触点的作用是什么？

模块三　常用机床的电气控制

在学习了常用低压电器与继电器接触器控制电路基本环节的基础上，下面将对生产机械的电气控制进行分析和研究。本模块从常用典型机床的电气控制入手，以期学会阅读、分析机床电气控制电路的方法；加深对典型控制环节的理解，学会其应用；了解机床上机械、液压、电气之间的紧密配合；学会从机床加工工艺出发，掌握各种典型机床的电气控制，为机床及其他生产机械的电气控制的设计、安装、调试、运行等打下基础。

在学习与分析机床电气控制时，应从以下几方面入手：

(1)了解控制对象，明确控制目的。应对机床的基本结构、运行方式、加工工艺要求等有一定的了解。

(2)了解机床液压系统与电气控制的关系等。

(3)先将整个机床电气控制电路按功能的不同分成若干个局部控制电路，进行逐个分析，然后统观整个电路，形成整体概念。分析时，尤其要注意各局部电路之间的连锁与互锁关系。

(4)掌握各机床电气控制的特点，这是区分各机床电气控制的关键所在。

(5)深刻理解机床电路中各电气元件的作用，学会分析的方法，养成分析的习惯。下面以两台典型机床为例，分析其电气控制。

任务一　卧式车床的电气控制

车床是一种应用最为广泛的金属切削机床，主要用来车削外圆、内圆、端面、螺纹和定型表面，也可用钻头、绞刀等进行孔加工。

车床的种类很多，有卧式车床、立式车床、落地车床、六角车床等。生产中应用最普遍、数量最多的还是卧式车床，本任务以 CA6140 型卧式车床为例进行分析。

一、车床的主要结构及运动情况

(一)主要结构

卧式车床主要由床身、主轴变速箱、挂轮箱、进给箱、溜板箱、溜板与刀架、尾座、光杠和丝杠等部分组成，如图 3-1 所示。

(二)运动情况

车床的主运动为工件的旋转运动，它是由主轴通过卡盘或顶尖带动工件旋转，以承受车削加工时主要切削功率。车削加工时，应根据工件材料、刀具种类、工件尺寸、工艺要求等来选择不同的切削速度，这就要求主轴能在相当大的范围内调速。对于卧式车床，调速范围一般大于 70。车削加工时，一般不要求反转，但在加工螺纹时，为避免乱扣，要反转退刀，再纵向进刀继续加工，这就要求主轴具有正、反转。

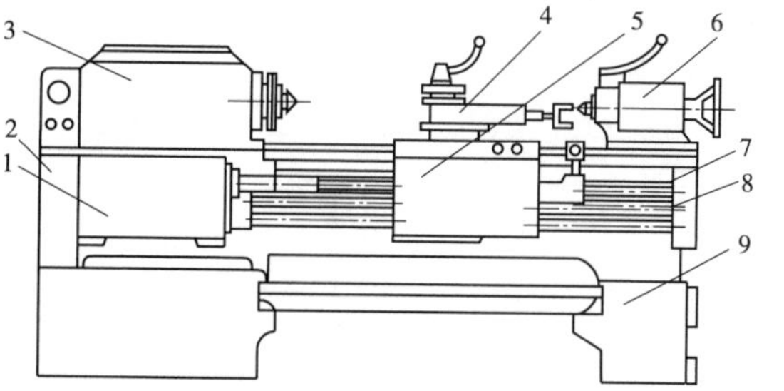

1—进给箱;2—挂轮箱;3—主轴变速箱;4—溜板与刀架;5—溜板箱;6—尾座;7—丝杠;8—光杠;9—床身

图 3-1　卧式车床的结构示意图

车床的进给运动为刀架的纵向与横向直线运动。纵向与横向进给运动可由主轴箱的输出轴,经挂轮箱、进给箱、光杠传入溜板箱获得,也可手动实现。加工螺纹时,工件的旋转速度与刀具的进给速度应有严格的比例关系。

车床的辅助运动为溜板箱的快速移动、尾座的移动和工件的夹紧与放松等。

二、电力拖动与电气控制要求

根据车床的加工工艺要求,电力拖动及控制应满足以下要求:

(1)主拖动电动机一般选用笼型异步电动机,为满足调速要求采用机械变速。

(2)为车削螺纹,主轴要求正、反转。对于小型车床,主轴正、反转由拖动电动机正、反转来实现;当主轴电动机容量较大时,主轴的正、反转则靠摩擦离合器来实现,电动机只做单方向旋转。

(3)一般中小型车床的主轴电动机均采用直接起动。当电动机功率较大时,常用星形-三角形降压起动。停车时为实现快速停车,一般采用机械或电气制动。

(4)车削加工时,为防止刀具与工件的温度过高,车床都附有一台切削液泵电动机,只需单方向运转,拖动切削液泵供出切削液,且与主轴电动机有着连锁关系,即切削液泵电动机应在主轴电动机起动后方可选择起动与否;当主轴电动机停止时,切削液泵电动机便立即停止。

(5)为实现溜板箱的快速移动,由单独的快速移动电动机拖动,采用点动控制。

(6)电路应具有必要的保护环节、连锁环节和安全可靠的照明和信号指示电路。

三、CA6140 型卧式车床的电气控制

图 3-2 为 CA6140 型卧式车床电路图。电源经断路器 QF 引入机床。M1 为主轴电动机,拖动主轴旋转,并通过进给机构实现车床的进给运动;M2 为切削液泵电动机,拖动切削液泵供出切削液;M3 为溜板快速移动电动机,拖动溜板实现快速移动。

(一)主拖动电动机的控制

先用钥匙旋转电源开关锁 SQ2,再合上 QF 接通电源,按下按钮 SB1,接触器 KM1 通电并自锁,主轴电动机 M1 起动;按下按钮 SB2,KM1 断电,主轴电动机 M1 停止,此按钮按下后即行锁住,右旋后方能复位。

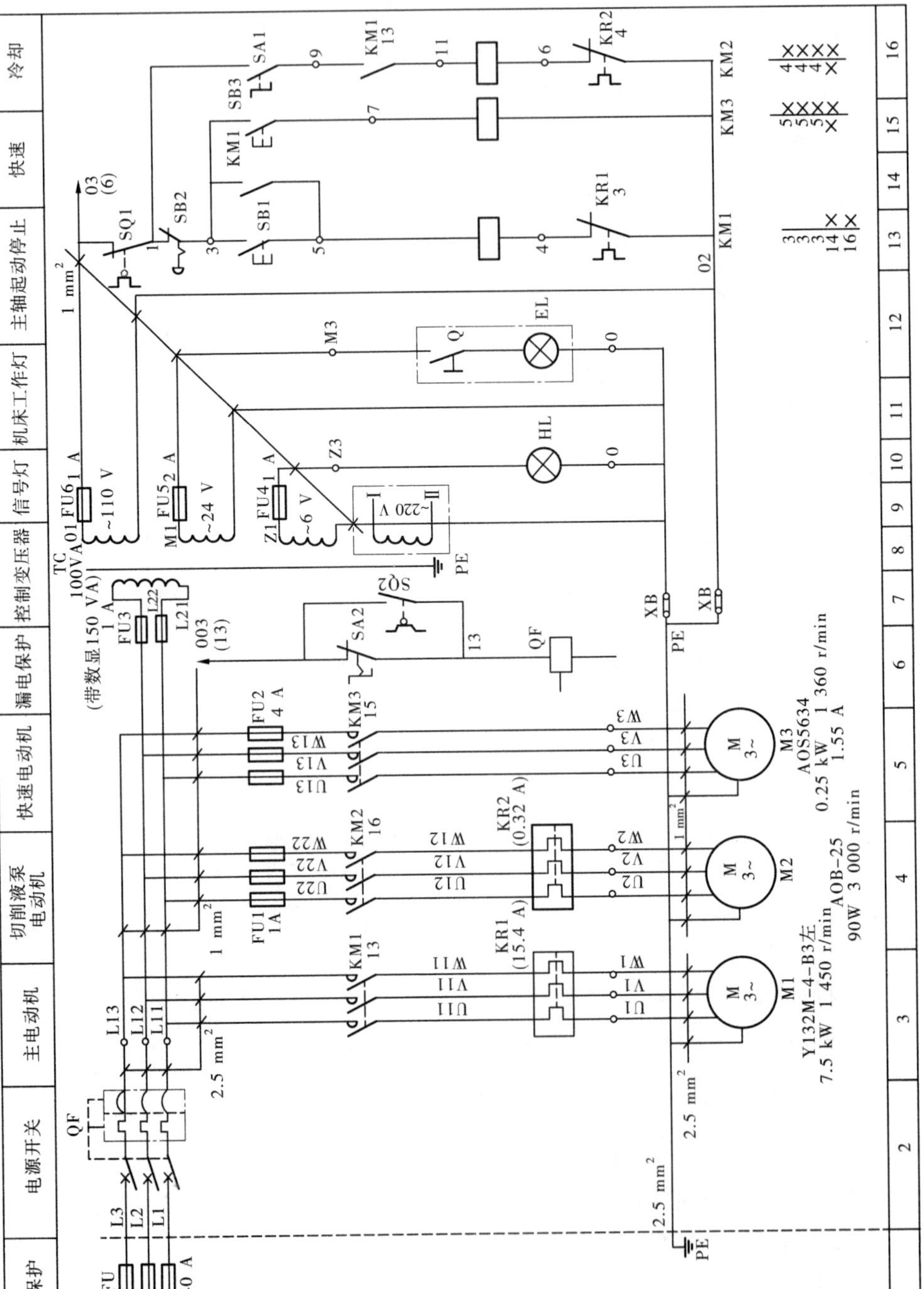

图 3-2　CA6140 型卧车床电路图

（二）快速电动机的控制

如果要快速移动溜板，可将操纵手柄扳到需要的方向，按下快速移动按钮 SB3，KM3 通电，其主触点闭合，M3 旋转。该电动机靠按钮 SB3 点动操作，松开按钮 SB3，M3 停止。

（三）切削液泵电动机的控制

当主拖动电动机 M1 开始运行后，接触器 KM1 的辅助触点闭合，此时合上 SA1 方可让 KM2 通电，使切削液泵电动机 M2 起动。

（四）照明及指示电路

照明电路由控制变压器提供交流 24 V 安全电压，经照明开关 Q 控制照明灯 EL。指示电路由变压器供给 6 V 电压，指示灯 HL 作为电源指示，当机床引入电源后 HL 亮。

（五）保护环节

CA6140 型卧式车床具有完善的保护环节，其主要有：

（1）电源开关带有开关锁 SA2 的断路器 QF。当需合上电源时，先用开关钥匙将开关锁 SA2 右旋，再扳动断路器 QF，将其合上，此时，电源送入主电路 380 V 交流电压，并经控制变压器输出 110 V 控制电压、24 V 照明电压、6 V 信号灯电压。

当将开关锁 SA2 左旋时，触点 SA2（003-13）闭合，QF 线圈通电，断路器 QF 跳开。若出现误操作，同时又将 QF 合上，QF 将在 0.1 s 内再次自动跳闸。由于机床接通电源需使用开关钥匙将开关锁打开，才能合上开关，所以增加了安全性。

（2）在机床控制配电盘壁龛门上装有安全行程开关 SQ2，当打开配电盘壁龛门时，行程开关触点 SQ2（003-13）闭合，将使 QF 线圈通电，QF 断路器自动断开，切除机床电源，以确保人身安全。

（3）在机床主轴箱传动带罩处设有安全开关 SQ1，当打开主轴箱传动带罩时，SQ1（03-1）断开，使接触器 KM1、KM2、KM3 线圈断电释放，电动机全部停止转动，以确保人身安全。

（4）为满足打开机床配电盘壁龛门进行带电检修的需要，可将 SQ2 开关传动杆拉出，使触点 SQ2（003-13）断开，此时 QF 线圈断电，QF 开关仍可合上。当检修完毕，关上壁龛门后，SQ2 开关传动杆复位，保护作用照常。

（5）电动机 M1、M2 由热继电器 KR1、KR2 实现电动机长期过载保护；断路器 QF 实现全电路的电流、欠电压、热保护；熔断器 FU、FU1～FU6 实现各部分电路的短路保护。

四、CA6140 型卧式车床电气控制特点与故障分析

（一）控制特点

（1）机床由三台电动机拖动，它们分别是主轴与进给电动机 M1、切削液泵电动机 M2 与快速移动电动机 M3。特别是溜板箱的快速移动由一台快速移动电动机拖动，这在相当型号的普通车床中是较为突出的。

（2）具有完善的人身安全保护环节：带钥匙的电源断路器、机床主轴箱传动带罩处的安全开关 SQ1、机床控制配电盘壁龛门上的安全开关 SQ2 等。

（二）常见故障

CA6140 型卧式车床电气控制的故障往往出现在 SQ1、SQ2 安全开关上。首先应将

SQ1、SQ2 开关动作调整正确，才可保证安全可靠。由于长期使用，可能出现开关松动移位，致使打开主轴箱传动带罩时，SQ2(003－1)触点断不开，或打开配电盘壁龛门时 SQ2(003－13)不闭合，而失去人身安全保护作用。

另一个故障是由带有钥匙开关 SA2 的断路器 QF 引起的。当开关锁 SA2 失灵时，将会失去保护作用。因此，应检验将开关锁 SA2 左旋时，断路器 QF 能否自动跳开；跳开后，若又将 QF 开关合上，经过 0.1 s 后 QF 开关能否自动跳闸。

其次故障为电动机单向旋转常见故障，在此不再复述。

任务二　铣床的电气控制

在金属切削机床中，铣床数量占第二位。铣床的种类很多，有卧铣、立铣、龙门铣、仿形铣和各种专用铣床，其中以卧铣和立式铣床应用最为广泛。铣床可用来加工平面、斜面和沟槽等。如果装上分度头，可以铣切直齿齿轮和螺旋面。如果装上圆工作台，还可以加工凸轮和弧形槽等。本任务以 XA6132 型卧式升降台铣床为例对铣床的电气控制进行分析。

一、铣床的主要结构及运动情况

(一) 主要结构

XA6132 型铣床为通用铣床，主要由底座、床身、悬梁、刀架支杆、升降台、溜板及工作台等组成，其外形如图 3-3 所示。

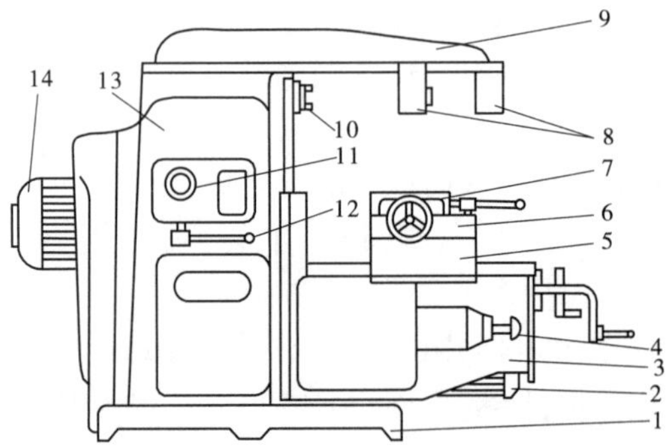

1—底座；2—进给电动机；3—升降台；4—进给变速手柄及变速盘；5—溜板；6—传动部分；7—工作台；8—刀架支杆；9—悬梁；10—主轴；11—主轴变速操；12—主轴变速手柄；13—床身；14—主轴电动机

图 3-3　卧式万能铣床外形

(二) 铣床的运动情况

铣床的主运动是主轴带动铣刀的旋转运动。主运动有正转和反转两种形式，加工时固定铣床的进给运动是工件在工作台上实现三个相互垂直方向的进给，即工作台沿溜板上部可转动部分的导轨在垂直于主轴轴线方向的纵向进给，溜板沿平行于主轴轴线方向的横向进给，以及升降台沿床身的垂直导轨做上下垂直进给。

另外，转动部分对溜板可绕垂直轴线转动一个角度(一般为±45°)，因此工作台除能实现纵箱平行或垂直于主轴方向的横向或纵向进给外,还能在倾斜方向上进给,从而可进行螺纹的加工。这也是卧式万能铣床与卧式铣床的不同之处。

铣床的辅助运动有工作台在纵向、横向、垂直方向上的快速移动。

二、电力拖动与电气控制要求

(1)铣床要求主轴能够变速,且在各种铣削速度下保持恒功率。因此,主轴电动机采用笼型异步电动机,经齿轮变速箱拖动主轴。

(2)为实现顺铣和逆铣加工,要求主轴能正、反转,但铣削加工过程中旋转方向不需变换,而是在加工前预选主轴转动的方向。

(3)铣刀是一种多刃刀具,其切削过程是断续的,为了减小负载波动的影响,往往在主轴上装有飞轮,以增加惯性,这样又引起主轴电动机停车时间变长。为了实现快速停车,提高生产效率,主轴采用制动停车方式。

(4)为使主轴变速箱内齿轮易于啮合,要求主轴电动机在主轴变速时具有变速冲动。

(5)为适应铣削加工时操作者的正面与侧面操作位置,应备有两地操作设施。

(6)工作台的进给运动、快速移动及圆工作台工作均由一台进给电动机拖动。由于进给运动和快速移动在三个方向上都是往复式的,因此要求进给电动机正、反转。进给运动和快速移动通过牵引电磁铁换接传动链来实现。

(7)工作台上、下、左、右、前、后六个方向的运动,在同一时刻只允许一个方向的运动。

(8)在进给变速时,为使齿轮易于啮合,也要有变速冲动环节。

(9)为防止主轴未转动工作台运动而将工件送进,造成刀具或工件损坏,要求设置主轴开动后方可起动进给电动机的顺序连锁。

(10)为了实现工件和刀具的冷却,需要一台切削液泵电动机。

(11)要有必要的保护、连锁及照明电路。

三、XA6132 型卧式升降台铣床电气控制

图 3-4 为 XA6132 型卧式升降台铣床的电气控制电路图。

(一)主拖动控制电路分析

(1)主轴电动机的起动控制。主轴电动机 M1 由正转接触器 KM1 和反转接触器 KM2 来实现正、反转直接起动,而由主轴转换开关 SA4 来预先选择电动机的正、反转。

起动主轴时,先将断路器 QF 合上,再将转换开关 SA4 扳到主轴所需的旋转方向,然后按下起动按钮 SB3 或 SB4,调试继电器 KA1 线圈通电并自锁,触点 KA1(12-13)接通,使接触器 KM1(或 KM2)通电,主轴电动机 M1 起动。而 KM1 或 KM2 一对辅助触点 KM1(104-105)或 KM2(105-106)断开,切断主轴制动电磁离合器线圈 YC1 电路。KA1(20-12)闭合,为工作台的进给与快速移动电路的工作做准备。

(2)主轴电动机的制动控制。由主轴停止按钮 SB1 或 SB2、正转接触器 KM1 或反转接触器 KM2 与主轴制动电磁离合器 YC1 构成主轴制动停车控制环节。主轴停车时,按下停止按钮 SB1 或 SB2,使 KA1、KM1(或 KM2)线圈断电释放,切断主轴电动机 M1 的三相电源,同时 YC1 线圈通电,产生磁场,在电磁吸力的作用下将摩擦片压紧产生制动, 使

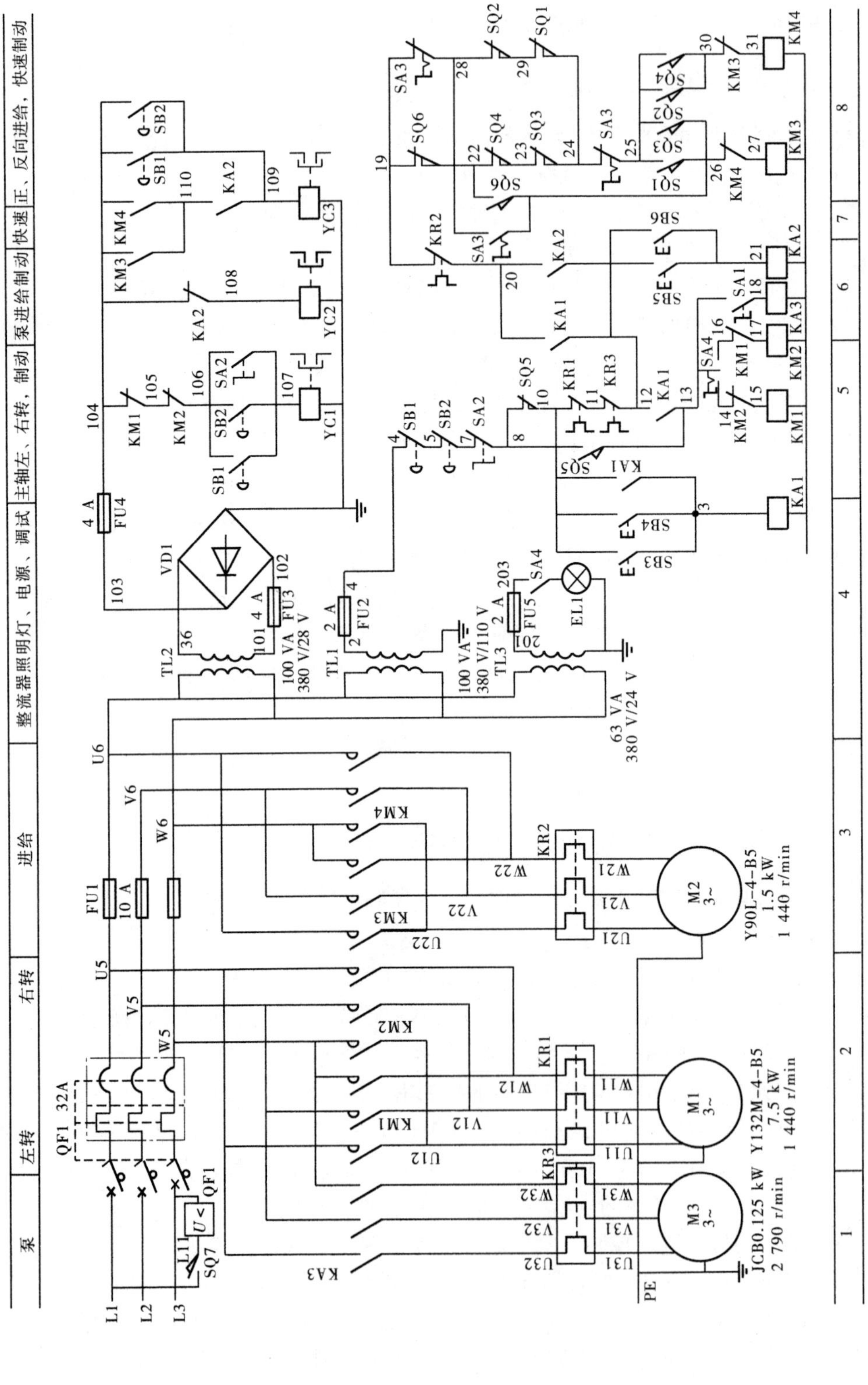

图 3-4 XA6132 型卧式升降台铣床的电气控制电路图

主轴迅速制动。当松开 SB1 或 SB2 时，YC1 线圈断电，摩擦片松开，制动结束。这种制动方式迅速、平稳，制动时间不超过 0.5 s。

(3) 主轴变速冲动。为了使主轴变速时齿轮易于啮合，必须在齿轮即将啮合前，使主轴电动机瞬时转动，即变速冲动。

主轴变速操纵箱装在床身左侧窗口上，变换主轴转速由一个手柄和一个刻度盘来实现变速时，操纵顺序如下：

①将主轴变速手柄向下压，然后拉出手柄。

②转动刻度盘，把所需要的转数对准指针。

③把手柄推回原来位置。变速时为了使齿轮容易啮合，扳动变速手柄再将其推回原来的位置时，手柄带动凸轮将瞬时压下主轴变速行程开关 SQ5，使触点 SQ5(8-13) 闭合，触点 SQ5(8-10) 断开，使 KM1 或 KM2 线圈通电，其主触点闭合，主轴电动机做瞬时点动，以便于齿轮啮合。当变速手柄推回原来位置时，SQ5 不再受压，触点 SQ5(8-13) 断开切断主轴电动机瞬时点动电路。在操作时，应以连续较快的速度推回手柄，以免长时间压合 SQ5，使电动机转速过高而打坏齿轮。

(4) 主轴上刀制动。当主轴上刀、换刀时，主轴电动机不得旋转，否则将发生严重的人身安全事故。为此，电路设有主轴上刀制动环节，它是由主轴上刀制动开关 SA2 控制的。在主轴上刀前，将 SA2 扳到“接通”位置，而另一触点 SA2(106-107) 闭合，接通 YC1 线圈通电，使主轴处于制动状态，然后上刀、换刀。上刀、换刀完毕，再将转换开关 SA2 扳到断开位置，主轴方可起动。

(二) 进给拖动控制电路分析

工作台的进给运动、快速移动和圆工作台工作都由进给电动机 M2 拖动，由接触器 KM3 和 KM4 控制 M2 的正、反转。

1. 进给运动的控制

工作台的纵向、横向及垂直方向进给由两个操纵手柄来控制。一个是纵向操纵手柄，另一个是横向及垂直方向操纵手柄。如图 3-5 所示，纵向操纵手柄通过联动机构控制行程开关 SQ1 和 SQ2，分别控制工作台向右和向左进给运动；上 SQ4 横向及垂直方向操纵手柄通过联动机构控制行程开关 SQ3 和 SQ4，SQ3 控制工作台向前及向下运动，SQ4 控制工作台向后和向上运动。

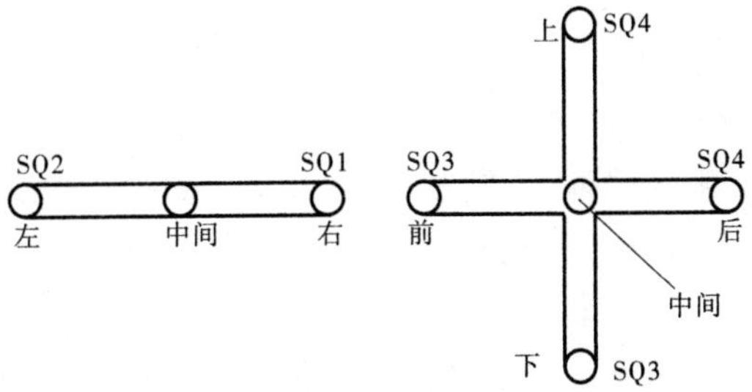

图 3-5　工作台进给操纵手柄示意图

1）工作台纵向进给运动的控制

工作台纵向（左、右）进给运动由工作台前面的纵向操纵手柄进行控制。当需工作台向右工作进给时，将纵向操纵手柄扳向“右”侧，行程开关 SQ1 被压合，其常开触点（25-26）闭合，常闭触点（29-24）断开，此时控制电源由 4—5—7—8—10—11—12—20—19—22—23—24—25—26—27 接通接触器 KM3 线圈，其主触点闭合接通进给电动机 M2 的正序电源，M2 正转，通过纵向传动链拖动工作台向右工作进给。

向右工作进给结束，将纵向操纵手柄扳到“中间”位置，行程开关不再受压，SQ1 复位，即触点 SQ1（25-26）断开，KM3 线圈断电释放，M2 停转，工作台向右进给停止。

工作台向左进给的电路与向右进给时相仿，此时是将纵向操纵手柄扳向“左”侧，行程开关 SQ2 被压合，接触器 KM4 线圈通电，M2 反转，拖动工作台向左进给。当将纵向操作手柄由左侧扳回中间位置时，向左进给结束。

2）工作台横向进给运动和垂直进给运动的控制

工作台的前、后及上、下进给运动由一套横向及垂直操纵手柄控制。当手柄扳到“前”或“后”时，连接的是横向进给传动链；当手柄扳到“上”或“下”时，连接的是垂直传动链。

当横向及垂直操纵手柄扳到“前” 或“下”位置时，压合的行程开关都是 SQ3，因此工作台向前和向下进给运动的工作电路相同，即控制电源经 4—5—7—8—10—11—12—20—19—28—29—24—25—26—27 接通 KM3，进给电动机 M2 正向旋转，并通过横向进给传动链或垂直进给传动链，使工作台向前或向下进给。

向前或向下进给结束，将横向及垂直操作手柄扳回中间位置，SQ3 不再受压，KM3 线圈断电释放，M2 停止旋转，工作台向前或向下进给结束。

工作台向后和向上的工作电路也相同。当手柄扳到“后”或“上”位置时，压合行程开关 SQ4，KM4 通电，进给电动机反转使工作台向后或向上进给。工作电路请自行分析。

2. 工作台快速移动的控制

铣床工作台除能实现进给工作外，还可以实现六个方向上的快速移动。工作台的快速移动是通过进给操纵手柄配合快速按钮 SB5 或 SB6 进行操作的。

将进给操纵手柄扳到所需要的位置，然后按下快速移动按钮 SB5 或 SB6，接通快速移动继电器 KA2，其常闭触点（104-108）将进给离合器 YC2 断开，常开触点（110-109）闭合，接通快速离合器 YC3，工作台按选定方向做快速移动。松开 SB5（或 SB6）时，快速移动立即停止，仍以原进给速度继续运动。

由于 KA2 通电时，KA2 的另一触点（12-20）也闭合，因此工作台的快速移动也可在主轴停止的情况下进行。不同的是：主轴工作时，松开 SB5（或 SB6），工作台仍在选定的方向上进给；而主轴不工作时，松开 SB5（或 SB6），工作台快速移动停止。

3. 圆工作台的控制

圆工作台是铣床的一个附件。它可以手动回转，也可以通过工作台的光杠由进给电动机 M2 经传动机构驱动。使用圆工作台时，首先把圆工作台转换开关 SA3 扳到“接通”位置（即 SA3 触点 28-26 通、19-28 断、24-25 断），然后按下起动按钮 SB3 或 SB4，KA1、KM1 或 KM2 通电吸合，主轴电动机起动旋转。KM3 线圈经 SQ1～SQ4 行程开关常闭触点和 SA3(28-26)通电,即控制电源经 4—5—7—8—10—11—12—20—19—22—23—24—29—28—26—27 接通 KM3 线圈。进给电动机起动旋转,拖动圆工作台单方向回转。

4. 进给变速冲动

需要改变进给速度,先将蘑菇形进给变速手柄拉出并转动变速盘至需要的速度挡,在推回变速手柄时,先将手柄向后拉一下,使行程开关 SQ6 瞬时压合,SQ6(22-26)闭合,SQ6(19-22)断开。此时接通 KM3,则进给电动机做瞬时转动(即变速冲动),便于齿轮啮合。KM3 线圈的通电电路是:由控制电源经 4—5—7—8—10—11—12—20—19—28—29—24—23—22—26—27。当蘑菇手柄推回原位时,SQ6 不再受压,进给电动机停转。

(三)切削液泵的控制及照明电路

切削液泵电动机 M3 由转换开关 SA1 控制,当转换开关 SA1 扳到“接通”位置时,SA1(13-18)通,KA3 通电,M3 起动旋转,拖动切削液泵开始工作。

机床照明由变压器 TL3 供电,电压为 24 V。由开关 SA4 控制照明灯 EL1 的通断。

(四)控制电路的连锁与保护

XA6132 型万能铣床运动较多,电气控制电路较为复杂,为了安全可靠地工作,应具有完善的连锁与保护。

(1)主运动与进给运动的顺序连锁。进给运动的控制电路接在调试继电器 KA1 触点(12-20)之后。这就保证了只有在主轴电动机起动后,方可起动进给电动机。而当主轴电动机停止时,进给电动机也立即停止。

(2)工作台六个运动方向的连锁。工作台左、右、前、后、上、下六个方向进给运动由两套操纵手柄控制,使左右不能同时进给,前后、上下也不能同时进给,但六个方向不可能同时操纵。为保证加工时只允许一个方向的进给,因此又在电路上采用了互锁,即工作台实现左或右进给的工作电路经过控制前后、上下进给的行程开关 SQ3、SQ4 的常闭触点;而工作台实现前后、上下方向进给的工作电路经过控制右、左的行程开关 SQ1、SQ2 的常闭触点,从而实现了工作台六个方向之间的连锁。

(3)圆工作台与长工作台的连锁。圆工作台工作时,不允许长工作台做六个方向中任一方向进给。电路中除 SA3 开关连锁外,还使圆工作台的工作电路经过 SQ1、SQ2、SQ3、SQ4 的常闭触点来实现互锁。

(4)工作台进给运动与快速移动的连锁。工作台工作进给与快速移动分别由离合器 YC2 与 YC3 传动,而 YC2 与 YC3 是由快速进给继电器 KA2 控制的,实现工作台进给运动与快速移动的互锁。

(5)具有完善的保护。该电路具有熔断器的短路保护、热继电器的长期过载保护、工作台六个方向的限位保护和电气控制左壁龛开门的断电保护。

该机床的限位保护采用机械和电气相配合的方法。工作台左右运动的行程的长短,由安装在工作台前方操纵手柄两侧的挡铁来决定。当工作台左右运动到预定位置时,挡铁撞动操纵手柄,使其回到中间位置,使工作台停止,实现限位保护。

工作台横向运动的限位保护由安装在工作台左侧底部的挡铁撞动垂直与横向操纵手柄返回中间位置来实现。

在机床左壁龛上安装了行程开关 SQ7,SQ7 常开触点与电源断路器 QF1 失压线圈串联。当打开控制箱门时，SQ7 触点断开，使空气开关 QF1 失压线圈断电，QF1 开关断开，达到开门断电的目的。

(五) XA6132 型铣床电气控制特点与故障分析

1. 控制特点

(1) 采用电磁摩擦离合器的传动装置，实现主轴电动机的停车制动和主轴上刀时的控制，以及进给系统的工作进给和快速移动的控制。

(2) 主轴变速与进给变速时均设有变速冲动环节。

(3) 进给电动机的控制采用电气开关、机械挂挡联动手柄操作，且操纵手柄扳动方向与进给电动机拖动工作台运动方向一致，具有运动方向直观性。

(4) 工作台上、下、左、右、前、后六个方向的运动具有连锁保护的作用。

2. 常见故障

(1) 主轴停车制动效果不明显或无制动。主轴电动机 M1 起动时，因 KM1 或 KM2 接触器通电吸合，使电磁摩擦离合器 YC1 线圈处于断电状态。当主轴停车时，KM1 或 KM2 线圈断电释放，主轴电动机 M1 断开电源。同时，YC1 线圈经停止按钮 SB1 或 SB2 常开触点接通而接通直流电源，产生磁场，在电磁吸力作用下将摩擦片压紧产生制动效果。若主轴制动效果不明显，通常是按下停止按钮 SB1 或 SB2 时间太短，松手过早之故。若无制动，有可能未将停止按钮按到底，只将 SB1 或 SB2 按钮常闭触点断开，但未使其常开触点闭合，YC1 线圈无法通电，而造成无制动。若非以上原因，则可能整流直流电压值低引起 YC1 直流电流偏低，磁场弱，制动力小而引起主轴停车效果差。若主轴无制动，也可能是 YC1 线圈断电造成。

(2) 主轴变速与进给变速时无变速冲动，多因操纵变速手柄时压合不上主轴变速开关 SQ5 或压合不上进给变速开关 SQ6 的缘故，这主要是开关松动或开关移位所致。

(3) 工作台控制电路的故障。这部分故障较多，如工作台能够左、右运动，但无垂直与横向运动。这表明进给电动机 M2 与 KM3、KM4 接触器运行正常，但操纵横向垂直操纵手柄却无运动，这可能是由手柄压合的行程开关 SQ3 或 SQ4 压合不上，也可能是 SQ1 或 SQ2 在纵向操纵手柄扳回中间位置时不能复位所致。

至于其他故障，在此不一一列举。只要电路工作原理清晰，操纵手柄与开关相互关系清楚，各电器安装位置明确，根据故障现象不难分析出故障原因。借助于仪表等测试手段也不难找出故障点并予排除。

任务三　机床电气控制电路的设计

机床电气控制电路设计是机床设计的主要组成部分。机床的种类很多，但电气控制电路设计的原则、方法和步骤基本相同。

一、机床电气控制电路设计的基本要求和内容

(一) 机床电气控制电路设计的要求和内容

(1) 机床电气控制电路设计的要求。熟悉所设计机床的总体技术及加工过程；了解

设备中的机械、液压、气动对电气控制系统的要求；了解所设计机床的工作场合；了解电气控制技术指标，选择最佳的传动方案和控制方案。

(2)机床电气控制系统设计的内容。确定电力拖动方案与控制方案；设计电气控制系统控制原理图；选择电器元件，列出电器元件明细表；绘制电器元件位置图，电器元件接线图；进行电力设备施工设计；编写设计说明书和使用说明书。

(二)电气控制电路设计的原则、内容、方法和步骤

在明确控制系统设计要求之后，确定电力传动方案，进一步进行电气控制线路的设计。

(1)电路设计的基本原则。控制电路应满足机床加工工艺的要求；设计的电路应在保证功能的前提下，力求经济简单；控制电路中应采取一定的安全、保护措施；控制电路应力求操作方便，易于维修。

(2)电路设计的内容。选择控制电路的电源；主电路设计，主要是根据加工工艺要求，合理选择电动机和电动机的起动、制动、变速、正反转控制及其保护环节；控制电路设计包括基本控制环节、保护环节、信号指示环节、照明环节等，主要考虑主电路对控制电路的要求、机床加工过程、调试方式、检测方式，各控制电路的互锁控制，短路保护、过载保护、零压及欠压保护、极限位置保护，电源指示、信号报警、工作照明等。

(3)电路设计的方法和步骤。机床电气控制电路有经验设计法和逻辑设计法，经验设计法即根据控制要求，选择适当的基本控制电路加以补充、修改，分析各电路之间的联系，综合成满足要求的完整电路。逻辑设计法是用逻辑代数来设计控制电路，根据控制要求，通过逻辑代数化简，画出相应的控制电路。对于设计步骤，仅以常用的经验设计法来进行介绍。

设计步骤为：①从控制要求出发，收集分析现有的控制电路；②设计主电路；③设计控制电路；④设计控制电路之间的互锁控制、顺序控制、调整和保护环节，同时注意尽量简化电路，减少触点，合理安排触点位置，避免不必要的连锁和通电时间，避免出现寄生电路；⑤合理选择电器元件。

(三)常用电器元件的选择原则及选择

1. 常用电器元件的选择原则

常用电器元件的选择原则为：根据控制要求选择电器元件的类型；根据控制电路的电压、电流及功率大小确定元件的规格；确定电器元件的工作环境及供应情况；确定电器元件在应用时所要求的可靠性，并进行必要的计算和校核。

2. 常用电器元件的选择

1)接触器的选择原则

(1)根据电源种类选择接触器的电压类型。

(2)根据电路中电流大小和使用类别来选用接触器的额定电流。

(3)根据被控电路的电压等级来选择接触器的额定电压、线圈的额定电压。

(4)根据被控电路的具体情况选择主触点的额定电流，辅助触点的种类、数量及额定电流。

(5)合理选择接触器的额定操作频率(次/h)。

2)按钮的选择原则

按钮是用于控制电路的开关类主令电器,选择的原则如下:

通常紧急式(装有突出的蘑菇形按钮帽)用于紧急操作;旋扭式用手旋转操作;指示灯式(在透明的按钮内装有指示灯)用作信号显示;钥匙式须用钥匙插入方可旋转操作。按钮帽做成红、黄、绿、黑、白等颜色,以免误操作,一般红色表示停止,绿色表示起动。同时,还要考虑触点的类型和数目。

3)断路器的选择原则

断路器作为一种保护电器,可进行短路、过载、欠压、零压保护。

断路器的选择应考虑:额定电压、额定电流和允许切断的极限电流。断路器的额定电流要大于或等于电路的额定电流,极限电流要大于或等于电路的最大短路电流。

4)热继电器的选择原则

热继电器主要用于电动机的过载保护,主要根据电动机的额定电流、工作场合进行选择。

根据电动机的被保护要求选择热继电器的结构类型,其额定电流即发热元件的额定电流应为电动机额定电流的 0. 95~1. 05 倍;若电动机工作条件差、起动频繁,应为额定电流的 1. 15~1. 5 倍。由于热继电器有热惯性,对于重复短时工作的电动机不宜采用热继电器。

5)熔断器的选择原则

熔断器是电路短路时的保护电器,根据电路要求求出熔体电流,从而确定熔断器的额定电流,熔断器的额定电压应不小于所在电路的额定电压,熔断器的额定电流应不小于其熔体的额定电流。

对于电炉、照明负载,熔体额定电流应略大于电路的正常工作电流;对于单台不频繁起动的电动机,熔体的额定电流应不小于电动机额定电流的 2. 5 倍;对于单台频繁起动的电动机,熔体的额定电流应不小于电动机额定电流的 3. 5 倍;对于多台电动机,熔体的额定电流应不小于功率最大电动机额定电流的 2. 5 倍与其余电动机额定电流的和。

6)时间继电器的选择原则

时间继电器是电路中的延时元件。根据控制电路延时的要求,选择是通电延时型还是断电延时型;根据延时准确度、延时长短要求选择延时整定范围、线圈电压等级、操作频率;根据使用场合、工作环境选择结构形式、触点数量,电源波动大或环境温度变化大时宜选用空气阻尼式或晶闸管式,电源频率不稳时宜选用晶闸管式。

7)控制变压器的选择原则

(1)一、二次侧电压与交流电源电压、控制电路电压要求相符。

(2)应保证接于变压器二次侧的电磁器件在起动时可靠地动作。

(3)正常工作时变压器温升不应超过允许值。变压器的近似公式为:

$$P_r \geqslant 0.6 \sum P_q + 1/4 \sum P_{kj} + 1/8 \sum P_{km} K_i \tag{3-1}$$

式中 P_r——控制变压器容量,VA;

$\sum P_q$——电磁器件的吸持功率之和,VA;

$\sum P_{kj}$——接触器、继电器起动功率之和,VA;

$\sum P_{km}$——电磁铁起动功率之和,VA;

K_i——电磁铁工作行程(L_p)与额定行程(L_n)之比的修正系数,当 $L_p/L_n=0.5\sim0.8$ 时,$K_i=0.7\sim0.8$,当 $L_p/L_n=0.85$ 时,$K_i=0.85\sim0.9$,当 $L_p/L_n=0.9$ 时,$K_i=1$。

P_r 也可按长期工作温升来确定。

$$P_r \geqslant \sum P_q K_f \tag{3-2}$$

式中　K_f——变压器容量的储备系数,$K_f=1.1\sim1.5$。

二、设计举例

MQ8260A 型曲轴磨床的电气控制电路设计。

(一)磨床电气传动总体方案

(1)砂轮由电动机 M1 传动,单向旋转。

(2)切削液泵电动机 M2 的起、停与砂轮同步:砂轮电动机起动,切削液泵电动机即起动;砂轮停转,切削液泵电动机即停止。

(3)头架卡盘由电动机 M3 单向传动,并可点动调整。

(4)油泵电动机 M4 首先起动,油泵工作后,其余各电动机方可起动,油泵工作于机床工作的始终。

(5)工作台由电动机 M5 传动,拖动台面在限定行程内向左、右移动。

(6)任何一台电动机过载发热,整个控制回路断电,所有电动机全部停转。

根据总传动方案设计,已确定各电动机型号及额定参数为:

M1	Y132M-4	7.50 kW	380 V	1 440 r/ min
M2	DB-25A	0.12 kW	380 V	3 000 r/min
M3	Y90L-6	1.10 kW	380 V	910 r/min
M4	A02-8014/B14	0.55 kW	380 V	1 400 r/min
M5	A02-8014/B14	0.55 kW	380 V	1 400 r /min

(二)主电路设计

由电气传动总体方案,除 M5 电动机需要正、反转外,其他电动机均单向旋转即可;M1 与 M2 设计成顺序控制;为方便砂轮的整修,切削液泵电动机 M2 中增设 X6 插座;按电动机编号依次排列,并加上短路保护及过载保护,主电路如图 3-6 所示。

(三)控制电路设计

按电器总体传动方案要求,油泵电动机 M4 的控制电路应排在总控制电路左边,KM3 应设置长动起动按钮,为防止误操作,不必设置单机停止按钮,KM3 与其他控制电路之间应用其常开触点实现顺序控制;砂轮电动机 M1 的控制继电器 KM1 应设置单机独立起、停按钮,长动自锁;头架电动机 M3 的控制继电器 KM2 要求既能长动又能点动,用中间继电器 KA 来实现,设置单机停止按钮,台面向左(KM4)向右(KM5)应设置互锁机构,设置行程极限位置保护,电动控制。总控制电路如图 3-7 所示。

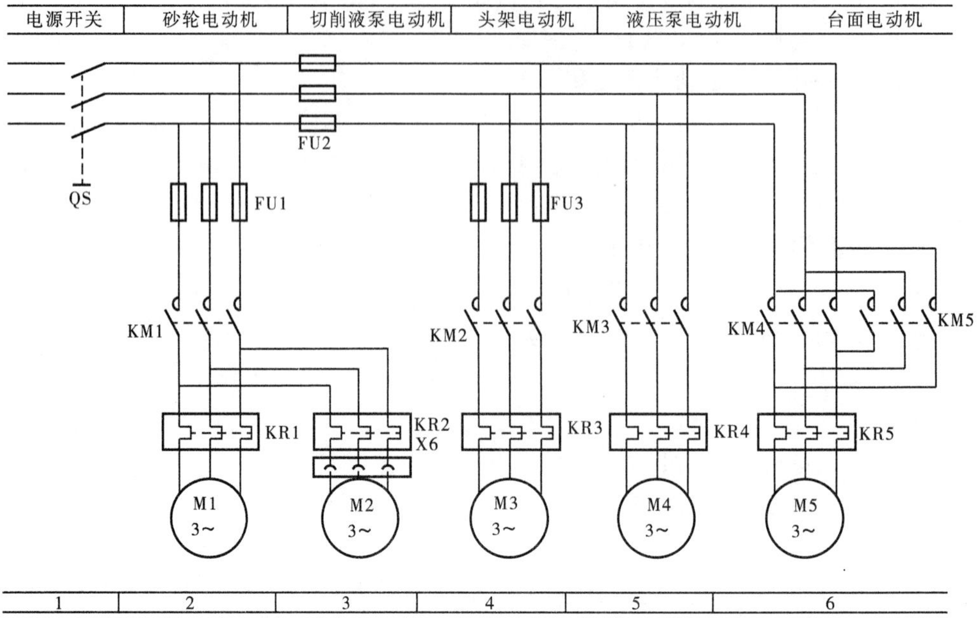

图 3-6　MQ8260A 主电路设计

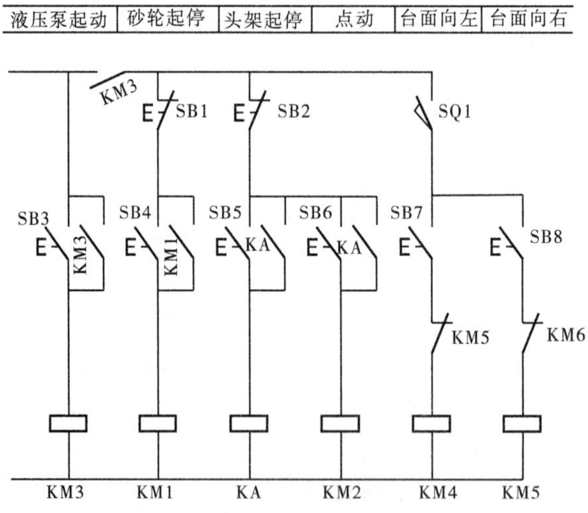

图 3-7　MQ8260A 控制电路设计

(四)信号控制电路设计

机床应设计局部照明灯、电源指示灯、油泵工作指示灯各一台,电路如图 3-8 所示。

(五)控制电源及其保护电路设计

控制电路应采用变压器供电:380 V/110 V、24 V、63 V 电压,容量按前述方法计算,不同等级电压按其负载电流选择电路保护,各电动机过载保护串接于总控制电路中,控制电路应设置紧急式总停按钮，必要时加急停保护，电路如图 3-9 所示。

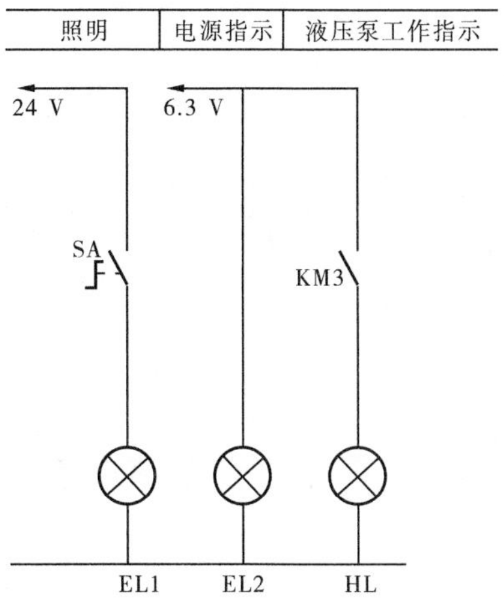

图 3-8　照明电路设计

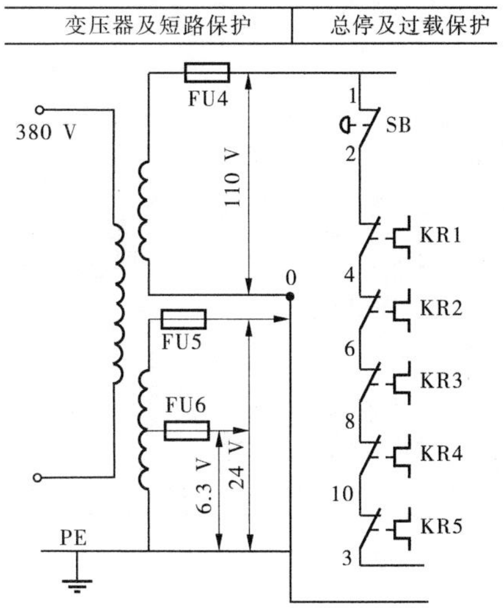

图 3-9　控制电源及其保护电路设计

(六)整理完善

统一检查整理后，发现 KM3 的辅助触点用了三对，由接触器结构所限增设中间继电器 KA1，由于台面电动机点动控制，短时工作，过载可能性不大，省掉其过载保护，完善后电气控制电路如图 3-10 所示。

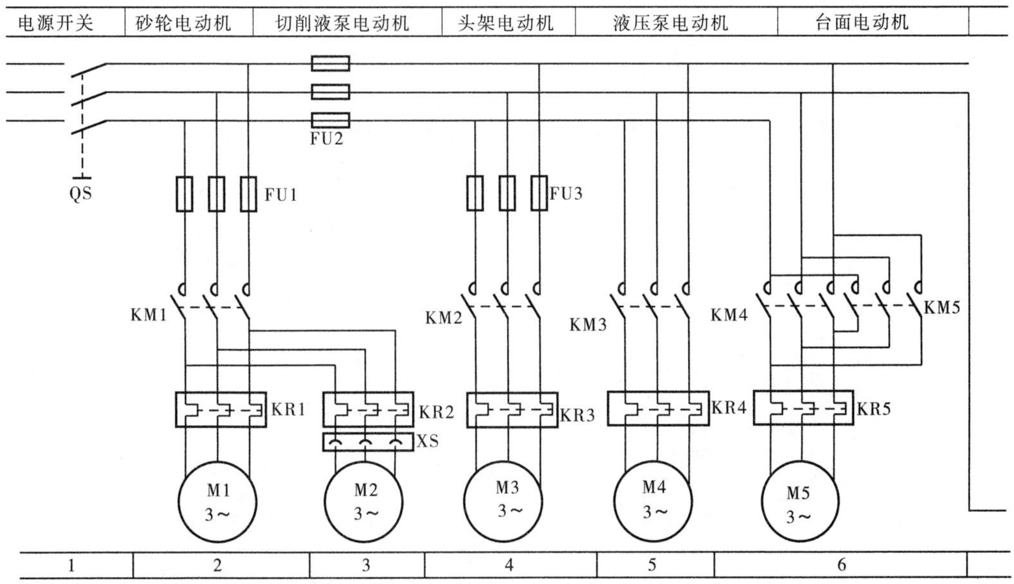

图 3-10　MQ8260 型曲轴磨床电路设计

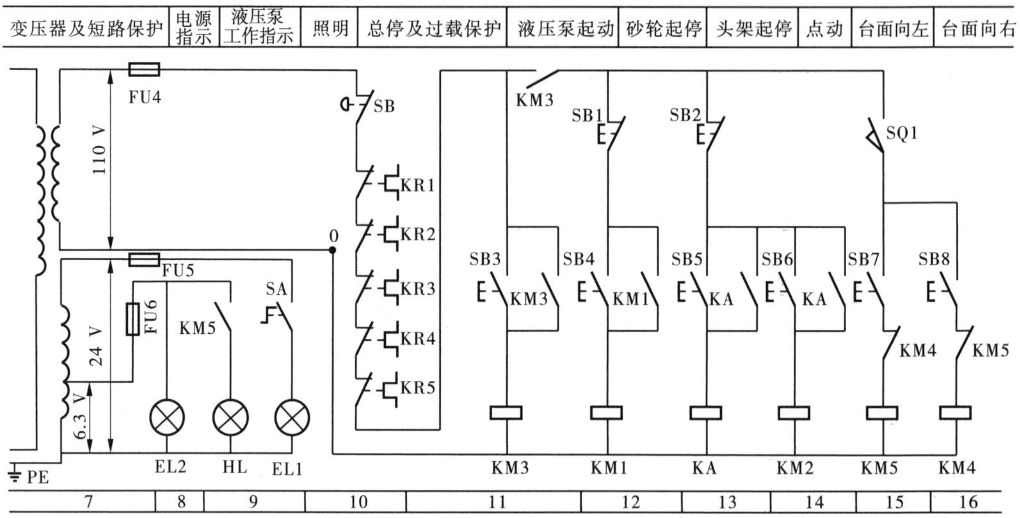

续图 3-10

(七)电器元件的选择

根据各电器元件的选择原则、方法和计算选择电器元件的型号、规格,编制电器元件明细表如表 3-1 所示。

表 3-1　电器元件明细

代号	图区	名称及用途	型号规格	数量	供应单位	说明
QS	1	电源总开关	HZ5-40S/7.5 LO3	1	北京机床电器厂	
FU1	2	砂轮电动机熔断器	PL1-60　60 A	3	上海电瓷厂	
FU2	3	其余动力电路熔断器	RL1-15　10 A	3	上海电瓷厂	
FU4	7	控制回路熔断器	BHC-3 A　3 A	1	上无九厂	
FU5	7	照明回路熔断器	BHC-2 A　3 A	1	上无九厂	
SB	8	总停止按钮	LA19-11J　红	1	上海第二机床电器厂	
SB1	10	砂轮停止按钮	LA19-11　红	1	上海第二机床电器厂	
SB2	11	头架停止按钮	LA19-11　红			
SB3	9	砂轮起动按钮	LA19-11　绿			信号灯式
SB4	10	油泵起动按钮	LA19-11 附 6.3 V 灯白	1	上海第二机床电器厂	
SB5	11	头架起动按钮	LA19-11　绿	1	上海第二机床电器厂	
SB6	12	头架点动按钮	LA19-11　黑	1	上海第二机床电器厂	
SB7	13	台面向左点动按钮	LA19-11　黑	1	上海第二机床电器厂	
SB8	14	台面向右点动按钮	LA19-11　黑	1	上海第二机床电器厂	
KM1	10	砂轮电动机接触器	3TB4317-OA110 V	1	上海机床电器厂	

续表 3-1

代号	图区	名称及用途	型号规格	数量	供应单位	说明
KM2	12	头架电动机接触器	3TB4317-OA110 V	1	上海机床电器厂	
KM3	19	油泵电动机接触器	3TB4317-OA110 V	1	上海机床电器厂	
KM4 KM5	13 14	台面向右移接触器	3TB4317-OA110 V	2	上海机床电器厂	
KA	11	头架起动继电器	3TH8244-OA110 V	1	上海机床电器厂	
KA1	9	连锁继电器	3TH8244-OA110 V	1	上海机床电器厂	
KR1	28	砂轮热继电器	3UA5900-2C 22 A	1	苏州机床电器厂	
KR2	3	切削液泵热继电器	3UA5900-OG 0.5 A	1	苏州机床电器厂	
KR3	4	头架电动机热继电器	3UA5900-1E 3.5 A	1	苏州机床电器厂	
KR4	5	油泵电动机热继电器	3UA5900-1D 2.4 A	1	苏州机床电器厂	
$X^{P}s$	3	插座	AC_{IM}^{IIIG} 6/16	1	北京第三机床电器厂	
TL	7	控制变压器	JBK3-100 380 V/ 110 V 30 VA	1	桂林机床电器厂	24 V 60 V 6.3 V 10 V
SQ	13	台面行程开关	LX12-2	1	无锡机床电器厂	
EL1	15	机床照明灯	JC6-1 24 V 40 W	1		
EL2	16	指示灯	DS22-1　6.3 V	1		透明
HL	17	信号灯				SB6 内

习　题

3-1　CA6140 型卧式车床电气控制具有哪些特点？

3-2　CA6140 型卧式车床电气控制具有哪些保护？它们是通过哪些电器元件实现的？

3-3　在 XA6132 型铣床电路中，电磁离合器 YC1、YC2、YC3 的作用是什么？

3-4　在 XA6132 型铣床电路中，行程开关 SQ1、SQ2、SQ3、SQ4、SQ5、SQ6 的作用是什么？它们与机械手柄有何联系？

3-5　XA6132 型铣床电气控制具有哪些连锁与保护？是如何实现的？

3-6　XA6132 型铣床主轴变速能否在主轴停车时或主轴旋转时进行，为什么？

3-7　XA6132 型铣床电气控制有哪些特点？

3-8　试叙述 XA6132 型铣床主轴及进给变速冲动的工作过程。

3-9　有一台 7 kW 做空载起动的电动机，用熔断器做短路保护，试选择熔断器型号和熔体的额定电流等级。

模块四　PLC 的组成及其应用

任务一　PLC 的基础知识

可编程序控制器(简称 PLC)是在继电器控制技术和计算机控制技术的基础上开发出来的,并逐渐发展成为以微处理器为核心,把自动化技术、计算机技术、通信技术融为一体的新型工业自动控制装置,目前已被广泛用于各种生产机械和生产过程的自动控制中。

一、可编程序控制器的组成

(一)PLC 控制系统的组成及等效电路

任何一个继电器控制系统,都由输入、输出和逻辑控制三个基本部分组成,其框图如图 4-1 所示。其中,输入部分是指各种开关信息,如按钮、行程开关等;逻辑控制部分是按照控制要求设计的,是由若干继电器及触点通过实际接线构成的有一定逻辑功能的控制电路;输出部分是指各种执行元件,如接触器、电磁阀、指示灯等。由于逻辑控制部分是用硬接线将许多继电器按某种固定方式连接起来的电路,故程序不能灵活改变,并且接线复杂,故障点多。

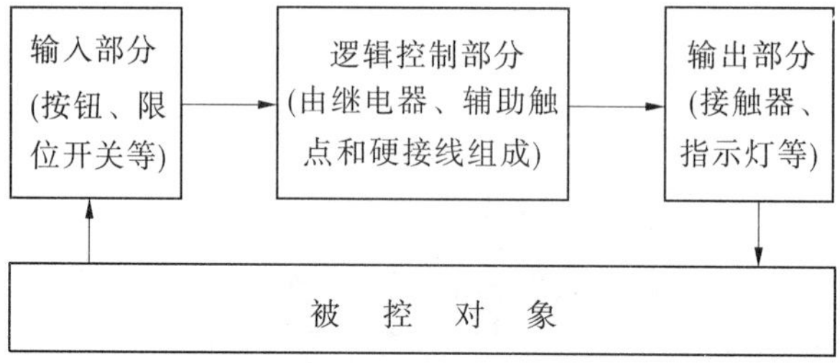

图 4-1　继电器控制系统的组成

同样,可编程序控制器控制系统也是由输入、输出和逻辑控制三部分组成的,其框图如图 4-2 所示。图中 PLC 控制系统的输入和输出部分与传统的继电器控制系统基本相同,但其逻辑部分是采用 PLC,由用户程序代替了继电器控制电路,使其不仅能实现逻辑运算,还具有数值运算及过程控制等复杂控制功能。由于 PLC 是采用软件实现控制功能,因此可以灵活、方便地通过改变用户程序,以实现控制功能的改变,从根本上解决了继电器控制电路逻辑关系难以改变的问题。

对于使用者来说,可以不考虑 PLC 内部的复杂结构,也不必使用计算机语言,而只要将 PLC 看成是由许多"软继电器"组成的,采用与继电器控制电路相似的梯形图语言即可设计出控制程序。图 4-3 为起动、保持、停止继电器控制电路对应的 PLC 等效电路。

图中的继电器并不是实际的物理继电器,它是存储器中的每一位触发器。该位触发

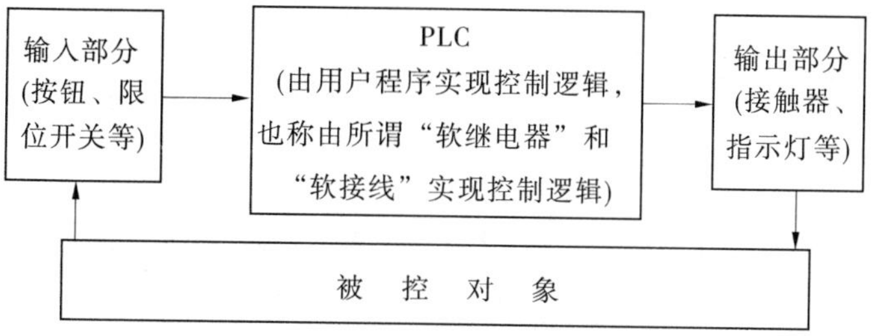

图 4-2　PLC 控制系统的组成

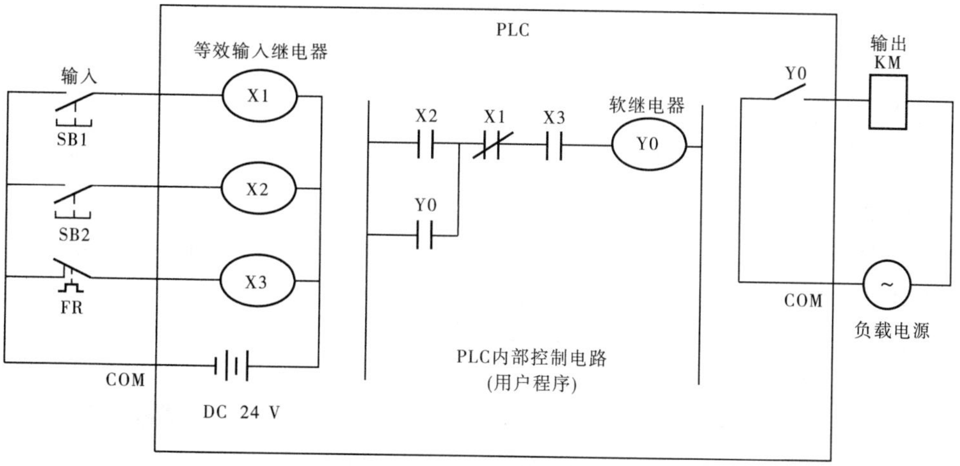

图 4-3　PLC 等效电路

器为“1”态，相当于继电器接通；该位触发器为“0”态，则相当于继电器断开。软继电器的线圈及触点如图 4-3 所示。

（二）PLC 的组成及各部分的作用

PLC 实际上就是一种工业控制计算机，与一般的计算机相比，它具有更强的与工业过程相连接的模块和更直接适应于控制要求的编程语言。因此，PLC 与计算机控制系统的组成相似，也是由中央处理器（CPU）、存储器、输入/输出（I/O）模块、电源等组成的，如图 4-4 所示。

1. 中央处理器(CPU)

CPU 是整个 PLC 系统的核心。CPU 按 PLC 系统程序赋予的功能，指挥 PLC 有条不紊地进行工作。

2. 存储器

PLC 的存储器有两种：一种是可进行读/写操作的随机存储器 RAM；另一种为只读存储器 ROM、PROM、EPROM、EEPROM。PLC 中的 RAM 用来存放用户编制的程序或用户数据。存于 RAM 中的程序可随意修改。

PLC 的系统程序是由 PLC 生产厂家设计提供的，出厂时已固化在各种只读存储器中，不能由用户直接存取、修改。

3. 输入/输出(I/O)模块

输入/输出模块是 PLC 与被控设备之间的连接部件。输入/输出模块有数字量(包括

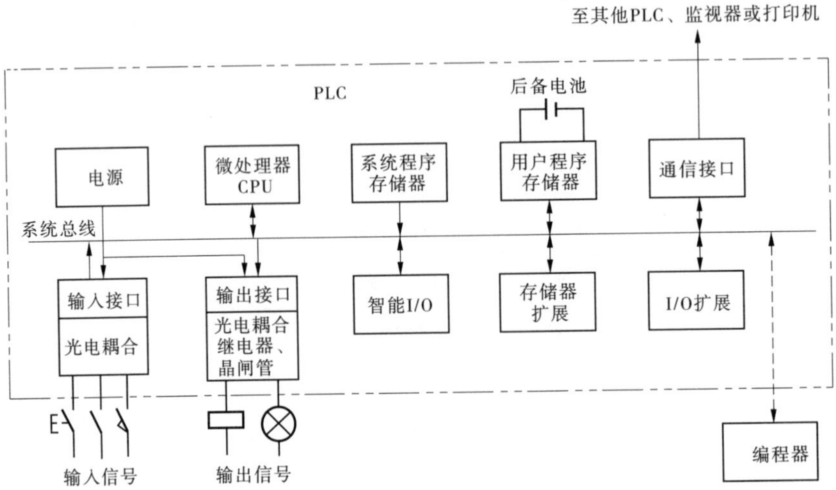

图 4-4　PLC 硬件组成

开关量)和模拟量两种形式。输入/输出模块一般都具有光电隔离和滤波,其作用是把PLC 与外部电路隔开,以提高 PLC 的抗干扰能力。

PLC 的开关量输入模块按输入信号的不同有三种类型:直流输入模块、交流输入模块、交直流输入模块,如图 4-5 所示。

PLC 开关量输出模块有三种形式:一种是继电器输出型,通过继电器触点控制外部电路的通断;另一种是晶体管输出型,通过光电隔离器使开关晶体管截止或饱和导通,以控制外部电路的通断;第三种是双向晶闸管输出型,采用光触发型双向晶闸管,如图 4-6 所示。

继电器输出型模块既可带直流负载也可带交流负载,属于交直流输出型模块。晶体管输出型模块只能带直流负载,晶闸管输出型模块只能带交流负载。

由于 PLC 的种类较多,各 PLC 生产厂家采用的输入/输出模块电路会有所不同,但基本原理大同小异,相差不大。

为了满足工业上更加复杂的控制需要,PLC 还配有许多智能 I/O 模块,通过智能 I/O 模块,用户可方便地构成各种工业控制系统。

PLC 输入信号端个数和输出信号端个数称为 PLC 的输入/输出(I/O)点数。

4. 通信模块

PLC 有各种通信模块,通过这些通信模块可与监视器、打印机、其他的 PLC 或计算机相连。

5. 编程器

编程器主要由键盘、显示器、工作方式选择开关和外存储器接插口等组成。

编程器的作用是用来编写、输入、调试用户程序,也可在线监视 PLC 的工作状态。

编程器有简易型和智能型两类。简易型编程器只能联机编程,且需将梯形图转化为语句表才能输入。智能型编程器既可联机编程又可脱机编程,可直接输入梯形图和通过屏幕对话。

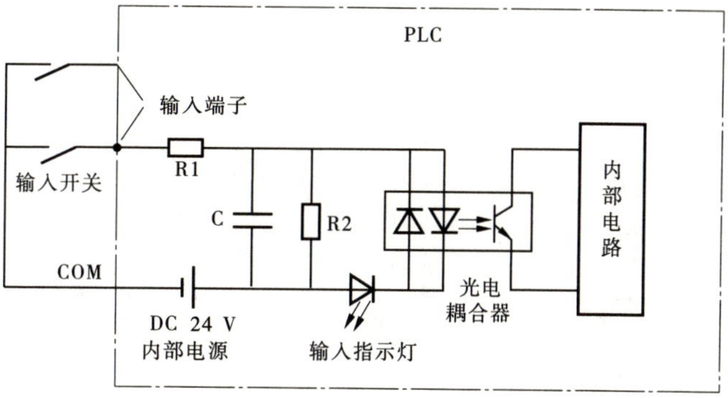

(a)直流输入模块

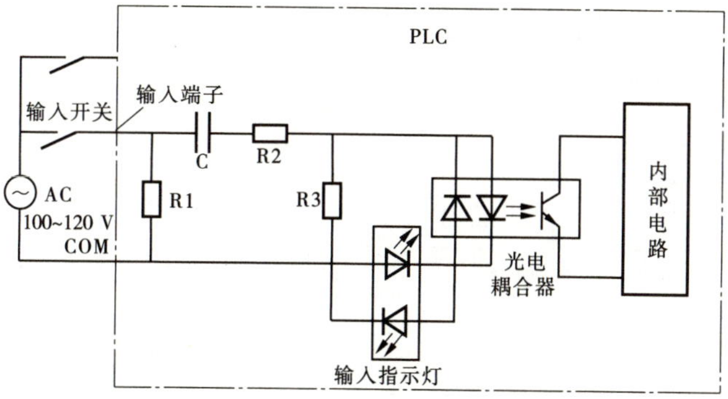

(b)交流输入模块

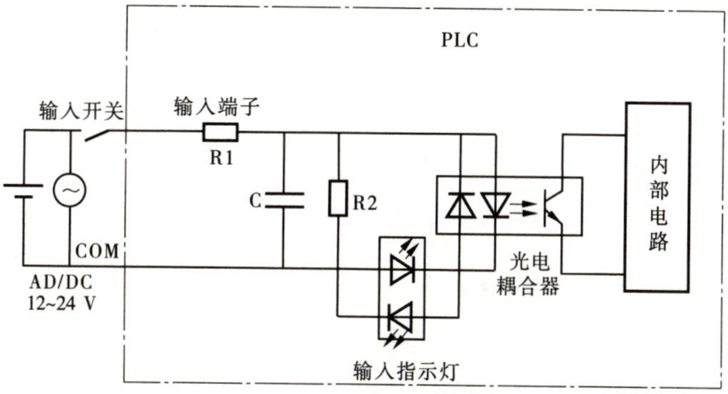

(c)交直流输入模块

图 4-5　开关量输入模块

6. 电源

PLC 的电源一般为单相交流电源，通常为 110 V/220 V，也有用直流 24 V 供电的。PLC 对电源的稳定度要求不高，一般允许电源电压在其额定值±15%的范围内波动。

二、可编程序控制器的工作原理

(一) PLC 的扫描工作方式

PLC 运行时，需要执行许多操作，但 CPU 不可能同时去执行多个操作，它每一时刻只

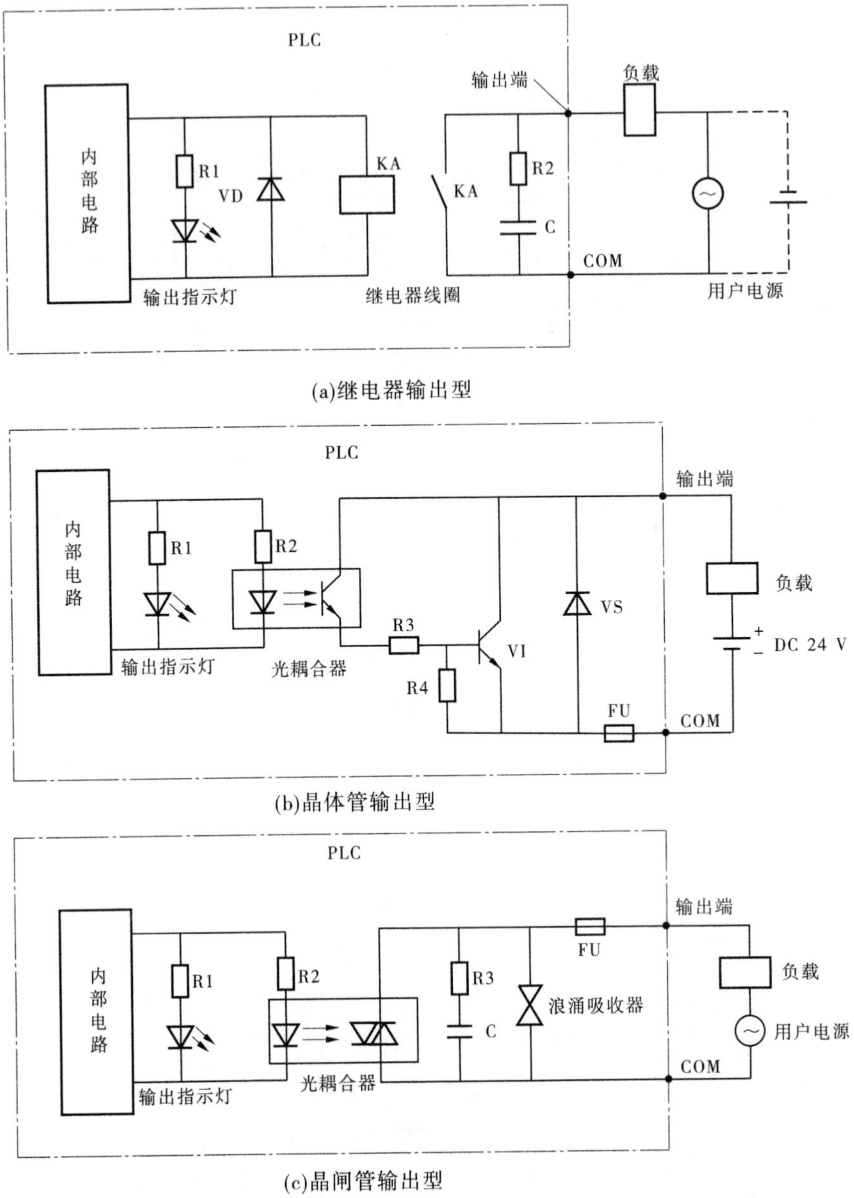

图 4-6　开关量输出模块

能执行一个操作,这种分时操作的过程称为 CPU 的扫描工作方式。

用户程序的执行是用扫描工作方式完成的,扫描先从第一条程序开始,在无中断或跳转控制的情况下,按程序存储的地址号递增的顺序逐条执行程序,直到程序结束。然后从头开始扫描,并周而复始地重复进行,直至停机或切换到 STOP 工作状态。

PLC 扫描工作除执行用户程序外,在每次扫描过程中还要完成其他工作,其工作过程如图 4-7 所示,整个过程包括内部处理、通信服务、输入处理、程序执行、输出处理五个阶段,整个过程内部处理扫描一次所需的时间称为扫描周期。扫描周期与用户程序的长短和扫描速度有关。

在内部处理阶段,PLC 检查 CPU 模块内部硬件是否正常,监视通信服务定时器复位及完成其他一些内部处理。

在通信服务阶段,PLC 与其他带微处理器的智能装置通信,响应编程器键入的命令,更新编程器的显示内容。

当 PLC 处于停止(STOP)运行状态时,只完成内部处理和通信服务工作。当 PLC 处于运行(RUN)状态时,除完成内部处理和程序执行通信服务的操作外,还要完成输入处理、程序执行、输出处理工作。

顺序扫描的工作方式简单直观,便于程序设计,为 PLC 的可靠运行提供了有力的保障。PLC 所扫描到的指令被执行后,其结果马上就可被后面将要扫描到的指令所利用,而且可通过 CPU 设置定时器来监视每次扫描时间是否超过规定时间,避免由于 CPU 内部故障使程序执行进入死循环。

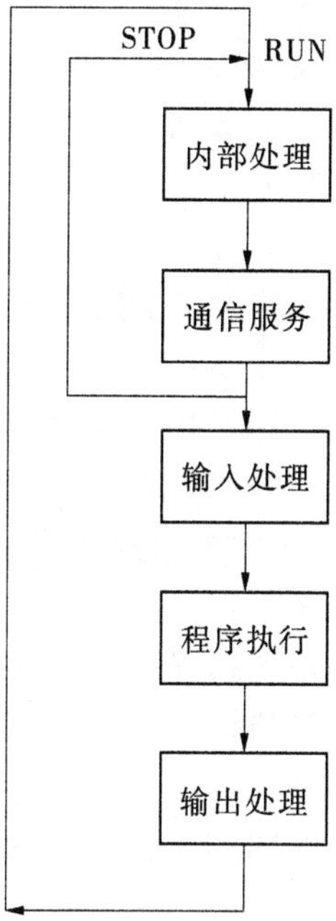

图 4-7　PLC 扫描工作示意图

(二) PLC 执行程序的过程及特点

PLC 执行程序的过程分为三个阶段,即输入处理阶段、程序执行阶段、输出处理阶段,如图 4-8 所示。

(1)输入处理阶段。在输入处理阶段,顺序读入所有输入端子的通断状态并存入输入映像寄存器中,此时输入映像寄存器被刷新。

(2)程序执行阶段。PLC 进行扫描用户程序,它按梯形图的顺序从上到下、从左到右逐步扫描,当指令中涉及输入输出状态时,PLC 从输入映像寄存器和元件映像寄存器中读出,根据用户程序进行运算,最后将运算的结果再存入元件映像寄存器中。

(3)输出处理阶段。当所有指令执行完毕后,输出映像寄存器中所有输出继电器的状态转存到输出锁存器中,通过一定方式输出,驱动外部负载。

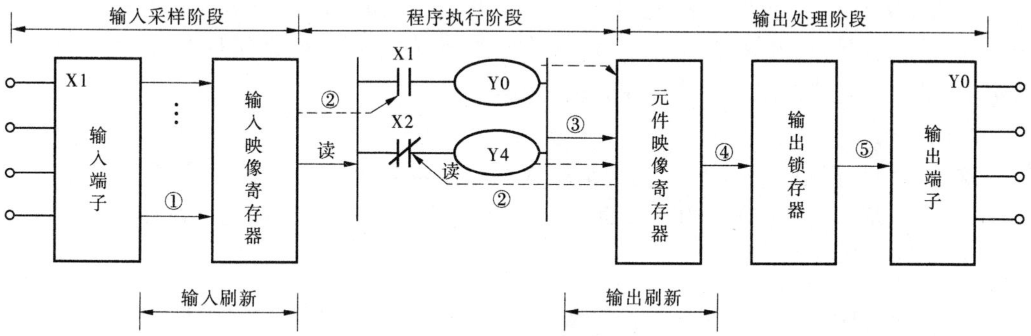

图 4-8　PLC 扫描工作过程

从上述分析可知,PLC 在一个扫描周期内,对输入状态的扫描只是在输入处理阶段进行。当 PLC 进入程序执行阶段后输入端将被封锁,直到下一个扫描周期的输入处理阶段才对输入状态进行新的扫描,这就是所谓的集中采样。

在一个扫描周期内，只有输出刷新阶段将输出信息从元件映像寄存器中送出去，而在其他阶段，输出值一直保存在元件映像寄存器中，即采样集中输出的方式。

对于小型 PLC，其 I/O 点数较少，用户程序较短，一般采用集中采样、集中输出的工作方式，使 PLC 工作时大部分时间与外部隔离，这就从根本上提高了系统的抗干扰能力，增强了系统的可靠性。而大中型 PLC，其 I/O 点数较多，控制功能强，用户程序较长，为提高系统响应速度可采用定期输入处理、输出处理或采用直接输入处理、输出处理等多种方式。

（三）PLC 的编程语言

PLC 的编程语言是多种多样的，不同的 PLC 厂家，不同系列的 PLC 采用的表达方式也不同，下面介绍两种常用的编程语言。

1. 梯形图

梯形图编程语言与继电器控制原理图相似，具有形象、直观、实用的特点，这种编程语言继承了传统继电器控制逻辑中使用的框架结构、逻辑运算方式和输入输出形式，使得程序直观易懂，因而应用最为广泛。同样的控制功能由传统的继电器控制电路实现和用 PLC 梯形图实现的比较，如图 4-9 所示。

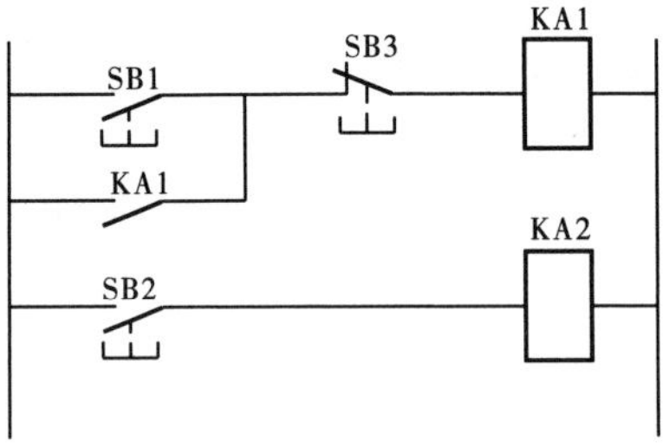

(a)继电器控制电路

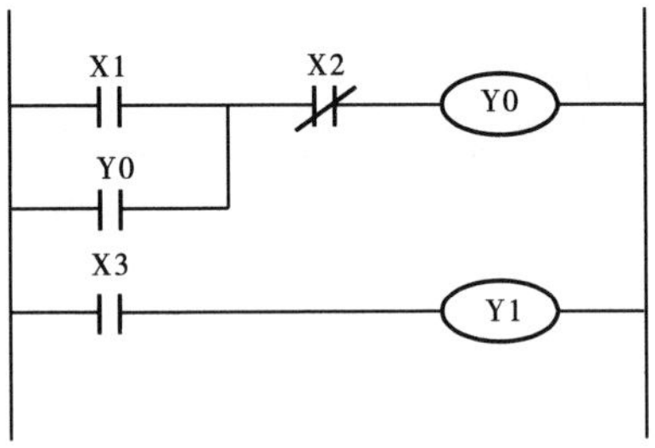

(b)PLC梯形图

图 4-9 继电器控制电路与梯形图

从图 4-9 中可看出，两种图基本表示的思想是一致的，具体表达方式有一定区别。PLC 梯形图使用的是内部继电器、定时器/计数器等，都是用软件来实现的，使用方便，修改灵活，是原继电器控制电路硬接线无法比拟的。

2. 语句表

这是一种与汇编语言类似的助记符编程方式。虽然不同的 PLC 厂家的语句表形式不尽相同，但基本功能相差无几。下面六列指令是以三菱 FX2 系列 PLC 语句表编程语言对图 4-9 梯形图的编程。

步序号	指令	数据	步序号	指令	数据
0	LD	X1	3	OUT	Y0
1	OR	Y0	5	LD	X3
2	ANI	X2	6	OUT	Y1

三、可编程序控制器的特点及分类

（一）PLC 的特点

（1）可靠性高。PLC 采用了屏蔽、滤波、光电隔离、集中采样、集中输出等一系列软硬件抗干扰措施，使其能在恶劣的环境下可靠地工作，平均无故障时间可达 5 000~30 000 h。

（2）编程简单。PLC 最常用的编程语言为梯形图语言，这种编程语言直观形象，使用灵活、方便，便于广大工程技术人员掌握。

（3）通用性强。各种系列 PLC 都有各自系列化产品，有各种模块供用户选择使用。用户可根据控制对象的规模和控制要求选择合适的 PLC 产品，组成所需要的控制系统。

（4）体积小、结构紧凑，是实现机电一体化的理想设备。

（二）可编程序控制器的分类

PLC 一般按 I/O 点数、结构形式以及功能分类。

（1）按输入/输出（I/O）点数分类。按 I/O 点数可分为小型、中型和大型三类。

I/O 点数在 256 点以下的为小型 PLC，其中小于 64 点的为超小型或微型 PLC。I/O 点数在 256 点以上，2 048 点以下的为中型 PLC。I/O 点数在 2 048 点以上的为大型 PLC。

这个分类界限不是固定不变的，它会随 PLC 的发展而改变。

（2）按结构形式分类。按结构形式可分为整体式、模块式和叠装式三种。

（3）按功能分类。按功能不同，PLC 可分为低档机、中档机、高档机三类。

任务二　PLC 及其指令系统

目前，PLC 的生产厂家很多，PLC 的品种繁多，各有特色。本任务主要以日本三菱公司 FX2 系列 PLC 为例，介绍其系统硬件、技术性能、特点、指令系统及应用等基本知识。

一、FX2 系列可编程序控制器简介

FX2 系列 PLC 是整体式和模块式相结合的叠装式结构。FX2 系列 PLC 有一个 16 位微处理器和一个专用逻辑处理器，FX2 的执行速度为 0. 74 μs/步，是运行较快的小型 PLC 之一。可以通过扩展组成不同规模的系统。

下面介绍 FX2 系列 PLC 的型号及技术性能。

（一）型号命名方式

FX2 系列可编程序控制器型号命名的基本格式如图 4-10 所示。

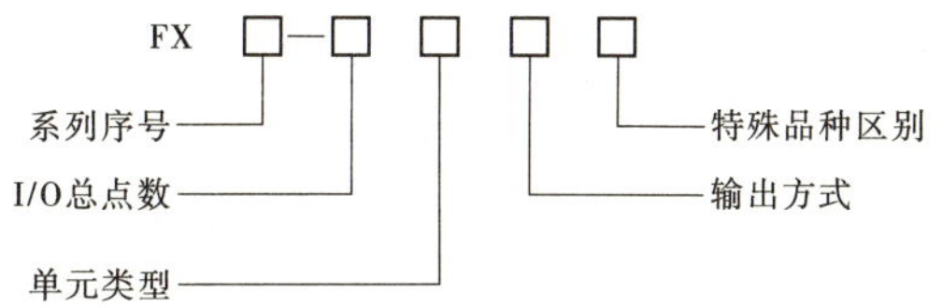

图 4-10　FX2 系列可编程序控制器型号命名的基本格式

I/O 总点数:14~256。

单元类型:M—基本单元;E—扩展单元及扩展模块。

输出方式:R—继电器输出;T—晶体管输出;S—晶闸管输出。

特殊品种区别:D-DC 电源,DC 输入;A1-AC 电源,AC 输入。

(二)FX2 系列 PLC 及其性能

FX2 系列 PLC 有基本单元、扩展单元、扩展模块及特殊功能单元等。

基本单元包括 CPU、存储器、输入输出和电源,它们是 PLC 的主要部分。扩展单元是用于增加 I/O 点数的装置,内设电源。扩展模块用于增加 I/O 点数和改变 I/O 点数的比例,内部无电源,其电源由基本单元或扩展单元供给。由于扩展单元和扩展模块无 CPU,必须与基本单元一起使用。

其性能指标如表 4-1 所示。

表 4-1　FX2 系列 PLC 性能技术指标

项目		性能指标	注释
操作控制方式		反复扫描程序	由逻辑控制器 LSI 执行
I/O 刷新方式		批处理方式(在 END 指令执行时成批刷新)	有直接 I/O 指令及输入滤波器时间常数调整指令
操作处理时间		基本指令:0.7 μs/步	功能指令:几百 μs/步
编程语言		继电器符号语言(梯形图) +步进指令	可用 SFC 方式编程
程序容量与存储器类型		2 K 步 RAM(标准配置)	
		4 K 步 EEPROM 卡盒(选配)	
		8 K 步 RAM, EEPROM	
		EPROM 卡盒(选配)	
指令数		基本指令 20 条,步进指令 2 条,应用指令 85 条	
输入继电器		DC 输入,24 V DC, 7 mA,光电隔离	X0~X177 (八进制)I/O 点数
输出继电器	继电器	250 V AC, 30 V DC, 2 A(电阻负载)	Y0~Y177 (八进制)
	晶闸管	24 V AC, 0.3 A/点, 0.8 A/4 点	
	晶体管	30 V DC, 0.5 A/点,0.8 A/4 点	
辅助继电器	通用型		M0~M499(500 点)
	锁存型	电池后备	M500~M1023(524 点)
	特殊型		M8000~M8255 (256 点)
状态	初始化用	用于初始状态	S0~S9 (10 点)
	通用		S10~S499
	锁存	电池后备	S500~S899 (400 点)
	报警	电池后备	S900~S999 (100 点)

续表 4-1

项目	性能指标				注释
定时器	100 ms	0.1~3 276.7 s			T0~T199(200 点)
	10 ms	0.01~327.67 s			T0~T245(46 点)
	1 ms(积算)	0.001~32.767 s 电池后备			T246~T249(4 点)
	100 ms(积算)	0.1~3 276.7 s(保持)			T250~T255(6 点)
计数器	加计数器	16 bit (1~32 767)		通用性	C0~C99(100 点)
				电池后备	C100~C199(100 点)
	加/减计数器	32 bit -2 147 483 648~ 2 147 483 648		通用型	C200~C219(100 点)
				电池后备	C220~C234(15 点)
	高速加速器	32 bit 加/减计数		电池后备	C235~C255 (6 点)单相计数
寄存器	通用数据寄存器	16 bit	一对理 32 bit	通用型	D0~D199 (200 点) 可设置
		16 bit		电池后备	D200~D511 (312 点)
	特殊继电器	16 bit			D8000~D8255 (256 点)
	变址继电器	16 bit			V, Z (2 点)
	文件寄存器	16 bit(存于程序中)		电池后备	D1000~D2999,最大 2 000 点
指针	JUMP/CALL				P0~P63 (64 点)
	中断	X0~X5 做中断输入,定时器中断			10 ➔ ~18 ➔ (9 点)
嵌套标志		主控线路用			N0~N7(8 点)
常数	十进制	16 bit:-3 232 768~32 767 32 bit:-2 147 483 648~2 147 483 647			
	十六进制	16 bit:0~FFFFH 32 bit:0~FFFFFFFFH			

二、FX2 系列 PLC 指令系统及其应用

(一) FX2 系列 PLC 内部继电器及其编号

不同系列的 PLC,其内部继电器的功能和编号也不同,因此用户在编制程序时必须熟悉所选用 PLC 的每条指令涉及的继电器功能和编号。FX2 系列 PLC 元件编号如表 4-2 所示。

1. 输入继电器(X0~X177)

输入继电器是 PLC 用来接收用户设备发来的输入信号。输入继电器与 PLC 的输入端相连,如图 4-11 左部所示。编程时应注意,输入继电器的线圈必须由外部信号来驱动,不能在程序内部用指令来驱动。因此,在程序中输入继电器只有触点,没有线圈。

表 4-2 FX2 系列 PLC 元件编号一览表

输入 继电器 X	X0~X7 8 点 FX2-16M	X0~X13 12 点 FX2-24M	X0~X17 16 点 FX2-38M	X0~X27 24 点 FX2- 48M	X0~X37 32 点 FX2-64M	X0~X47 40 点 FX2-80M	X0~X177 128 点 带扩展	输入 输出 合计 256 点
输出 继电器 Y	Y0~Y7 8 点 FX2-16M	Y0~Y13 12 点 FX2-24M	Y0~Y17 16 点 FX2-32M	Y0~Y27 24 点 FX2-48M	Y0~Y37 32 点 FX2-64M	Y0~Y47 40 点 FX2-80M	Y0~Y177 128 点 带扩展	
辅助 继电器 M	M0~M499 500 点 通用		M500~M1023(B/U) 通信用 524 点保持用 主站→从站 从站→主站 M800~M899 M900~M999				M8000~M8255 256 点 特殊用	
状态 S	S0~S499 500 点通用 初始 S0~S9 返回原点 S10~S19		S500~S899(B/U) 400 点保持用 保持用		S900~S999(B/U) 100 点 故障诊断用			
定时器 T	T0~T199 200 点 100 ms 子程序用 T192~T199		T200~T245 46 点 10 ms		T246~T249(B/U) 4 点 1 ms 积算		T250~ T255(B/U) 6 点 100 ms 积算	
计数器	16 bit 加计数		32 bit 可逆计数		32 bit 高速可逆计数器最大 6 点			
	C0~C99 100 点	C100~C199 100 点 (B/U) 保持用	C200~C219 20 点	C220~C234 15 点 (B/U) 保持用	(B/U) C235~C245 1 相 1 输入	(B/U) C246~C250 1 相 2 输入	(B/U) C251~C255 2 相输入	
数据 寄存器 D,V,Z	D0~D199 200 点 通用	通信用 D200~D511 312 点保持用(B/U) 主站→从站 从站→主站 D490~D499 D500~D509			D1000~ D2999 2 000 点 (B/U) 文件寄存器	D8000~ D8255 256 点 特殊用	V,Z 2 点 变址用	
嵌套 指针	N0~N7 8 点 主控用		P0~P63 64 点 跳转,子程序用 分支指针		10➔ ~15➔ 6 点 输入中断指针		16➔ ~18➔ 3 点 时钟中断指针	
常数 K	16 bit:-32 768~32 767				32 bit:-2 147 483 648~2 147 483 647			
常数 H	16 bit:0~FFFFH				32 bit:0~FFFFFFFFH			

注:1. 标有(B/U)标志的元件是由锂电池保持的。

2. T、C 在不作为定时器、计数器使用时可用作数据寄存器,这样使用时 C200~C255 间的各点对应于 32 bit 寄存器。

2. 输出继电器(Y0~Y177)

输出继电器是 PLC 用来将输出信号传给负载的元件。输出继电器的外部输出触点接到 PLC 的输出端子上,如图 4-11 右部所示。外部信号无法直接驱动输出继电器,它只能在程序内部用指令驱动。无论是输入继电器还是输出继电器都可提供无限多对常开常闭触点,供编程使用。输入输出继电器的地址编号均是采用八进制。

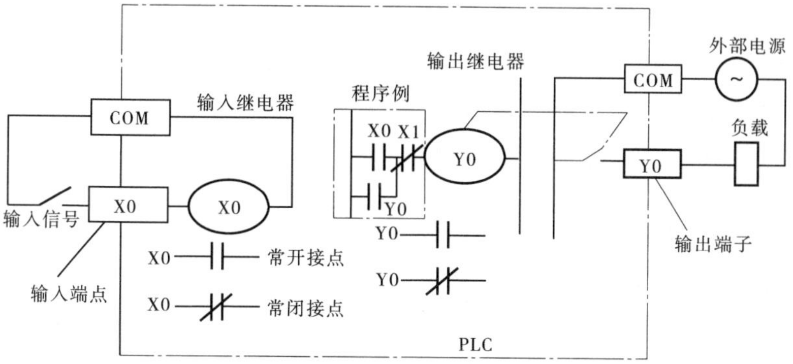

图 4-11　输入输出继电器示意图

3. 辅助继电器 M

PLC 内部有很多辅助继电器,每个辅助继电器都有无限多对常开常闭触点,供编程使用。辅助继电器只能由程序驱动,其作用相当于继电器控制电路中的中间继电器。辅助继电器的触点不能直接驱动外部负载。辅助继电器可分为通用型、断电保持型和特殊辅助继电器三种。

1) 通用辅助继电器 M0~M499(500 点)

通用辅助继电器按十进制编号,M0~M499,共有 500 点(除输入、输出继电器外,其他所有元件均按十进制编号)。

2) 断电保持辅助继电器 M500~M1023(524 点)

断电保持辅助继电器在断电时,其存储的数据和状态由 PLC 内锂电池保护,不会丢失,当电源恢复供电时,能使控制系统继续电源中断前的状态。某些控制系统要求保持断电瞬间的状态,断电保持辅助继电器就是用于这种场合。

3) 特殊辅助继电器 M8000~M8255(256 点)

PLC 内的特殊辅助继电器各自具有特定的功能,可以分为以下两类:

(1) 只能利用其触点的特殊辅助继电器,线圈由 PLC 自动驱动,用户只利用其触点。

例如:M8000 为运行监控用,PLC 运行时 M8000 接通。

M8002 为仅在运行开始瞬间接通的初始脉冲特殊辅助继电器。

M8012 为产生 100 ms 时钟脉冲的特殊辅助继电器。

(2) 可驱动线圈型特殊继电器,用于驱动线圈后,PLC 做特定动作。

例如:M8030 为锂电池电压指示灯特殊继电器,当锂电池电压跌落时,M8030 动作,指示灯亮。

M8033 为 PLC 停止时输出保持特殊辅助继电器。

M8034 为禁止全部输出特殊辅助继电器。

M8039 为定时扫描特殊辅助继电器。

注意:未定义的特殊继电器不可在用户程序中使用。

4. 状态器 S

状态器 S 是编制步进控制顺序中使用的重要元件。它与步进指令 STL 配合使用,编程十分方便。通常,状态器有下列五种类型:

(1)初始状态器: S0~S9 共 10 点。

(2)回零状态器: S10~S19 共 10 点。

(3)通用状态器: S20~S499 共 480 点。

(4)保持状态器: S500~S899 共 400 点。

(5)报警用状态器: S900~S999 共 100 点。

状态器 S 的常开常闭触点在 PLC 内可以自由使用,且使用的次数不限。不用步进指令时,状态器 S 可以作为普通辅助继电器 M 使用。

5. 定时器 T

定时器在 PLC 中的作用相当于一个时间继电器,它有一个设定值寄存器、一个当前值寄存器及无限个触点。通常 PLC 中有几十个至数百个定时器 T。

PLC 内定时器是根据时钟脉冲累积计时的,时钟脉冲有 1 ms、10 ms、100 ms 三档,当所计时间到达设定值时,输出触点动作。定时器可以用用户程序存储器内的常数 k 作为设定值,也可以用数据寄存器 D 的内容作为设定值。这里使用的数据寄存器应有断电保持功能。定时器的元件编号、设定值和动作叙述如下:

(1)定时器 T0~T245。100 ms 定时器 T0~T199 共 200 点,每个定时器设定值范围为 0.1~3 276.7 s;10 ms 定时器 T200~T245 共 46 点,每个设定值范围为 0.01~327.67 s。图 4-12 是定时器的工作原理图。当驱动输入 X0 接通时,定时器 T200 的当前值计数器对 10 ms 时钟脉冲进行累积计数,当该值与设定值 $K123$ 相等时,定时器的输出触点接通,即输出触点是在驱动线圈后的 123×0.01 s 时动作。驱动输入 X0 断开或发生断电时,计数器复位,输出触点也复位。

(2)积算定时器 T246~T255。1 ms 积算定时器 T246~T249 共 4 点,每点设定值范围为 0.001~32.767 s;100 ms 积算定时器 T250~T255 共 6 点,每点设定值范围为 0.1~3 276.7 s。图 4-13 是积算定时器的工作原理图。当定时器的线圈 T250 的驱动输入 X1 接通时,T250 的当前值计数器开始累计 100 ms 的时钟脉冲的个数,当该值与设定值 $K345$ 相等时,定时器的输出触点接通。

当计数中间驱动输入 X1 断电或复电时,计数器继续进行,当累积时间为 0.1×345 = 34.5 s 时,输出触点动作。

当复位输入 X2 接通时,计数器复位,输出触点也复位。

6. 计数器 C

计数器可分为普通计数器和高速计数器,下面主要介绍普通计数器的工作原理。

普通计数器又称内部信号计数器,它是在执行扫描操作时对内部元件(如 X、Y、M、S、T 和 C)的信号进行计数的计数器。因此,其接通和断开时间应比 PLC 的扫描周期要长。

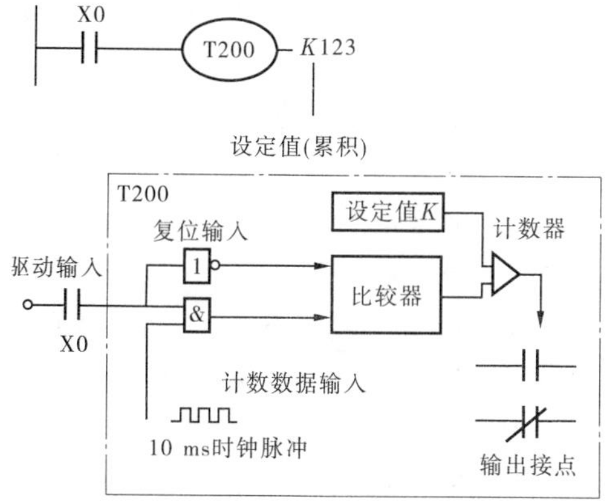

图 4-12　定时器的工作原理

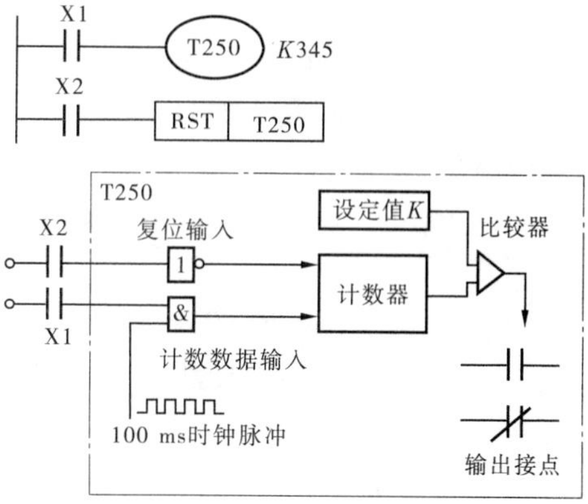

图 4-13　积算定时器的工作原理

1)16 位加计数器(设定值:1~32 767)

这种计数器有两种类型:

(1)通用型: C0~C99 共 100 点。

(2)断电保持型: C100~C199 共 100 点。其设定值 *K* 在 1~32 767 之间。设定值 *K*0 与 *K*1 含义相同,即在第一次计数时,其输出触点动作。

图 4-14 表示加计数器的动作过程。X11 为计数输入,每次 X11 接通时,当前值加 1。当计数器的当前值为 10 时,即计数输入达到第 10 次时,计数器 C0 的输出触点接通。此后即使输入 X11 再接通,计数器的当前值也保持不变。当复位输入 X10 接通,计数器当前值为 0,输出触点 C0 断开。

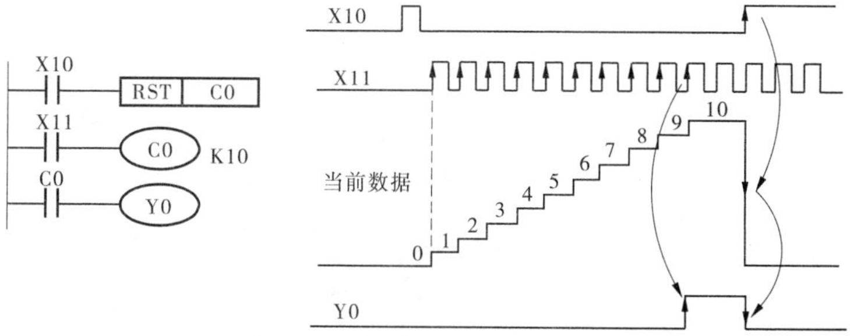

图 4-14　加计数器的动作过程

2) 32 位双向计数器(设定值:-2 147 483 648~+2 147 483 647)

这种计数器有两种类型:

(1)通用计数器: C200~C219 共 20 点。

(2)保持计数器: C220~C234 共 15 点。

其设定值为-2 147 483 648~+2 147 483 647,其技术方向(加计数或减计数)由特殊辅助继电器 M8200~M8234 设定。

加减计数方式设定:

对于 C△△△,当 M8△△△接通(置 1)时,为减计数器;当 M8△△△断开(置 0)时,为加计数器。

计数值设定：直接用常数 K 或间接用数据寄存器 D 的内容作为设定值。间接设定时，要用元件号相邻的两个数据寄存器。

图 4-15 表示加减计数器的动作过程。用 X14 作为计数输入，驱动 C200 线圈进行加计数或减计数。

当计数器的当前值由-6→-5（增加）时，其触点接通（置 1）；由-5→-6（减少）时，其触点断开（置 0）。

当前值的加减虽与输出触点的动作无关，但从+2 147 483 647 起再进行加计数，当前值就成为-2 147 483 648；同样从-2 147 483 648 起进行减计数，当前值就成为+2 147 483 647（这种动作称为循环计数）。当复位输入 X13 接通，计数器的当前值为 0，输出触点复位。

使用断电保持计数器，其当前值和输出触点状态均为断电保持。32 位计数器可当作 32 位数据寄存器使用，但不能用作 16 位指令中的操作元件。

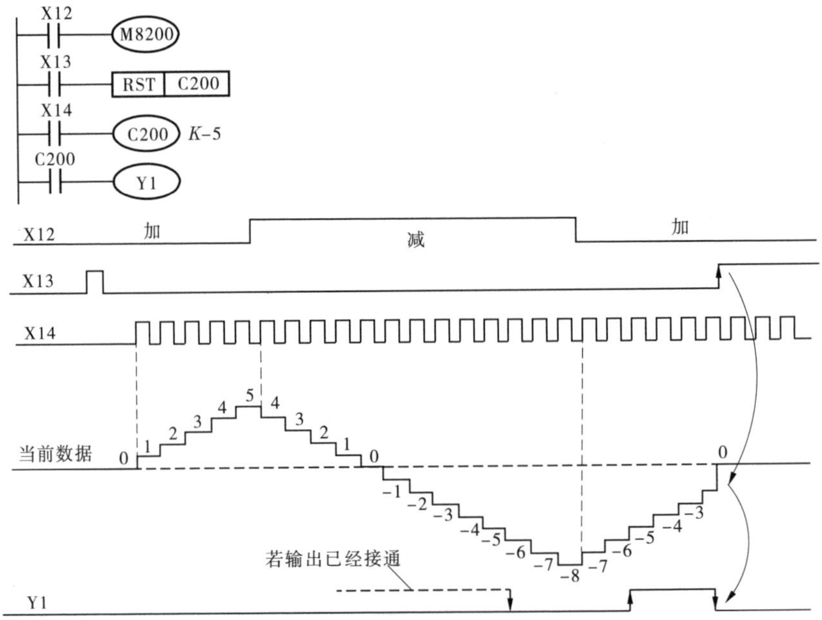

图 4-15　加减计数器的动作过程

（3）高速计数器。高速计数器 C235～C255 共 21 点共享 PLC 上 6 个高速计数器输入端（X0～X5）。高速计数器是按中断原则运行的。

7. 数据寄存器 D

PLC 在进行输入输出处理、模拟量控制、位置控制时，需要许多数据寄存器存储数据和参数。每一个数据寄存器都是 16 位，可用两个数据寄存器合并起来存放 32 位数据。

（1）通用数据寄存器 D0～D199 共 200 点，只要不写入其他数据，已写入的数据不会变化。但是 PLC 状态由运行→停止时，全部数据均清零。

（2）断电保持数据寄存器 D200～D511 共 312 点，只要不改写，原有数据不会丢失。

（3）特殊数据寄存器 D8000～D8255 共 256 点，这些数据寄存器供监视 PLC 中各种元件的运行方式用。

(4)文件寄存器 D1000~D2999 共 2 000 点,文件寄存器实际上是一类专用数据寄存器,用于存储大量的数据,例如采集数据、统计计算数据、多组控制参数等。

8. 变址寄存器(V/Z)

变址寄存器的作用类似于一般微处理器中的变址寄存器(如 Z80 中的 IX、IY),通常用于修改元件的编号。

(二) FX2 系列 PLC 的基本指令及其使用

FX2 系列 PLC 有基本指令 20 条,步进指令 2 条,功能指令近百条。本节主要介绍基本指令。

1. 逻辑取及线圈驱动指令 LD、LDI、OUT

LD,取指令。用于常开触点与左母线连接,每一个以常开触点开始的逻辑行都要使用这一指令。

LDI,取反指令。用于常闭触点与左母线连接,每一个以常闭触点开始的逻辑行都要使用这一指令。

OUT,线圈驱动指令,也叫输出指令。

LD、LDI、OUT 指令的使用说明如图 4-16 所示。

LD、LDI、OUT 指令使用时应注意以下两点:

(1)LD、LDI 这两条指令的目标元件是 X、Y、M、S、T、C,用于将触点接到母线上。也可以与后述的 ANB 指令、ORB 指令配合使用,用于分支回路开头。

(2)OUT 是驱动线圈的输出指令,它的目标元件是 Y、M、S、T、C。对输入继电器 X 不能使用。OUT 指令可以连续使用多次。当 OUT 指令的目标元件是定时器 T 和计数器 C 时,必须设置常数 k。

2. 触点串联指令 AND、ANI

AND,与指令。用于单个常开触点的串联,完成逻辑"与"运算。

ANI,与非指令。用于单个常闭触点的串联,完成逻辑"与非"运算。AND、ANI 指令的使用说明如图 4-17 所示。

AND、ANI 指令使用时应注意以下两点:

(1)AND、ANI 是单个触点串联连接指令,串联的次数没有限制。

(2)AND、ANI 指令的目标元件为 X、Y、M、S、T、C。

3. 触点并联指令 OR、ORI

OR,或指令。用于单个常开触点的并联,完成逻辑"或"运算。

ORI,或非指令。用于单个常闭触点的并联,完成逻辑"或非"运算。

OR、ORI 指令的使用说明如图 4-18 所示。

OR、ORI 指令使用时应注意以下两点:

(1)OR 与 ORI 指令用于一个触点的并联,其并联的个数不限,即可连续使用。

(2)OR、ORI 指令的目标元件为 X、Y、M、T、C、S。

4. 串联电路块的并联指令 ORB

ORB,块或指令。用于两个或两个以上的触点串联连接的电路之间的并联,称为串联电路块的并联连接。

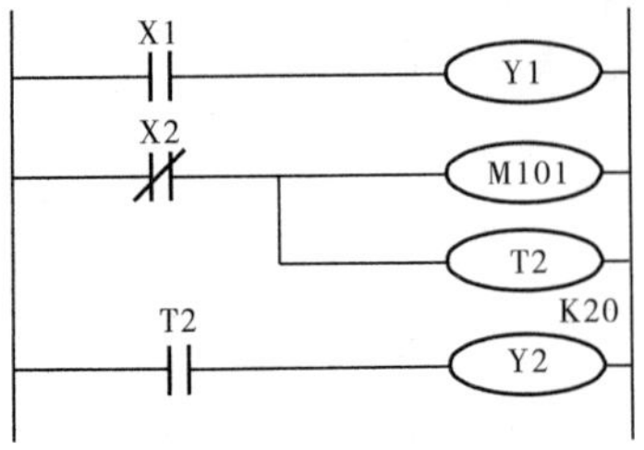

0　LD　　X1←与母线相连
1　OUT　Y1←驱动指令
2　LDI　X2←与母线相连
3　OUT　M101← 驱动指令
4　OUT　T2← 驱动(定时器)指令
SP　K20←设定常数，SP为空格键。自动设置程序步
7　LD　　T2←与母线相连
8　OUT　Y2←驱动指令

图 4-16　LD、LDI、OUT 指令的使用说明

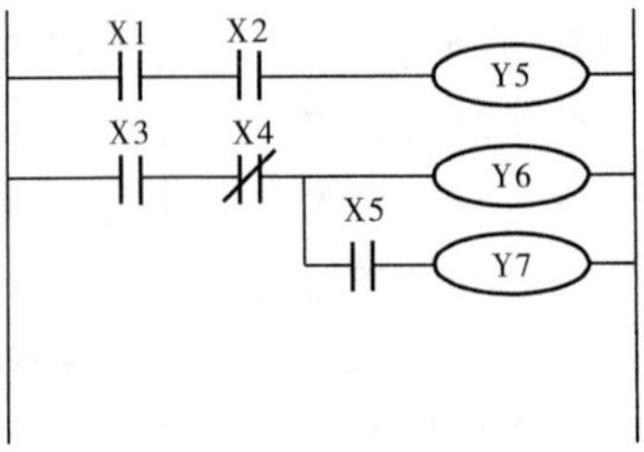

0　LD　　X1
1　AND　X2←串联常开触点
2　OUT　Y5
3　LD　　X3
4　ANI　X4←串联常闭触点
5　OUT　Y6
6　AND　X5
7　OUT　Y7

图 4-17　AND、ANI 指令的使用说明

ORB 指令的使用说明如图 4-19 所示。

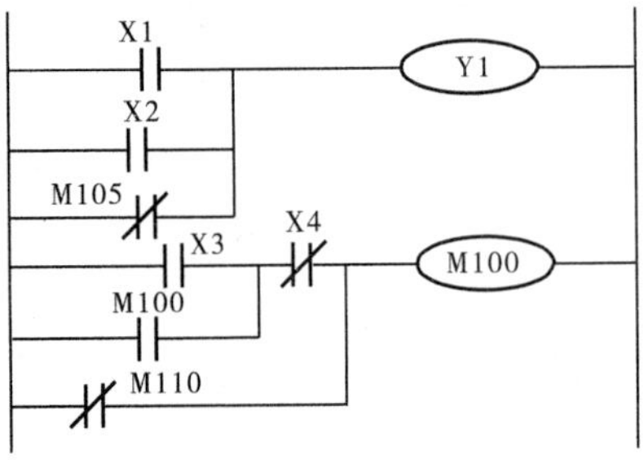

0	LD	X1	5	OR	M100
1	OR	X2	6	ANI	X4
2	ORI	M105	7	ORI	M110
3	OUT	Y1	8	OUT	M100
4	LD	X3			

图 4-18　OR、ORI 指令的使用说明

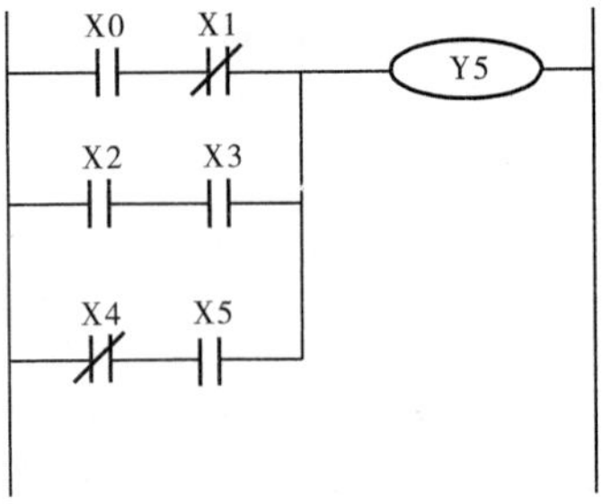

0	LD	X0	5	LDI	X4
1	ANI	X1	6	AND	X5
2	LD	X2	7	ORB	
3	AND	X3	8	OUT	Y5
4	ORB				

图 4-19　ORB 指令的使用说明

ORB 指令使用时应注意以下两点：

(1)几个串联电路块并联连接时，串联电路块开始用 LD 或 LDI 指令，结束用 ORB 指令。

(2)如要将多个串联电路块并联，若在并联的每个串联电路块后加 ORB 指令，则并联电路块的个数没有限制。

5. 并联电路块的串联指令 ANB

ANB，块与指令。用于两个或两个以上触点并联连接的电路之间的串联，称为并联电路块的串联连接。ANB 指令的使用说明如图 4-20 所示。

ANB 指令使用时应注意以下两点：

(1)并联电路块与前面电路串联连接时，使用 ANB 指令。并联电路块的开始用 LD、LDI 指令，并联电路块结束后，使用 ANB 指令与前面电路串联。

(2)如果有多个并联电路块串联，依次用 ANB 指令与前面支路连接，支路数量没有限制。

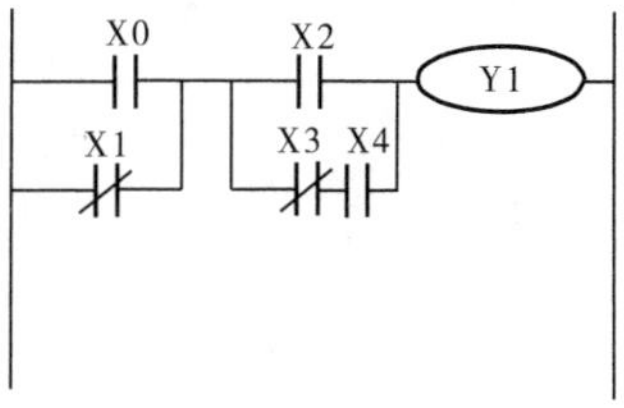

0	LD	X0	4	AND	X4
1	ORI	X1	5	ORB	
2	LD	X2	6	ANB	
3	LDI	X3	7	OUT	Y1

图 4-20　ANB 指令的使用说明

6. 多重输出指令 MPS、MRD、MPP

MPS、MRD、MPP 这三组指令分别为进栈、读栈、出栈指令，用于多重输出电路。可将连接点先存储，用于连接后面的电路。

FX 系列 PLC 中有 11 个存储中间运算结果的存储区域，被称为栈存储器。使用进栈指令 MPS 时，当时的运算结果压入栈的第一层，栈中原来的数据依次向下一层推移；使用出栈指令 MPP 时，各层的数据依次向上移动一次。MRD 是最上层所存数据的读出专用指令。MPS、MRD、MPP 指令的使用说明如图 4-21 所示。

使用栈存储器时应注意：MPS 和 MPP 必须成对使用，而且连续使用应少于 11 次。

7. 主控及主控复位指令 MC、MCR

MC/MCR，主控/主控复位指令。MC 用于公共串联触点的连接，MCR 为 MC 的复位指令。

在编程时，经常遇到多个线圈同时受一个或一组触点的控制。如果在每个线圈的控制电路中都串入同样的触点，将会多占用存储单元，应用主控指令可以解决这一问题。使用主控指令的触点称为主控触点，它在梯形图中与一般的触点垂直。它们是与母线相连的常开触点，是控制一组电路的总开关。MC、MCR 指令的使用说明如图 4-22 所示。

MC 指令是 3 程序步，MCR 指令是 2 程序步，两条指令的操作目标元件是 Y、M，但不允许使用特殊继电器 M。

当图 4-22 中的 X0 接通时，执行 MC 与 MCR 之间的指令；当输入条件断开时，不执行 MC 与 MCR 之间的指令。非积算定时器用 OUT 指令驱动的元件复位。积算定时器、计数器用 SET/RST 指令驱动的元件保持原来的状态。

使用 MC/MCR 指令应注意以下两点：

(1)与主控指令 MC 相连的触点必须用 LD 或 LDI 指令，使用 MC 指令后，母线移到主控触点的后面，MCR 使母线回到原来的位置。

(2)在 MC 指令内再使用 MC 指令时，嵌套级 N 的编号(0~7)顺次增大，返回用 MCR 指令，从大的嵌套级开始解除。特殊辅助继电器不能用作 MC 的操作。

8. 置位与复位指令 SET、RST

SET，置位指令，是动作保持；RST，复位指令，使操作保持复位。

SET、RST 指令的说明如图 4-23 所示。

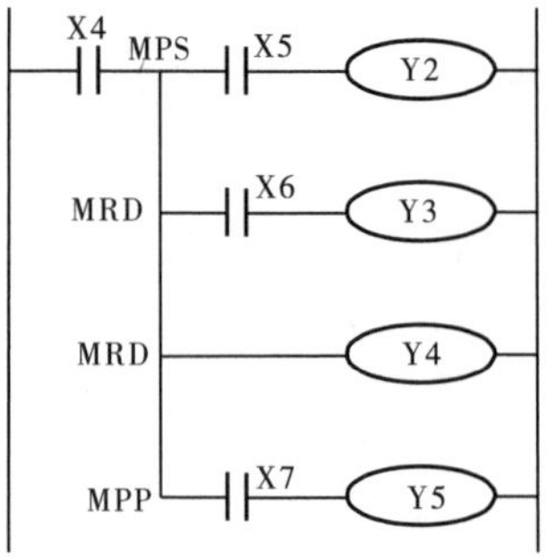

0	LD	X4	6	OUT	Y3
1	MPS		7	MRD	
2	AND	X5	8	OUT	Y4
3	OUT	Y2	9	MPP	
4	MRD		10	AND	X7
5	AND	X6	11	OUT	Y5

图 4-21　占存储器与输出指令的使用说明

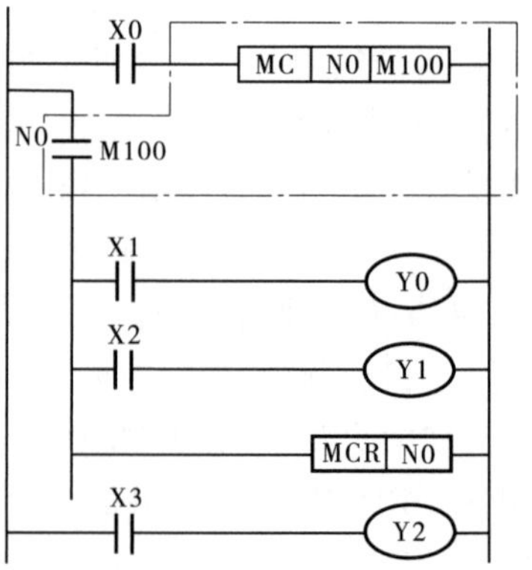

0	LD	X0	6	LD	X2
1	MC	N0	7	OUT	Y1
	SP	M100	8	MCR	N0
4	LD	X1	10	LD	X3
5	OUT	Y0	11	OUT	Y2

图 4-22　MC、MCR 指令的使用说明

由波形图可知，当 X0 接通时，即使再变成断开，Y0 仍保持接通。X1 接通后，即使再变成断开，Y0 仍将保持断开。SET 指令的操作目标元件为 Y、M、S。而 RST 指令的操作目标元件为 Y、M、S、V、Z、T、C。用 RST 指令可以对定时器、计数器、数据寄存器、变址寄存器的内容清零。RST 复位指令对计数器、定时器的使用说明如图 4-24 所示。

当 X0 接通时，输出触点 T246 复位，定时器的当前值为 0。

输入触点 X1 接通期间，T246 接收 1 ms 时钟脉冲并开始计数，当计数到 1234 时 Y0 动作。

32 位计数器 C200 根据 M8200 的开、关状态进行递加或递减计数，它对 X4 触点的开关次数计数。输出触点的复位取决于计数方向和是否达到 D1、D0 中所存的设定值。

当输入触点 X3 接通时，输出触点复位，计数器 C200 当前值清零。

9. 脉冲输出指令 PLS、PLF

PLS 指令在输入信号上升沿产生脉冲输出，而 PLF 在输入信号下降沿产生脉冲输出，这两条指令都是 2 程序步，它们的目标元件是 Y 和 M，但特殊辅助继电器不能做目标元件。

PLS、PLF 指令的使用说明如图 4-25 所示。使用 PLS、PLF 指令时应注意以下两点：

(1) 使用 PLS 指令，元件 Y、M 仅在驱动输入接通后的一个扫描周期内动作(置 1)。而使用 PLF 指令，元件仅在驱动输入断开后的一个扫描周期内动作。

(2) 使用这两条指令时，要特别注意目标元件。例如，在驱动输入接通时，PLC 由运行+停机→运行，此时 PLS M0 动作，但 PLS M600 不动作。这是因为 M600 是特殊保持继电器，即使在断电停机时，其动作也能保持。

10. 空操作指令 NOP

NOP 指令是一条无动作、无目标元件的 1 程序步指令。NOP 指令的使用说明如

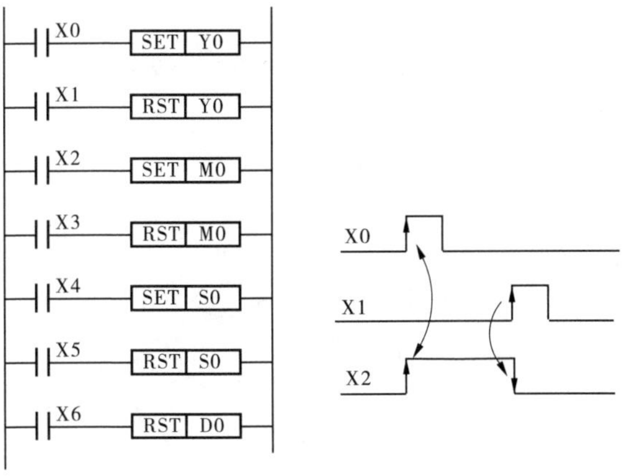

(a)梯形图　　(b)波形图

0	LD	X0	7	RST	M0
1	SET	Y0	8	LD	X4
2	LD	X1	9	SET	S0
3	RST	Y0	11	LD	X5
4	LD	X2	12	RST	S0
5	SET	M0	14	LD	X6
6	LD	X3	15	RST	D0

图 4-23　SET、RST 指令的使用说明

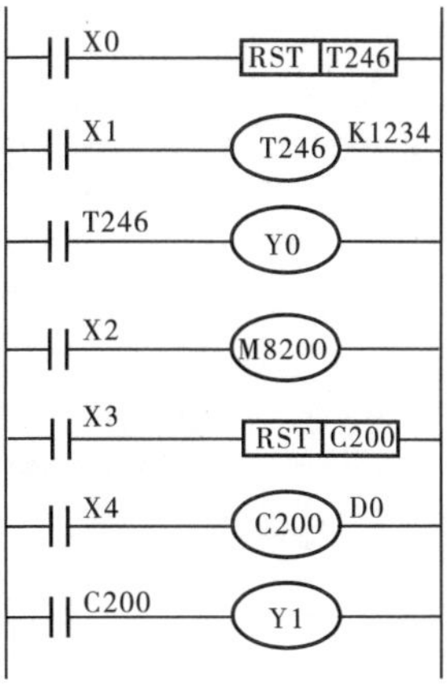

0	LD	X0	9	OUT	M8200
1	RST	T246	10	LD	X3
2	LD	X1	11	RST	C200
3	OUT	T246	12	LD	X4
	K	1234	13	OUT	C200
6	LD	T246			D0
7	OUT	Y0	16	LD	C200
8	LD	X2	17	OUT	Y1

图 4-24　RST 指令用于 T、C 的使用说明

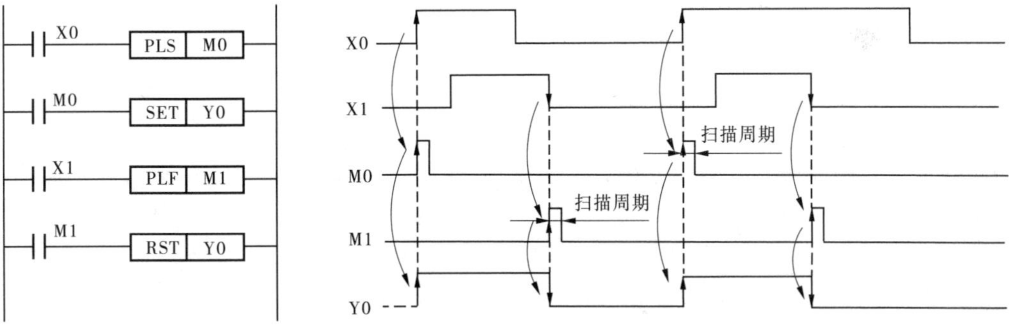

(a)梯形图　　(b)时序图

0	LD	X0	4	SET	Y0	8	LD	M1
1	PLS	M0←2步指令	5	LD	X1	9	RST	Y0
3	LD	M0	6	PLF	M1←2步指令			

图 4-25　PLS、PLF 指令的使用说明

图 4-26 所示。

空操作指令使该步序作空操作。用 NOP 指令替代已写入指令,可以改变电路。

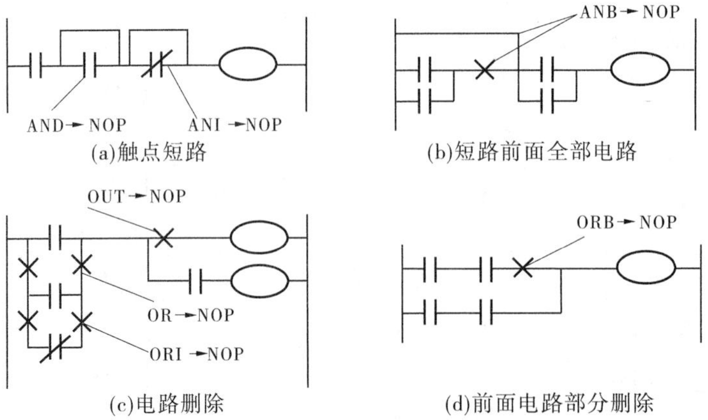

图 4-26 NOP 指令的使用说明

11. 程序结束指令 END

程序结束指令 END 用于程序的结束,是一条无目标元件的 1 程序步指令。在程序调试过程中,按段插入 END 指令,可以顺序扩大对各种程序动作的检查。

任务三 PLC 的程序设计

PLC 的编程语言有多种,但梯形图是 PLC 的主要编程语言。本任务主要介绍梯形图程序的设计知识。

一、梯形图的特点及设计规则

绘制梯形图时要遵循以下规则和设计技巧:

(1)梯形图按自上而下、从左到右的顺序排列。每个继电器线圈为一个逻辑行,各逻辑行中所有触点全画在线圈的左边,线圈的右边不能有触点符号。

(2)所有线圈或触点的文字符号一律按现场设备信号和 PLC 软继电器编号对照表中分配的 PLC 数据标出。

(3)在每一逻辑行中,几个支路并联时,串联触点多的支路应画在上面;几个并联支路串联时,应将并联触点多的电路画在左边。否则语句增多,程序变长,如图 4-27 所示。

(4)梯形图中,不允许一个触点上有双向"电流"通过,如图 4-28(a)所示。触点 E 上有双向电流通过,该梯形图不可编程,应根据其逻辑功能做适当的等效变换,如图 4-28(b)所示。

二、典型单元梯形图分析

(一)正反转控制电路

PLC 外部接线图如图 4-29(a)所示。其中 SB1 为总停按钮,SB2、SB3 为正、反转起动按钮,KM1、KM2 为正、反转接触器。

实现电动机正反转控制功能的梯形图如图 4-29(b)所示。该梯形图是在两个起动、保持、停止的梯形图基础上再加上两者之间的互锁触点所构成的。应该注意的是,图 4-29

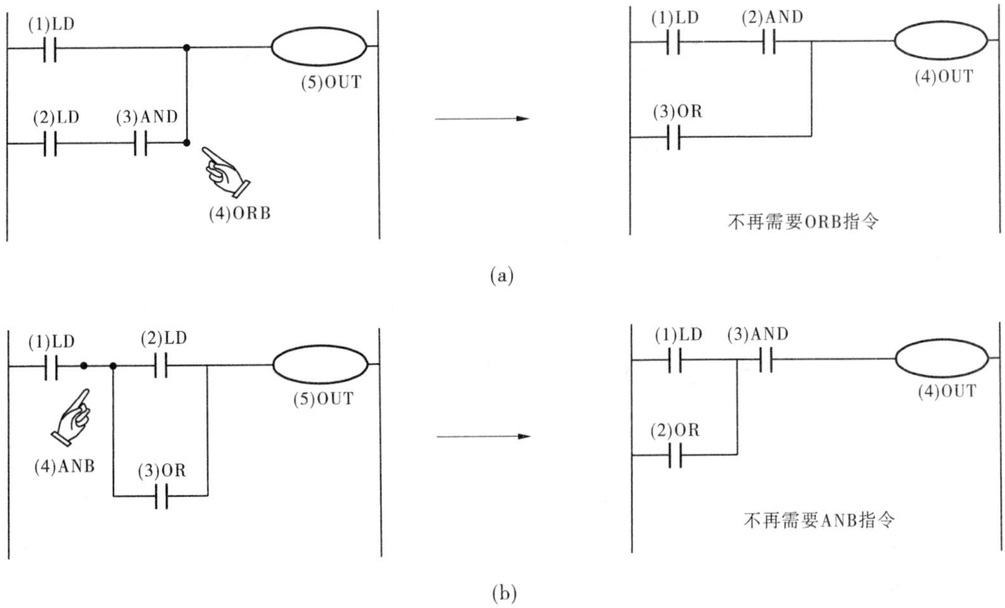

图 4-27 梯形图之一

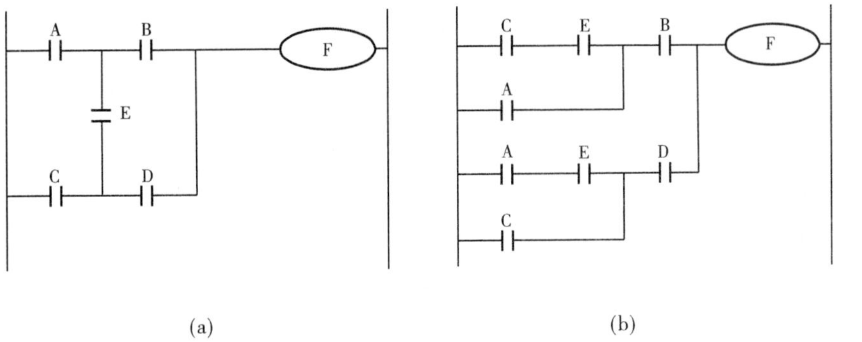

图 4-28 梯形图之二

虽然在梯形图中已经有了软继电器的互锁触点(X1 与 X2、Y0 与 Y1),但在外部输出电路中还必须使用 KM1、KM2 的常闭触点进行互锁。因为 PLC 内部软继电器互锁只相差一个扫描周期,而外部硬件接触器触点的断开时间往往大于一个扫描周期,来不及响应。

(二)长延时电路

大多数 PLC 定时器的延时时间都比较短,无法适应较长延时的需要,为了解决这个问题,常采用扩展法获得较长延时时间的电路。

图 4-30(a)为采用一个定时器和一个计数器构成的长延时梯形图。当 X0 接通时,定时器 T0 产生周期为 100 s 的脉冲序列,作为计数器 C0 的计数输入,当 C0 计数到,其常开触点闭合使 Y0 接通。因此,电路的定时时间等于 T0 的定时值与 C0 计数值的乘积,即从 X0 接通到 C0 常开触点闭合,Y0 接通之间的延时时间为 20 000 s。其波形图如图 4-30(b)所示。

当 X0 断开时,则 T0 和 C0 复位,Y0 断开。

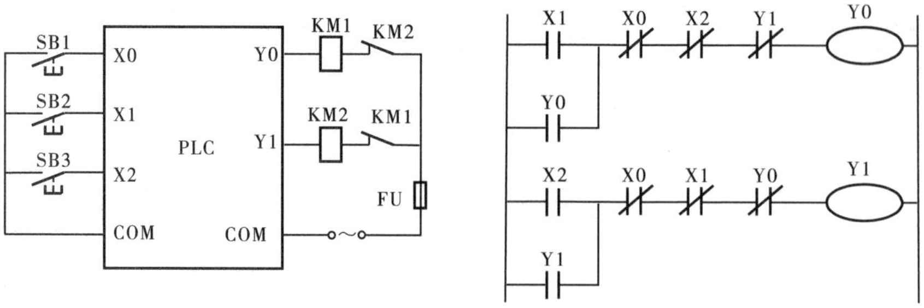

(a)外部硬件连接图　　(b)梯形图

图 4-29　正反转控制电路

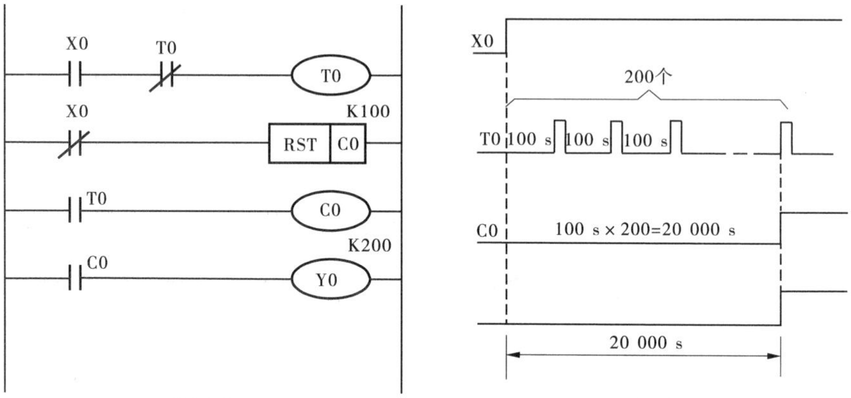

(a)梯形图　　(b)波形图

图 4-30　长延时电路之二

三、PLC 的设计方法

PLC 在逻辑控制系统中的程序设计法中主要有经验设计法、逻辑设计法(在逻辑设计法中最常用的是顺序设计法)和继电器控制电路移植法三种。下面主要介绍经验设计法与逻辑设计法,继电器控制电路移植法将在 PLC 在机床应用中介绍。

(一)经验设计法

经验设计法实际上是在一些典型单元电路(梯形图)的基础上,根据被控对象控制系统的具体要求,不断地修改和完善梯形图。有时需要多次反复修改和调试梯形图后才能得到一个较为满意的结果。下面通过一个简单的例子来说明这种设计方法的基本思路。

如图 4-30(a)所示,SQ1、SQ2 为运料小车左右终点的行程开关。运料小车在 SQ1 处装料,20 s 后装料结束,开始右行。当碰到 SQ2 后停下来卸料,15 s 后左行,碰到 SQ1 后又停下来装料。这样不停地工作,直到按下停止按钮 SB3。按钮 SB1、SB2 分别是小车右行和左行的起动按钮。

小车控制系统的输入、输出设备与 PLC 的 I/O 端对应连接关系如图 4-31(b)所示。采用经验设计法对小车控制系统梯形图程序的设计过程是:由于小车右行和左行互为连锁关系,不能同时进行,与电动机正反转控制梯形图一样,因此利用正反转梯形图先画出

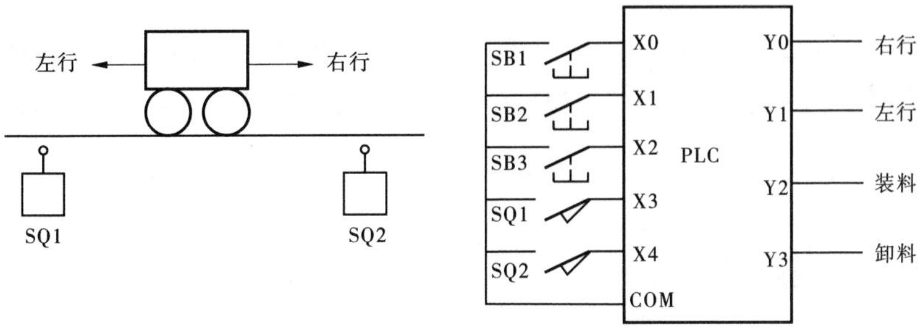

(a)运料小车系统示意图　　(b)输入、输出设备与PLC连接图

图 4-31　运料小车系统示意图及 PLC 连接图

控制小车左右行的梯形图。另外,用两个位置开关 SQ1(X3)、SQ2(X4)的常开触点分别接通装料、卸料输出(Y2、Y3)及装料、卸料时间的定时器(T0、T1),如图 4-32(a)所示。在此基础上为了使小车到达装料、卸料位置能自动停止左行、右行,将 X3 和 X4 的常闭触点分别串入 Y1(左行)和 Y0(右行)的线圈电路中;为了使小车在装料、卸料结束后能自行起动右行、左行,将控制装料、卸料时间的定时器 T0 和 T1 的常开触点分别与手动起动右行和左行的 X0 和 X1 的常开触点并联。最后可得出如图 4-32(b)所示的梯形图。

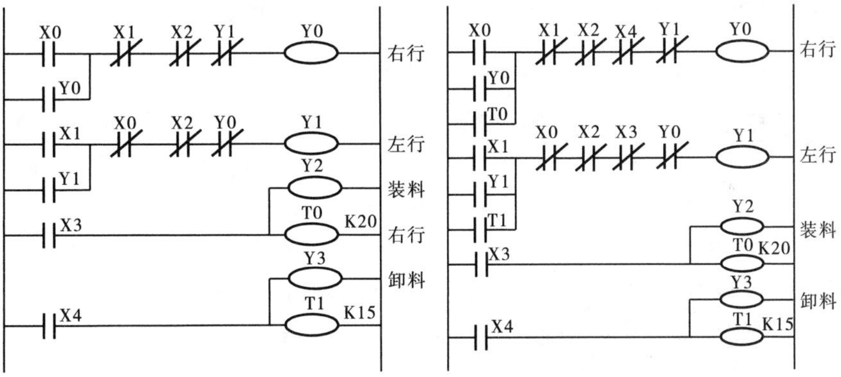

(a)不完整的梯形图　　(b)完整的梯形图的功能表图设计法

图 4-32　运料小车控制系统的梯形图程序

(二)顺序设计法

在工业领域中顺序控制的应用面很广,尤其在机械制造行业,一般采用顺序控制实现加工的自动循环。PLC 实现顺序控制有多种方法。在 FX2 系列 PLC 中提供两条步进指令,其目标元件是状态器,采用 SFC 顺序功能图语言,用于编制复杂的顺控程序。

1. 用功能表图描述系统的工作过程

1)功能表图的组成和种类

图 4-33(a)是功能表图的一般形式。它主要由工步、转换、转换条件和有向连线及动作等组成。步在功能表图中用矩形框表示,如[3],框内的数字是该步的编号。编程时一般用 PLC 内的软继电器来代表各步,如 S20。当该步处于活动状态时,称为活动步。控制过程开始阶段的活动步与系统初始状态相对应,称为初始步。在功能表图中初始步用双线

框表示。n 代表第 n 工步的状态，当 $n=1$ 时，执行旁边框内规定的动作；当 $n=0$ 时，则不执行。带箭头的有向连线表示状态转换的路线，按习惯从上到下、从左到右转换时，可省去箭头。有向连线中间的短划线称为转换，旁边的文字（如 a、b、c、d）表示转换条件。

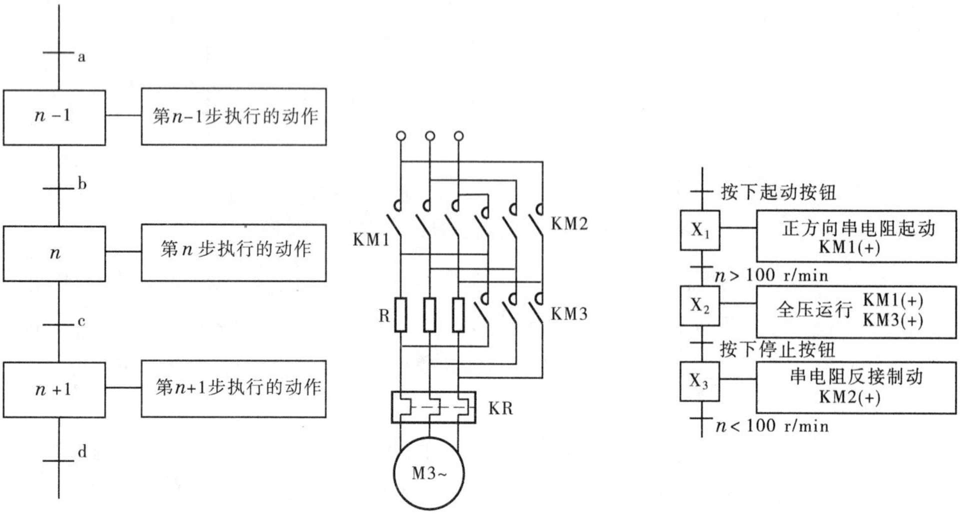

(a)功能表图的一般形式　　(b)电动机起动、制动控制的功能表图

图 4-33　功能表图

顺序控制的特点是：各工步按顺序执行，上一工步执行结束，转换条件成立，立即开通下一步，同时关断上一步。图 4-33（a）中 $n-1=1$ 是第 n 步开通的前导信号，待转换条件满足（$b=1$）时，第 n 阶段立即开通（n 由 0 变 1），同时关断前一工步（使 $n-1=0$）。转换条件 b 称为切换主令。由此可知，开启第 n 阶段（$n=1$）的条件有两个：$n-1=1$ 与 $b=1$；关断第 $n-1$ 阶段（使 $n-1=0$）的条件是一个：$b=1$ 或 $n=1$（可以认为 $n=1$ 与 $b=1$ 等效）。

图 4-33（b）画出了电动机单方向串电阻降压起动电路、停车时串电阻反接制动的功能表图。

2）功能表图的结构

根据步与步之间进展的不同情况，功能表图有三种结构：

（1）单序列，反映按顺序排列的步相继激活这样一种基本的进展情况，如图 4-33（a）所示。

（2）选择序列，一个活动步之后，紧接着有几个后续步可供选择的结构形式称为选择序列。如图 4-34 所示，选择序列的各个分支都有各自的转换条件。

（3）并行序列，当转换的实现导致几个分支同时激活时，采用并行序列。其有向连线的水平部分用双线表示，如图 4-35 所示。

（4）跳步、重复和循环序列。

在实际系统中经常使用跳步、重复和循环序列。这些序列实际上都是选择序列的特殊形式。跳步序列如图 4-36（a）所示。当步 3 为活动步时，若转换条件 e 成立，则跳过步 4 和步 5 直接进入步 6。

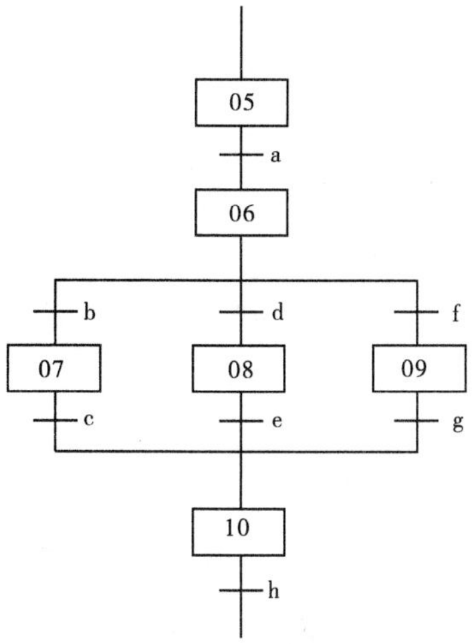

图 4-34　选择序列

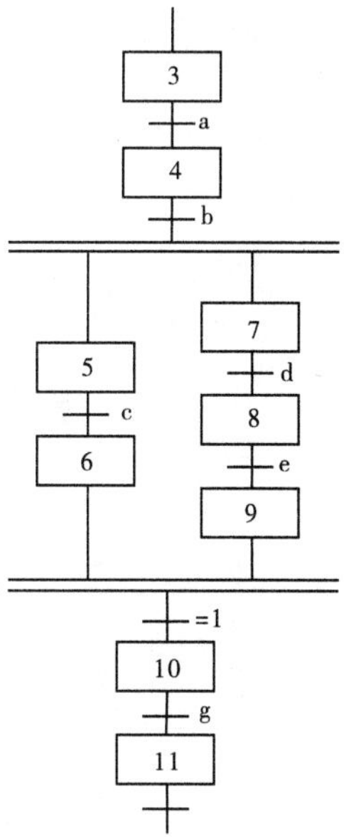

图 4-35　并行序列

重复序列如图 4-36(b)所示。当步 6 为活动步时,若转换条件 d 不成立而 e 成立,则重新返回步 5,重复执行步 5 和步 6,直到转换条件 d 成立,重复结束,转入步 7。

循环序列如图 4-36(c)所示,即在序列结束后,用重复的方式直接返回初始步 0,形成序列的循环。

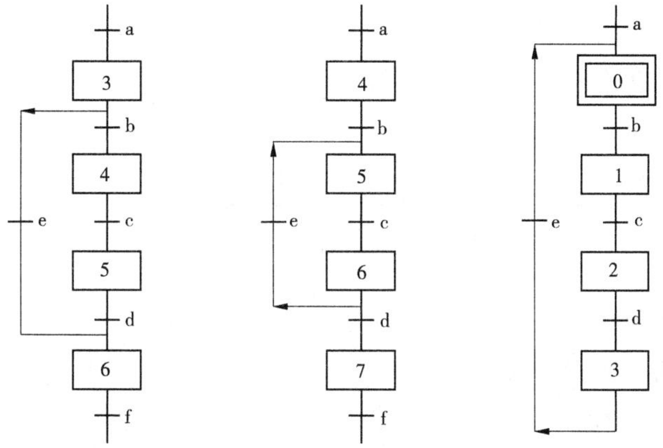

(a)跳步序列　(b)重复序列　(c)循环序列

图 4-36　跳步、重复和循环序列

2. 功能表图设计法

下面将以图 4-37 所示的液压动力滑台自动循环的控制过程为例,说明用功能表图绘制梯形图的步骤。

1) 根据控制要求绘制功能表图

首先把工作循环分成原位、快进、工进、快退四步,且各步之间的转换条件分别为

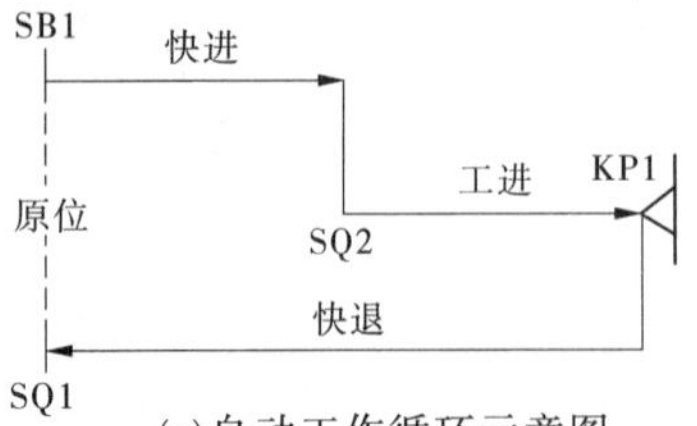

(a)自动工作循环示意图

工步	元件			
	YV1	YV2	YV3	KP1
原位	-	-	-	-
快进	+	-	-	-
工进	+	-	+	-/+
快退	-	+	-	+/-

(b)液压元件动作表

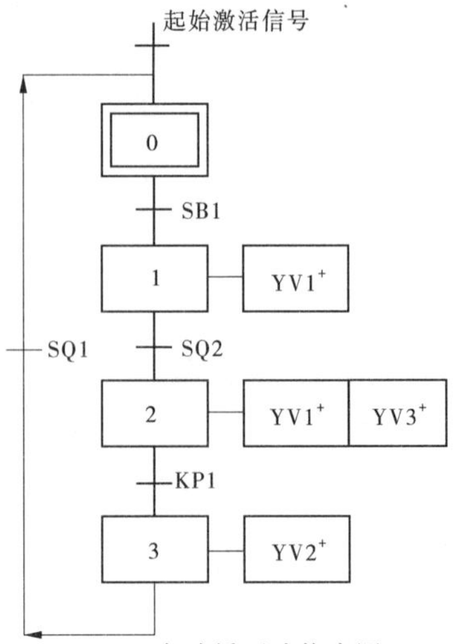

(c)自动循环功能表图

图 4-37　液压动力滑台

SB1、SQ2、KP1、SQ1，每一步执行的动作如图 4-36(b)所示的液压元件动作表，YV1、YV2、YV3 为液压电磁阀，KP1 为压力继电器，当滑台到达终点(碰到死挡铁)时，KP1 动作。图 4-36(c)为液压动力滑台的功能表图。

2)编写液压动力滑台输入/输出设备与 PLC 的 I/O 的编号对照表

根据图 4-36(a)液压滑台自动循环控制过程，将起动按钮 SB1，行程开关 SQ1、SQ2，压力继电器 KP1，电磁阀 YV1、YV2、YV3 分别与 PLC 的 I/O 点联系起来。其对应关系如表 4-3 所示。

表 4-3　液压动力滑台输入/输出设备与 PLC 的 I/O 的编号对照

输入设备	SB1	SQ1	SQ2	KP1	输出设备	YV1	YV2	YV3
PLCINPUN	X0	X1	X2	X3	PLCOUT	Y0	Y1	Y2

3)编程方式

根据绘制的功能表图来设计 PLC 梯形图的方法，即编程方式。下面将通过液压动力滑台的例子来介绍两种编程方式。

(1)用通用逻辑指令的编程方式。所谓通用逻辑指令，是指 PLC 最基本的与触点和线圈有关的指令，如 LD、AND、OR、OUT 等。各种型号的 PLC 都有这些指令，所以这种编程方式适用于各种型号的 PLC。

编程时一般用辅助继电器来代表各步，下面用辅助继电器 M0～M3 来代表液压动力滑台的原位、快进、工进、快退四步。因此，可将图 4-37(c)功能表图写成图 4-38 所示的形式(在实际应用中可直接画出这种形式的功能表图)，图中用特殊继电器 M8002 作为初始激活信号。

根据图 4-38 的功能表图，采用通用逻辑指令并用典型的起、保、停电路，分别画出控制 M0～M3 激活(通电)的电路，然后用 M0～M3 去控制输出执行元件的动作，很容易就得出如图 4-39 所示的梯形图程序。梯形图中只有保证前级步为活动步且转换条件成立,才能进行步的转换。总是将代表前级步的辅助继电器的常开触点与转换条件对应的触点串联,作为代表后续步的辅助继电器线圈激活的条件。当后续步被激活(由不活动步变为活动步)后,应将前级步变为不活动步,所以用代表后续步的辅助继电器常闭触点串在前级步的电路中,作为前级步的关断条件。如梯形图中将 M3 的常开触点和转换条件 X3 常开触点串联,作为 M0 激活的条件,同时将 M1 常闭触点串入 M0 线圈的通电回路中,保证 M1 通电时 M0 断电。另外,PLC 刚开始运行时应将初始步 M0 激活,否则系统将无法工作,所以将 PLC 的特殊继电器 M8002 常开触点与激活 M0 的条件并联。为了保证活动状态持续到下一步活动,还应加上 M0 的自锁触点。M1、M2、M3 的电路同理,请自行分析。

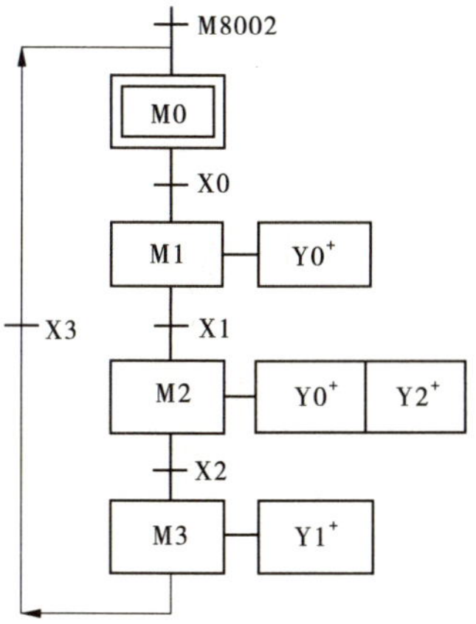

图 4-38　液压动力滑台的功能表图

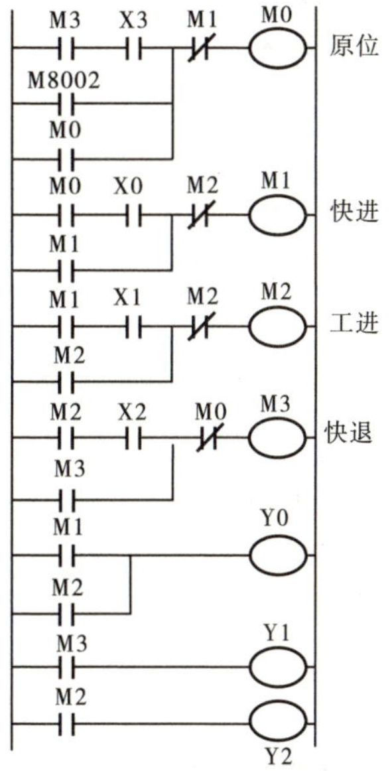

图 4-39　液压动力滑台梯形图之一

梯形图的后半部分是输出电路,由于输出 Y0 在 M1 和 M2 两步中都接通,为避免双线圈输出,将 M1 和 M2 的常开触点并联去控制 Y0;而 Y1、Y2 分别只在 M3、M2 活动时才接通,所以用 M3 和 M2 常开触点分别作为 Y1 和 Y2 线圈通电的条件,也可将 Y1、Y2 的线圈分别与 M3、M2 的线圈直接并联。

使用通用逻辑指令的编程方式时,不允许出现双线圈输出。若某输出继电器在几步中都被接通,只能用相应的辅助继电器常开触点的并联来驱动输出继电器的线圈。

(2)使用步进指令的编程方式。许多 PLC 都有专门用于编制顺序控制程序的步进指令及编程元件,如日本三菱公司 F1、F2、FX2、FXON 系列 PLC,美国 GE 公司的 PLC 等都具有这种功能。

步进指令又称 STL 指令。F1、F2、FX2、FXON 系列 PLC 还有一条使 STL 复位的 RET 指令。利用这两条指令就可以很方便地对顺序控制系统的功能表图进行编程。

步进指令 STL 只有与状态器 S 配合时,才具有步进功能。FX2 系列 PLC 有 900 点(S0~S899)状态器,其中 S0~S9(共 10 点)为初始状态器。用于功能表图的初始状态。

它们与步进指令一起使用,来编制顺序控制程序。使用 STL 指令的状态器常开触点,称为 STL 触点,没有常闭的 STL 触点。从图 4-40 中可以看出功能表图与梯形图之间的关系。用状态器代表功能表图的各步,每一步都具有三种功能:负载的驱动处理、指定转换条件和指定转换目标。

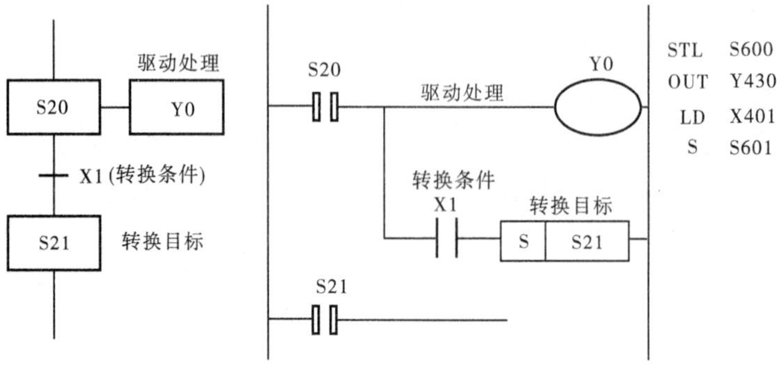

STL　S20　　LD　X1
OUT　Y0　　S　S2

图 4-40　STL 指令与功能表图

步进指令的执行过程如图 4-40 所示,当步 S20 为活动步时,S20 的 STL 触点接通的负载 Y0 接通。当转换条件 X1 成立时,下一步的 S21 将被置位,同时 PLC 自动将 S20 断开(复位),Y0 也断开。

STL 触点是与左母线相连的常开触点,类似于主控触点,并且同一状态器的 STL 触点只能使用一次(并行序列的合并除外)。

与 STL 触点相连的触点应使用 LD 或 LDI 指令,使用过 STL 指令后,应用 RET 指令使 LD 点返回左母线。

梯形图中同一元件的线圈可以被不同的 STL 触点驱动,即使用 STL 指令时,允许双线圈输出。

在 STL 触点之后不能使用 MC/MCR 指令。

液压动力滑台系统使用步进指令编程的功能表图和梯形图如图 4-41 所示。S0 代表初始状态,S21~S23 代表快进、工进和快退三步。开始运行时,初始状态必须用其他方法预先驱动,使之处于工作状态。在此例中,初始状态最初是由 PLC 从 STOP→RUN 切换,瞬时使特殊辅助继电器 M8002 接通,从而使 S0 置 1。

图 4-41 对应的语句表程序如下:

LD	M8002	STL	S21	OUT	Y0	OUT	Y1
S	S0	OUT	Y0	OUT	Y2	LD	X3
STL	S0	LD	X1	LD	X2	S	S0
LD	X0	S	S22	S	S23	RET	
S	S21	STL	S22	STL	S23		

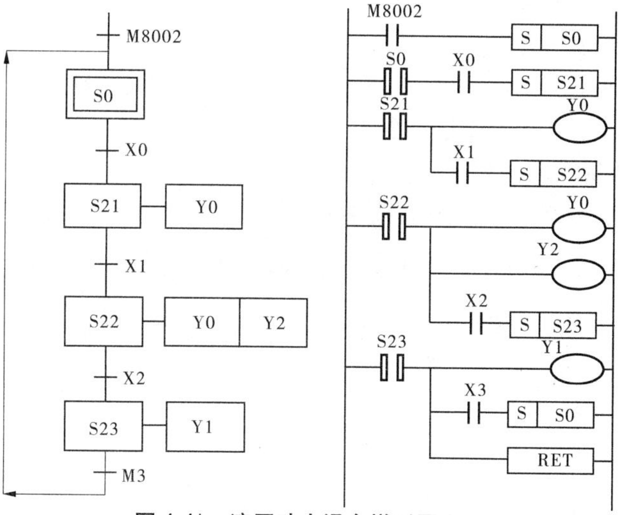

图 4-41　液压动力滑台梯形图之二

任务四　PLC 控制系统设计

一、PLC 控制系统设计的步骤和内容

(一)系统采用 PLC 控制的一般条件

(1)系统所需的 I/O 点数较多,控制要求较复杂。

(2)系统对可靠性的要求特别高,继电器控制不能满足要求。

(3)工艺经常变化或控制系统功能有扩充的可能。

(4)可以用一台 PLC 控制多台设备的系统。

(5)需要与其他设备实现通信或联网的系统。

(二)PLC 控制系统设计的基本原则

任何一种控制系统都是为了实现被控对象的工艺要求,以提高生产效率和产品质量。因此,在设计 PLC 控制系统时,应遵循以下基本原则:

(1)充分发挥 PLC 的功能,最大程度地满足被控对象要求。

(2)在满足控制要求的前提下,力求使控制系统简单、经济及维修方便。

(3)保证控制系统安全可靠。

(4)在选用 PLC 时,在 I/O 点数和内存容量上应适当留有余地,以满足今后生产的发展和工艺的改进。

(三)PLC 控制系统设计的基本内容

(1)拟定控制系统设计的技术条件。技术条件一般以设计任务书的形式来确定,它是整个系统设计的依据。

(2)选择电力拖动形式和电动机、电磁阀等执行机构。

(3)选择 PLC 的型号。

(4)分配 PLC 的 I/O 点,绘制 PLC 的 I/O 硬件接线图。

(5)设计控制系统梯形图并调试。

(6)设计控制系统的操作台、电气控制柜等及它们的安装接线图。

(7)编写设计说明书和使用说明书。

(四)PLC 控制系统设计的一般步骤

PLC 控制系统设计的一般步骤如图 4-42 所示。

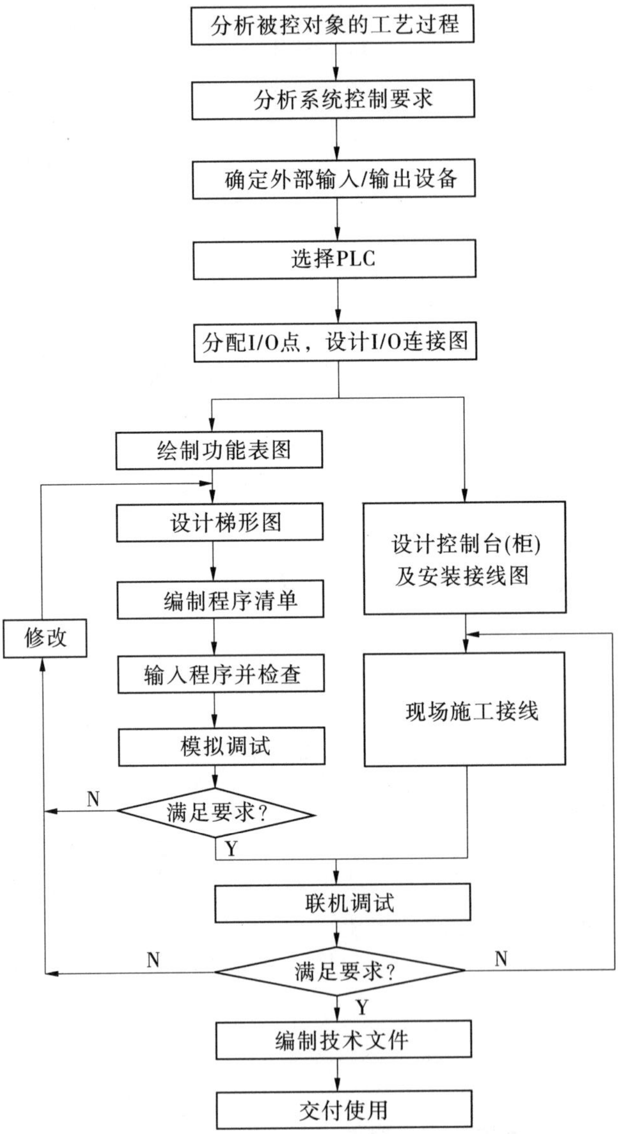

图 4-42　PLC 控制系统设计的一般步骤

(1)分析被控对象的工艺过程及工作特点,了解被控对象机、电、液之间的配合,确定被控对象 PLC 控制系统的控制要求。

(2)确定输入/输出设备。根据系统的控制要求,确定系统所需的输入设备(按钮、位置开关、转换开关等)和输出设备(接触器、电磁阀、信号指示灯等),从而确定 PLC 的 I/O 点数。

(3)选择 PLC。包括 PLC 的机型、容量、I/O 模块和电源的选择。

(4)分配 I/O 点。分配 PLC 的 I/O 点,画出 PLC 的 I/O 端子与输入/输出设备的连接图或对应表。

(5)设计软件及硬件。进行 PLC 程序设计,进行控制柜(台)等硬件的设计及现场施工。由于程序与硬件的设计可同时进行,因此 PLC 控制系统的设计周期可大大缩短。

其中 PLC 程序设计的一般步骤如下:

①对于较复杂系统,需要绘制系统的功能表图;对于简单的控制系统,可省去这一步,直接用经验设计法设计。

②编写梯形图程序。

③根据梯形图编写语句表程序。

④对程序进行模拟调试及修改,直到满足控制要求。调试过程中,可采用分段调试的方法,并利用编程器的监控功能。

其中,硬件设计及现场施工的步骤如下:

①设计控制台(柜)及操作面板电器布置图及安装接线图。

②设计控制系统各部分的电气互连图。

③根据图样进行现场接线,并检查。

(6)联机调试。指将模拟调试通过的程序进行在线统调。开始时,先带上输出设备(接触器线圈、信号灯等),不带负载进行调试。利用编程器的监控功能,采用分段调试的方法进行。各部分调试正常后,再带上实际负载进行。如不符合要求,则对硬件和程序做调整,通常只需修改部分程序即可。

全部调试完毕后,交付试运行。经过一段时间运行,如果工作正常,程序不需要修改,应将程序固化到 EPROM 中,以防程序丢失。

(7)编制技术文件。包括设计说明书、电气安装图、电气元件明细表及使用说明书等。

二、PLC 在机床中的应用举例

(一)组合机床继电器控制电气原理图

如图 4-43 所示,该机床采用三台电动机进行拖动。M1、M2 为左、右动力头电动机,M3 为切削液泵电动机。SA1、SA2 为左、右动力头单独调整开关,通过它们可实现对左、右动力头的单独调整。SA3 为切削液泵电动机工作选择开关。

左、右动力头的工作循环如图 4-44 所示。液压执行元件及检测元件状态如表 4-4 所示。其自动循环的工作过程为:SA1、SA2 处于自动循环位置,按下起动按钮 SB2,接触器 KM1、KM2 线圈通电并自锁,左、右动力头电动机同时起动旋转;按下“向前”按钮 SB3,中间继电器 KA1、KA2 通电并自锁,电磁阀 YV1、YV3 通电,左、右动力头快速进给,离开原位行程开关,SQ1、SQ2、SQ5、SQ6 先复位,SQ3、SQ4 后复位。当 SQ3、SQ4 复位后,KA 通电并自锁。在动力头进给过程中,靠各自行程阀自动变为工进,同时压下行程开关 SQ,接触

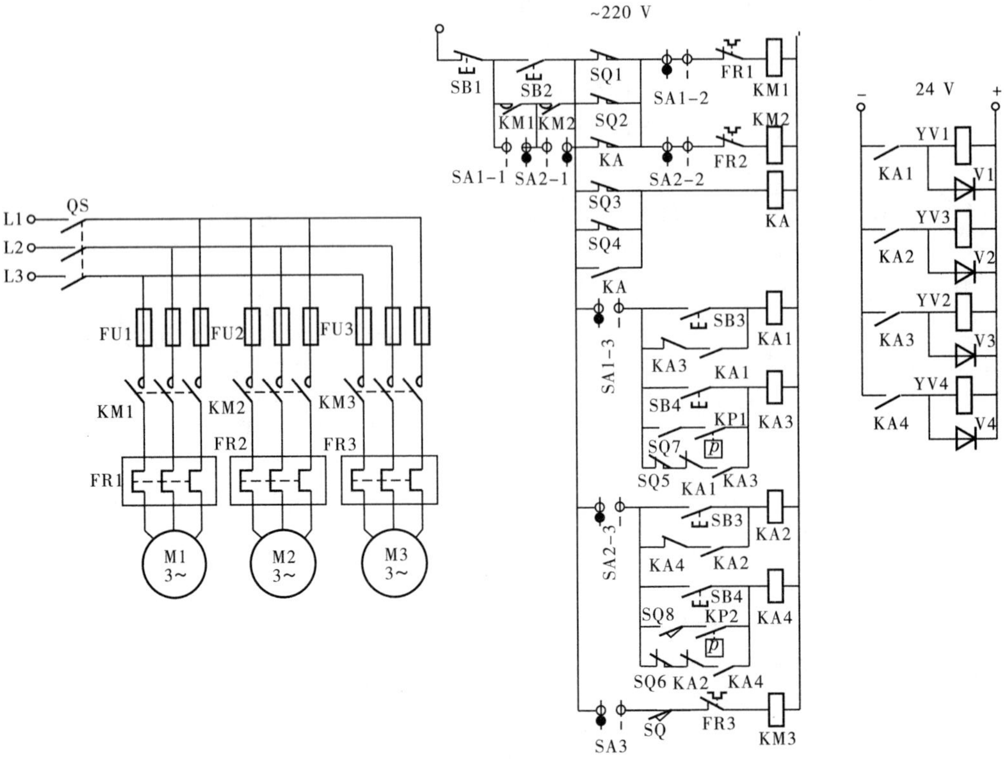

(a)　　　　(b)

图 4-43　组合机床继电器控制电气原理图

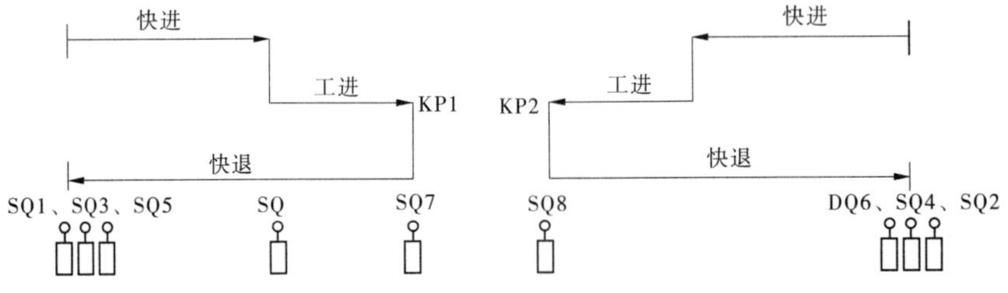

图 4-44　动力头工作循环图表

器 KM3 线圈通电，切削液泵电动机 M3 工作，供给切削液。当左动力头加工完毕，将压下 SQ7 并碰到死挡铁，其油路油压升高，KP1 动作；当右动力头加工完毕，将压下 SQ8 并使 KP2 动作，KA3、KA4 接通并自锁，同时 KA1、KA2 断电，YV1、YV3 也断电，YV2、YV4 通电，左、右动力头快退。当左动力头使 SQ 复位后，KM3 断电，切削液泵电动机停转。左、右动力头快退到原位时，先压下 SQ3、SQ4，再压下 SQ1、SQ2、SQ5、SQ6，使 KM1、KM2 线圈断电，动力头电动机 M1、M2 断电，同时 KA1、KA3、KA4 线圈断电，YV2、YV4 线圈断电，动力头停止，机床循环结束。加工过程中，按下 SB4，可随时使左、右动力头快退至原位停止。机床的过载、短路保护等在此不再叙述。

表 4-4 液压元件动作表 YV2、YV3

工步	YV1	YV2	YV3	YV4	KP1	KP2
快进	+	-	+	-	-	-
工进	+	-	+	-	-	-
死挡铁停留	+	-	+	-	+	+
快退	-	+	-	+	-	-
原位停止	-	-	-	-	-	-

(二)组合机床 PLC 控制系统

下面将以组合机床控制系统为例,详细介绍用 PLC 替代继电器控制系统的一些步骤与方法。

(1)确定 PLC 的输入/输出设备。继电器控制电路中的按钮、行程开关、压力继电器、热继电器等触点都属于 PLC 的输入设备,提供 PLC 输入信号。由此可确定本机床应有 21 个输入信号(4 个按钮、9 个行程开关、3 个热继电器常闭触点、2 个压力继电器触点、3 个转换开关),需占用 21 个输入点,至少应选择 FX2-48MR(具有 24 个输入点)才能满足要求。在实际应用中,为节省 PLC 的点数,可适当改变输入设备的接线,如将 SQ8 与 KP2 串联后作为 PLC 的一个输入信号,就能减少一个输入点。输入设备与 PLC 的接线如图 4-45 所示。可以发现,PLC 的输入点数由 21 点减少至 15 点,主机可以从 FX2-48MR 变为 FX2-32MR(具有 16 个输入点),这样可降低设备成本。

PLC 的输出控制对象主要是控制电路中的执行器件,如接触器、电磁阀等。该机床的执行器件有交流接触器 KM1、KM2、KM3 和电磁阀 YV1、YV2、YV3、YV4。根据其工作电压,可设计出 PLC 的输出电路,如图 4-45 所示。

由于接触器与电磁阀线圈所加电压的种类与大小不同,故必须占用 PLC 的不同两组输出通道,并选择继电器输出型的 PLC。通过对机床 PLC 控制系统输入/输出接线的综合分析,选择 FX2-32MR 对机床实施控制是比较合适的。

原控制电路中的中间继电器 KA、KA1、KA2、KA3、KA4 可分别由 PLC 的内部继电器 M0、M1、M2、M3、M4 分别替代。由此可见,继电器控制电路中中间继电器使用越多,采用 PLC 控制后优越性越显著。

(2)PLC 控制系统梯形图程序设计。本例采用移植法进行程序设计,即根据继电器控制原理图,将继电器控制电路“移植”成 PLC 梯形图。“移植”法根据继电器控制电路的逻辑关系,按照一一对应的方式画出 PLC 梯形图的方法,将图 4-46(a)所示的继电器接触器控制电路转化为图 4-46(b)所示的梯形图,然后按梯形图编程的规则对其进行规范化处理及简化,得出图 4-46(c)所示的梯形图。

将全部继电器控制电路进行“移植”,并进行规范等处理,得到该组合机床的 PLC 控制系统的梯形图,如图 4-47 所示。

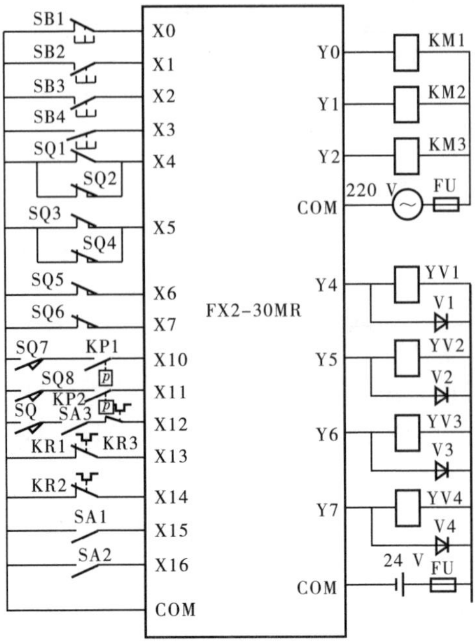

图 4-45　组合机床 PLC 输入/输出接线图

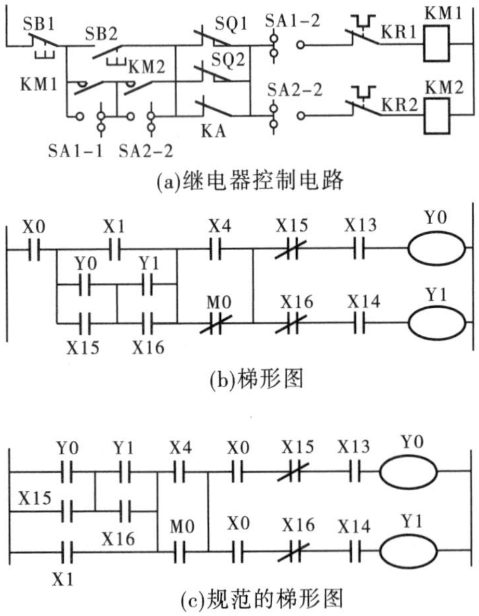

图 4-46　KM1、KM2 继电器控制电路图及转化成的梯形图

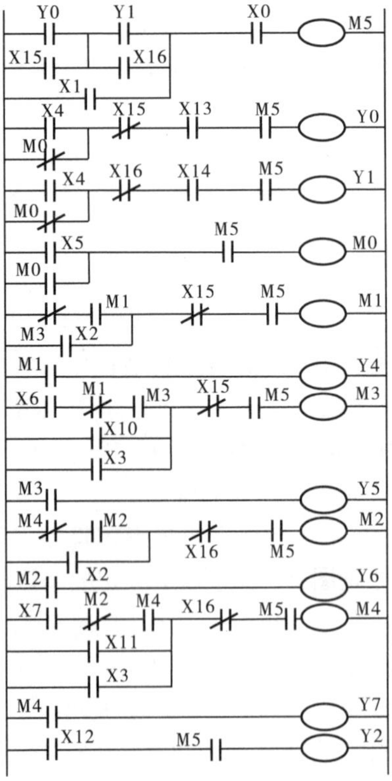

图 4-47　组合机床 PLC 控制梯形图

习 题

4-1 PLC 由哪几部分组成,各有什么作用?

4-2 PLC 开关量输出模块按输出开关器件的种类不同,有几种形式?

4-3 PLC 常用的编程语言有几种?

4-4 简述 PLC 的扫描工作过程。

4-5 PLC 按 I/O 点数和结构形式可分为几种?

4-6 将图 4-48 的梯形图写成指令表程序。

4-7 将图 4-49 的梯形图写成指令表程序。

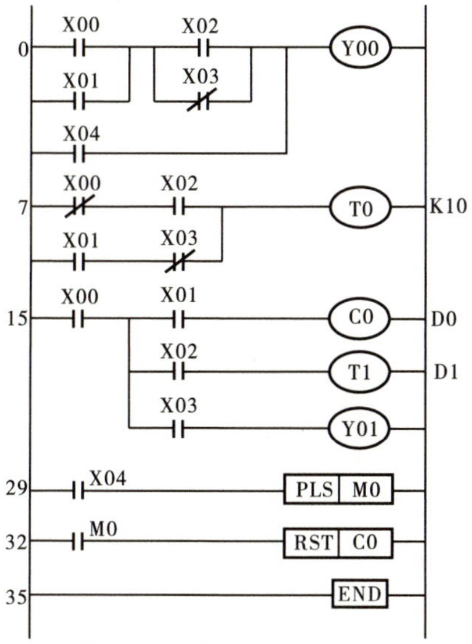

图 4-48 题 4-6 图

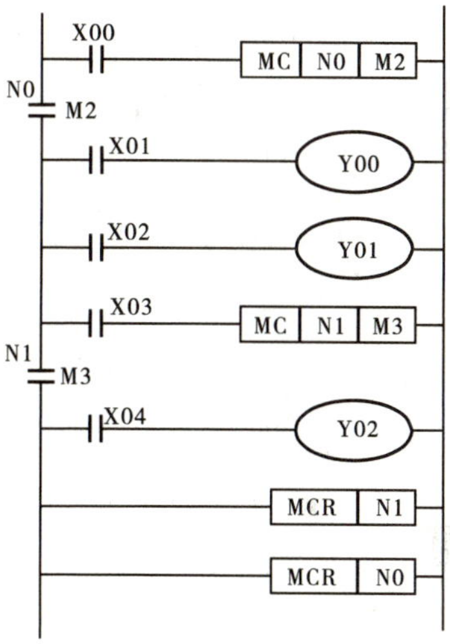

图 4-49 题 4-7 图

4-8 利用 PLC 实现下列控制要求,分别设计出其梯形图:

(1)电动机 M1 起动后,M2 才能起动,M2 可单独停机。

(2)M1 起动后,经过一定时间,M2 自行起动。

(3)M1 起动后,经一段时间,M2 自行起动,同时 M1 停车。

4-9 设计一台包装机的计数控制电路,此电路用来对装配线上的产品进行检测和计数。要求检测到第 10 个产品通过时,产生一个输出,接通电磁阀 10 s,再继续进行下一道工序。

4-10 PLC 系统设计一般分几步完成?

4-11 某液压动力滑台在初始位置时停止在最左边,行程开关 X0 接通,按下起动按钮 X4,动力滑台的进给运动如图 4-50 所示。工作一个循环后,返回并停止初始位置。控制各电磁阀的 Y0~Y3 在各工步的状态如图表所示。画出功能表图,并用两种编程方式分别写出梯形图。

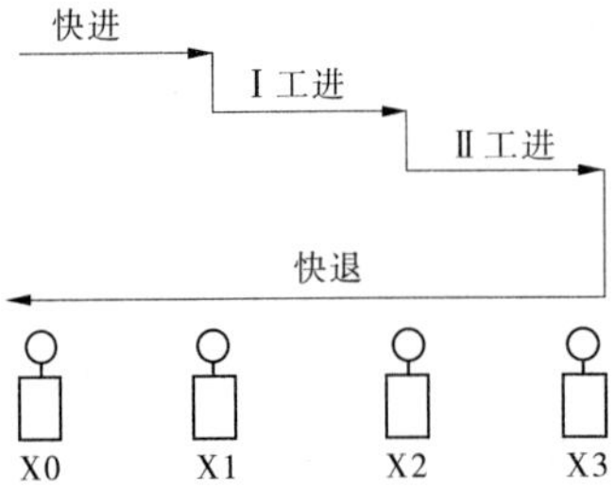

工步	Y0	Y1	Y2	Y3
快进	−	+	+	−
Ⅰ工进	+	+	−	−
Ⅱ工进	−	+	−	−
快退	−	−	+	+

图 4-50　题 4-11 图

模块五　液压传动基础

液压传动是以液体作为工作介质,利用液体的压力进行能量的传递和控制的一门技术。液压传动具有许多优点,被广泛地应用于机械制造、工程机械、建筑、汽车工业、石油化工、航天航空、军事、冶金、农机、海洋开发等领域。尤其是在当今,随着微电子、计算机技术的发展,机、电、液技术的紧密结合,液压传动的发展又进入了一个崭新的阶段。

任务一　液压传动的工作原理和组成

一、液压传动的工作原理

现以液压千斤顶为例,来说明液压传动的工作原理。图 5-1 为液压千斤顶的工作原理,它由杠杆 1、泵体 2、活塞 3、单向阀 4 和 7 组成的手动液压泵,以及活塞 8、缸体 9 等组成的举升液压缸构成。当提起杠杆 1 时,活塞 3 上升,泵体 2 下腔的工作容积增大,形成局部真空,于是油箱 12 中的油液在大气压力的作用下,推开单向阀 4 进入泵体 2 的下腔(此时单向阀 7 关闭);当压下杠杆 1 时,活塞 3 下降,泵体 2 下腔的容积缩小,油液的压力升高,打开单向阀 7(单向阀 4 关闭),泵体 2 下腔的油液进入缸体 9 的下腔(此时截止阀 11 关闭),使活塞 8 向上运动,把重物顶起。若反复提压杠杆 1,就可以使重物不断上升,达到起重的目的。当打开截止阀 11 时,活塞 8 在外力和自重的作用下实现回程,缸体 9 下腔的油液通过管路 10 直接流回油箱。

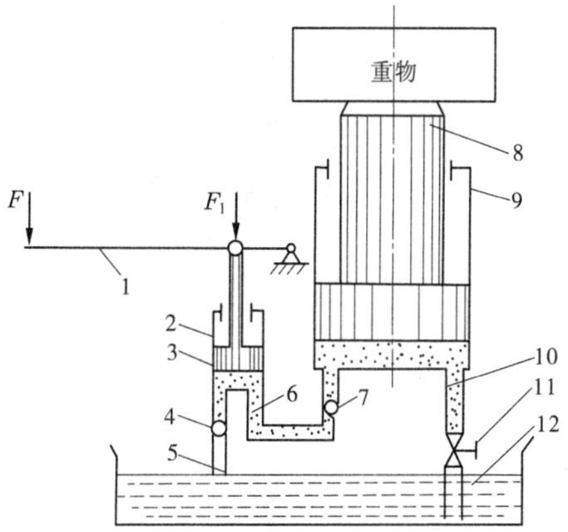

1—杠杆;2—泵体;3、8—活塞;4、7—单向阀;
5—吸油管;6、10—管路;9—缸体;
11—截止阀;12—油箱

图 5-1　液压千斤顶的工作原理

由以上所述可见,液压传动是一种以液体为传动介质,利用液体的压力能来实现运动和力的传递的一种方式。它具有以下特点:

(1)以液体为传动介质来传递运动和动力。

(2)由于液体只有一定的体积而没有固定的形状,所以液压传动必须在密闭的容器内进行。

二、液压传动系统的组成

图 5-2 为简化了的机床工作台液压传动系统图,电动机带动液压泵 3 从油箱 1 中吸

油,并将油液送往系统,经节流阀 6 至换向阀 7。当换向阀两端的电磁铁均不通电时,阀芯处于中间位置,如图 5-2(a)所示,管路 P、A、B、T 均不相通,液压缸两腔油液均被封闭,工作台不能运动。若换向阀 7 左端电磁铁通电,将阀芯推向右侧处于图 5-2(b)所示的位置,此时管路 P 和 A 相通、B 和 T 相通,压力油经管路 P、换向阀、管路 A 流入液压缸 8 的左腔;由于液压缸的缸体固定,活塞 9 在压力油的推动下,通过活塞杆带动工作台向右运动,同时,液压缸 8 右腔的油液经管路 B、换向阀、管路 T 流回油箱 1。当换向阀 7 右侧电磁铁通电时,阀芯被推至左侧处于图 5-2(c)所示的位置,压力油经管路 P、换向阀、管路 B 流入液压缸 8 的右腔,推动工作台向左移动,此时,液压缸 8 左腔的油液经管路 A、换向阀、管路 T 流回油箱。可通过控制换向阀 7 两端电磁铁的通断电情况,使换向阀 7 的阀芯左、右移动,从而控制工作台的往复运动。

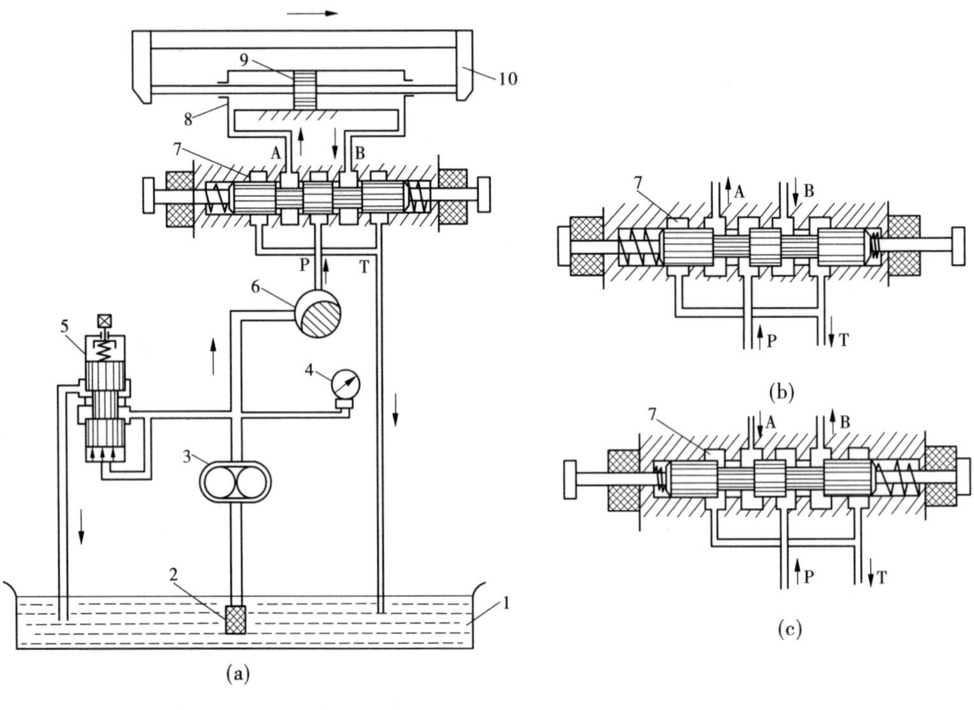

1—油箱;2—过滤器;3—液压泵;4—压力计;5—溢流阀; 6—节流阀;7—换向阀;8—液压缸;9—活塞;10—工作台

图 5-2　简化了的机床液压传动系统

工作台的运动速度可以根据需要进行调整,由节流阀 6 和溢流阀 5 的配合来实现。节流阀就像自来水龙头一样,可以开大,也可以关小。当开大时,经节流阀 6 进入系统的油液就增多,工作台的运动速度就加快,同时经溢流阀 5 流回油箱的油液就相应减少;当关小时,运动速度就减慢,同时经溢流阀 5 流回油箱的油液就相应增加,从而控制工作台的速度。工作台运动时,还要克服一定的阻力,如切削阻力和摩擦阻力等,这些阻力由液压泵输出油液的压力来克服,因此要求液压泵输出的油液压力应能进行调节。这个功能是由溢流阀 5 来完成的。当油液压力对溢流阀阀芯的作用力略大于弹簧对阀芯的作用力时,阀芯才能移动,使阀口打开,油液经溢流阀流回油箱,压力不再升高,此时,泵出口处的油液压力是由溢流阀决定的。

由以上例子可以看出，液压传动系统由以下几个部分组成：

(1)动力元件。液压泵，是能量的输入装置，它将原动机输入的机械能转换成液体的压力能，向系统提供压力油。

(2)执行元件。液压缸或液压马达，是能量的输出装置，它把液体的压力能转换为机械能，克服负载，带动机械完成所需的动作。

(3)控制元件。各种控制阀，如压力阀、流量阀、方向阀等，用来控制液压系统所需的压力、流量、方向和工作性能，以保证执行元件实现各种不同的工作要求。

(4)辅助元件。指各种管接头、油管、油箱、过滤器、蓄能器、压力计等，起连接、输油、贮油、过滤、贮存压力能、测量等作用，它们对保证液压系统可靠和稳定地工作，具有非常重要的作用。

(5)工作介质。液压油，是传递能量的介质，它直接影响着液压系统的性能和可靠性。

三、液压传动系统的图形符号

如图 5-2 所示的液压传动系统图，是一种半结构式的工作原理图，称为结构原理图。这种原理图直观性强、容易理解，但绘制起来比较麻烦。为了简化原理图的绘制，系统中各元件可用符号表示，这些符号只表示元件的职能和控制方式及外部连接口，不表示元件的具体结构和参数及连接口的实际位置和元件的安装位置。我国 1993 年制订的《液压气动图形符号》(GB/T 786. 1—1993)(代替 GB 786—76)，就属于职能符号。图 5-2 所示的液压系统用职能符号表示时，如图 5-3 所示，这样绘制起来方便，可使系统图简单明了。按照规定，液压元件符号均以元件的静止位置或零位表示，有些液压元件无法采用职能符号表示时，仍允许采用结构原理图表示。

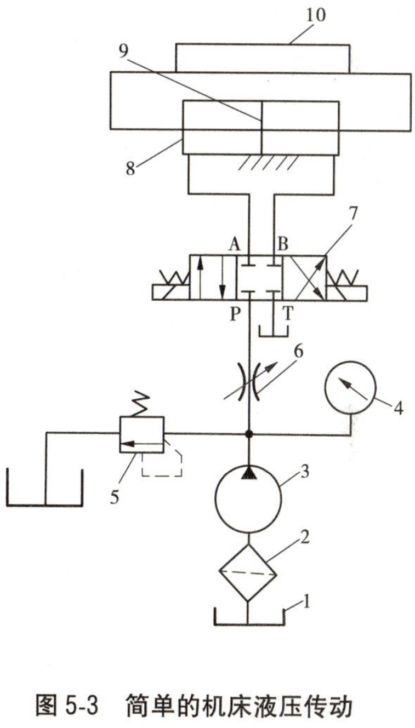

图 5-3　简单的机床液压传动系统图(用图形符号绘制)

四、液压传动的优缺点

液压传动与机械传动、电气传动相比，具有以下优点：

(1)单位功率的质量轻，即在输出同等功率的条件下，液压传动的体积小、质量轻、惯性小、结构紧凑、动态特性好等。

如轴向柱塞泵的质量只是同功率直流发电机质量的 10%~20%，外形尺寸只有后者的 12%~13%。

(2)液压传动能方便地实现无级调速，并且调速范围大。

(3)液压传动装置工作平稳、反应快、冲击小,能快速起动、制动和频繁换向。

(4)液压传动装置的控制、调节比较简单,操纵比较方便、省力,易于实现自动化。

(5)液压传动易获得很大的力和转矩,可以使传动结构简单。

(6)液压系统易于实现过载保护,同时,因采用油液作为传动介质,相对运动表面间能自行润滑,故元件的使用寿命长。

(7)由于液压元件已实现了标准化、系列化和通用化,所以液压系统的设计、制造和使用都比较方便。

液压传动的主要缺点:

(1)液压传动不可避免地存在泄漏,同时,液体又不是绝对不可压缩的,因此不宜在传动比要求严格的场合采用。

(2)液压传动在工作过程中存在能量损失,如摩擦损失、泄漏损失等,故不宜用于远距离传动。

(3)液压传动对油温的变化比较敏感,因此不宜在低温和高温条件下工作。

(4)为了减少泄漏,液压元件的制造精度要求较高,因此液压元件的制造成本较高,而且对油液的污染比较敏感。

(5)液压系统故障的诊断比较困难,因此对维修人员提出了更高的要求,既需要系统地掌握液压传动的理论知识,又要具有一定的实践经验。

任务二　液压油

一、液压油的性质

(一)液体的黏度

当液体在外力作用下流动时,液体内部各流层之间产生内摩擦力的性质,就称为液体的黏性。黏性越大,内摩擦力就越大,液体的流动性就越差。黏性的大小可用黏度来衡量。

1. 动力黏度

图 5-4 为液体黏性示意图,试验表明(牛顿内摩擦定律),液体流动时相邻液层间的内摩擦力与液层间的相对速度 Δv 成正比,而与液层间的距离 h 成反比,即

$$\tau = \mu \frac{\Delta v}{h} \tag{5-1}$$

式中　τ——单位面积上的内摩擦力(切应力);

μ——比例系数,称为动力黏度,Pa · s (帕 · 秒)。

2. 运动黏度

动力黏度 μ 和液体密度 ρ 的比值称为运动黏度,即

$$\nu = \frac{\mu}{\rho} \tag{5-2}$$

运动黏度的单位是 m^2/s (二次方米每秒)。它没有明确的物理意义,但习惯上常用它来标志液体的黏度,例如各种矿物油的牌号就是该种油液在 40 ℃时的运动黏度的平均值。

3. 相对黏度

相对黏度又称条件黏度，它是采用特定的黏度计在规定的条件下测出的液体黏度。我国、德国等采用恩氏黏度°E，美国采用赛氏黏度 SSU，英国则用雷氏黏度 RS。

恩氏黏度用恩氏黏度计测定，是 200 mL 温度为 t ℃的被测液体流经恩氏黏度计的时间与 200 mL 温度为 20 ℃的蒸馏水在同一黏度计中流经时间之比。一般以 40 ℃及 100 ℃作为测定液体黏度的标准温度，由此而得到的恩氏黏度分别用 E_{40}、E_{100} 标记。

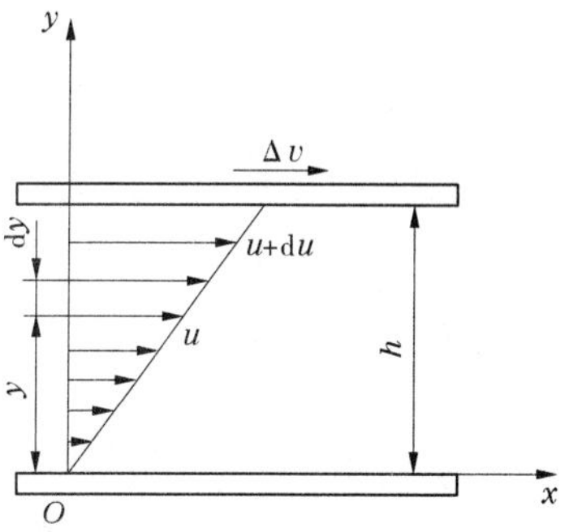

图 5-4　液体黏性示意图

液体黏度的测定可用旋转黏度计或运动黏度测定器直接测定，也可以先测出液体的相对黏度，然后根据经验公式换算出运动黏度。恩氏黏度与运动黏度（m^2/s）间的换算关系式为：

$$\nu = \left(7.31°E - \frac{6.31}{°E}\right) \times 10^{-6} \quad (m^2/s) \tag{5-3}$$

液体的黏度随液体压力和温度的变化而变化，对液压油而言，压力增大，黏度增大，但其变化量很小，在一般的中、低压系统中可以忽略不计。但液压油的黏度受温度变化的影响十分敏感，温度升高，黏度降低。液压油的黏度随温度变化的关系称为液压油的黏温特性。液压油黏度的变化直接影响液压系统的性能和泄漏量。因此，希望黏度随温度的变化越小越好，即黏温特性要好。黏温特性可用黏度指数 V·I 表示，黏度指数 V·I 的值越高，表示液压油黏度随温度的变化越小，即黏温特性越好。对于普通的液压传动系统，一般要求 V·I≥90。

（二）液体的可压缩性

液体受压力作用发生体积变化的性质称为液体的可压缩性。在一般情况下，由于压力变化引起液体体积的变化很小，液压油的可压缩性对液压系统性能的影响不大，所以一般可认为液体是不可压缩的。在压力变化较大或有动态特性要求的高压系统中，应考虑液体的可压缩性对系统的影响。当液体中混入空气时，其可压缩性将显著增加，并严重影响液压系统的性能，故应将液压系统中油液中的空气含量减少到最低限量。

（三）其他性质

作为传动介质的液压油，还需要有其他一些性质，如热安定性、氧化安定性、抗泡沫性、抗乳化性、防锈性、润滑性及相容性等，这些性质都对液压油的选择和使用有重要的影响，其含义较为明显，不再多做解释，可参阅有关资料。

二、液压油的分类

在 GB/T 49—1987 中，将润滑剂和有关产品规定为 L 类产品。液压系统用油的分类见表 5-1。

表 5-1　润滑剂和有关产品的分类(H 组)

组别符号	总应用	特殊应用	更具体的应用	组成和特性	产品符号 L-	典型应用	说明
H	液压系统	流体静压系统	液压导轨系统	精制矿油,并改善其防锈和抗氧性	HL		通用机床工业润滑油
				HL 油,并改善其抗磨性	HM	高预荷部件的一般液压系统	抗磨液压油
				HL 油,并改善其黏温性	HR		
				HM 油,并改善其黏温性	HV	机械和船用设备	低温液压油
				无特定难燃性的合成液	HS		合成低温液压油
				HM 油,并具有黏-滑性好的特点	HG	液压和滑动轴承导轨润滑系统合用的机床,在低速下使振动或间断滑动(黏-滑)减为最小	液压-导轨油
			需要难燃液的场合	水包油乳化液	HFAE		含水质量分数大于80%
				水的化学溶液	HFAS		含水质量分数大于80%
				油包水乳化液	HFB		含水质量分数小于80%
				含聚合物水溶液	HFC		
				磷酸酯无水合成液	HFDR		选择本产品时应小心,因可能对环境和健康有害
				氯化烃无水合成液	HFDS		
				HFDR 和 HFDS 液混合的合无水合成液	HFDT		
				其他成分的无水合成液	HFDU		

注:在本分类标准中,各产品名称是采用统一的方法命名的。例如:

L－HM 32

数字(根据GB/T 3141—1994标准规定的黏度等级)

品种(抗磨液压油，H为L类产品所属的组别，其应用场合为液压系统)

类别(润滑油)

三、对液压油的要求和选用

(一)对液压油的要求

在液压传动中,液压油既是传动介质,又兼作润滑油,因此它比一般润滑油的要求更高。对液压油的要求为:

(1)要有适宜的黏度和良好的黏温特性。

(2)具有良好的润滑性,以减小液压元件中相对运动表面的磨损。

(3)具有良好的热安定性和氧化安定性。

(4)具有较好的相容性,即对密封件、软管、涂料等无溶解等有害的影响。

(5)质量要纯净,不含或含有极少量的杂质、水分和水溶性酸碱等。

(6)要具有良好的抗泡沫性,抗乳化性要好,腐蚀性要小,防锈性要好。液压油乳化会降低其润滑性,而使酸值增加,使用寿命缩短。液压油中产生泡沫会引起气穴现象。

(7)液压油用于高温场合时,为了防火安全,闪点要求要高,在温度低的环境下工作时,凝点要求要低。

(8)对人体无害,成本低。

(二)对液压油的选用

液压油的合理选用,实质上就是对液压油的品种和牌号的选择。

1. 液压油品种的选择

石油基液压油的品种较多,由于制造容易、来源多、价格较低,故在液压设备中,几乎90%以上是使用石油基液压油。但难燃液压油既有抗燃特性,又符合节省能源与控制污染的要求,故受到各国的普遍重视,所以应从设备中液压系统的特点、工作环境和液压油的特性等出发,来选择液压油的品种,表5-2可供选择时参考。

表5-2　液压油品种的选择参考

液压设备液压系统举例	对液压油的要求	可选择的液压油品种
低压或简单机具的液压系统	抗氧化安定性和抗泡沫性一般,无抗燃要求	HH 无本产品时可选 HL
中、低压精密机械等液压系统	要求有较好的抗氧化安定性,无抗燃要求	HL 无本产品时可选用 HM
中、低压和高压液压系统	要求抗氧化安定性、抗泡沫性好,防锈性好,抗磨性好	HM 无本产品时可选用 HV、HS
环境温度变化较大和工作条件恶劣的(指野外工程和远洋船舶等)低、中、高压系统	除上述要求外,要求凝点低、黏度指数高、黏温性好	HV、HS

续表 5-2

液压设备液压系统举例	对液压油的要求	可选择的液压油品种
环境温度变化较大和工作条件恶劣的(野外工程和远洋船舶等)低压系统	要求凝点低,黏度指数高	HR 对于有银部件的液压系统,北方选用 L-HR 油,南方选用 HM 油或 HL 油
液压和导轨润滑合用的系统	在 HM 油基础上改善黏滑性(防爬行性好)	HG
煤矿液压支架、静压系统和其他不要求回收废液和不要求有良好润滑的情况,但要求有良好的难燃性。使用温度为 5~50 ℃	要求抗燃性好,并具有一定的防锈、润滑性和良好的冷却性,价格便宜	L-HFAE
冶金、煤矿等行业的中压和高压、高温和易燃的液压系统。使用温度为 5~50 ℃	抗燃性、润滑性和防锈性好	L-HFB
需要难燃液的低压液压系统和金属加工等机械。使用温度为 5~50 ℃	不要求低温性、黏温性和润滑性,但抗燃性要好,价格便宜	L-HFAS
冶金和煤矿等行业的低压和中压液压系统。使用温度为-20~50 ℃	低温性、黏温性和对橡胶的适用性好,抗燃性好	HFC
冶金、火力发电、燃气轮机等高温高压下操作的液压系统。使用温度为-20~100 ℃	要求抗燃性好,抗氧化安定性和润滑性好	HFDR

2. 液压油牌号的选择

在液压油的品种已定的情况下选择油的牌号时,最先考虑的应是液压油的黏度。如果液压油的黏度太低,就使泄漏增加,从而降低效率,降低润滑性,增加磨损;如果液压油的黏度太高,运动部分的阻力要增加,磨损增大,液压泵的吸油阻力增大,易产生吸空并造成噪声。因此,要合理选择液压油的黏度。选择液压油时要注意以下几点:

(1)工作环境。当液压系统工作环境温度较高时,应采用较高黏度的液压油;反之则采用较低黏度的液压油。

(2)工作压力。当液压系统工作压力较高时,应采用较高黏度的液压油,以防泄漏;反之用较低黏度的液压油。

(3)运动速度。当液压系统工作部件运动速度高时,为了减少功率损失,应采用较低黏度的液压油;反之采用较高黏度的液压油。

(4)液压泵的类型。在液压系统中,不同的液压泵对润滑的要求不同,选择液压油时应考虑液压泵的类型及其工作环境，如表 5-3 所示。

表 5-3　各类液压泵推荐用的液压油

<table>
<tr><th colspan="2" rowspan="2">液压泵类型</th><th colspan="2">$\nu(10^{-6}\ m^2/s)$ (40 ℃)</th><th rowspan="2">适应液压油的种类和黏度牌号</th></tr>
<tr><th>液压系统温度 5~40 ℃</th><th>液压系统温度 40~80 ℃</th></tr>
<tr><td rowspan="2">叶片泵</td><td>7 MPa 以下</td><td>30~50</td><td>40~75</td><td>L-HM32、L-HM46、L-HM68</td></tr>
<tr><td>7 MPa 以上</td><td>50~70</td><td>55~90</td><td>L-HM46、L-HM68、L-HM100</td></tr>
<tr><td colspan="2">齿轮泵</td><td>30~70</td><td>95~165</td><td rowspan="3">中、低压时用：L-HL32、L-HL46、L-HL68、L-HL100、L-HL150
中、高、低压时用：L-HM32、L-HM46、L-HM68、L-HM100、L-HM150</td></tr>
<tr><td colspan="2">径向柱塞泵</td><td>30~50</td><td>65~240</td></tr>
<tr><td colspan="2">轴向柱塞泵</td><td>30~70</td><td>70~150</td></tr>
</table>

3. 合理使用液压油的要点

（1）换油前液压系统要清洗，液压系统首次使用液压油前，必须彻底清洗干净，在更换同一品种液压油时，也要用新换的液压油冲洗 1~2 次。

（2）液压油不能随意混用。

（3）注意液压系统密封的良好，防止泄漏和外界各种尘土、杂质等混入。

（4）加入新油时，必须按要求过滤。

（5）根据换油指标及时更换液压油。

任务三　液体静力学基础

一、液体的静压力及其特性

液体的静压力就是液体单位面积上所受到的法向作用力，在物理学中称为压强，在工程实际中习惯上称为压力。由于液体质点间的内聚力很小，不能受拉，只能受压，所以液体的静压力具有两个重要的特性：

（1）液体静压力的方向总是承压面的内法线方向。

（2）静止液体内任一点的液体静压力在各个方向上都相等。

二、压力的表示方法及其单位

压力的表示方法有两种：一种是以绝对真空（零压力）为基准测量的压力，称为绝对压力；另一种是以大气压力为基准测量的压力，称为相对压力。由于大多数测压仪表所测量的压力都是相对压力，故相对压力也称为表压力。当绝对压力低于大气压时，习惯上称为具有真空，而绝对压力不足于大气压力的那部分压力值，称为真空度。绝对压力、相对压力、真空度的关系如图 5-5 所示。

压力的单位是 Pa（N/m^2），由于此单位太小，在工程上常用 kPa、MPa。它们之间的关系是：1 MPa = 10^3 kPa = 10^6 Pa。

三、液体静力学基本方程式

如图 5-6(a)所示，液体在重力作用下处于静止状态，液体所受的力有液体的重力、液面上的压力 p_0、容器壁面对液体的压力。若要计算离液面深度为 h 处某点 A 的压力时，可以在液体内取出一个底面通过该点的，底面积为 ΔA 的垂直小液柱，如图 5-6(b)所示，这个小液柱的重量为 $\rho g h \Delta A$。由于小液柱处于平衡状态，于是有

$$p\Delta A = p_0 \Delta A + \rho g h \Delta A$$

等式两边同除以 ΔA，则得

$$p = p_0 + \rho g h \tag{5-4}$$

式(5-4)即为静压力基本方程式，由此可见：

(1)静止液体内任一点的压力由液体自重所引起的压力 $\rho g h$ 和液面上的压力 p_0 两部分组成。

(2)连通容器内同一液体中，深度相同处各点的压力均相等。由压力相等的点组成的面称为等压面。在重力作用下静止液体的等压面是一个水平面。

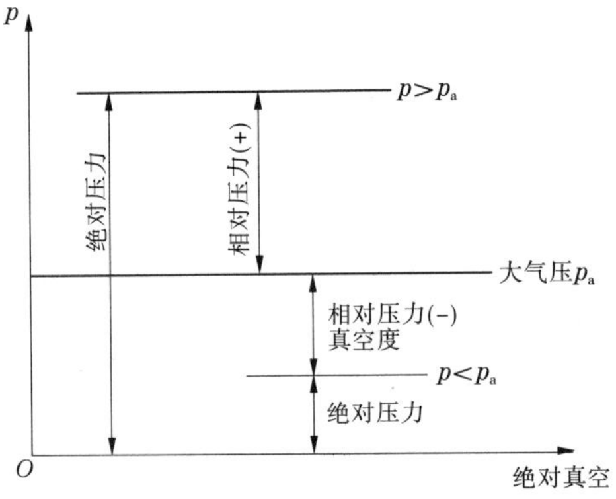

图 5-5　绝对压力、相对压力和真空度的关系

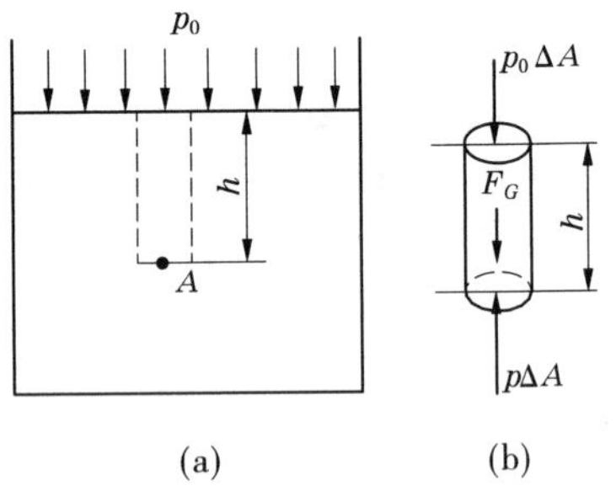

图 5-6　重力作用下静止的液体

四、压力的传递

由静力学基本方程可知，静止液体中任意一点的压力都包含了液面上的压力，这说明在密闭容器中，由外力作用所产生的压力可以等值地传递到液体内所有各点。这就是帕斯卡原理，或称静压力传递原理。

在液压传动系统中，通常由外力产生的压力要比液体自重产生的压力大得多。因此，常把液体自重产生的压力忽略不计，则液体内部各点的压力处处相等。下面以图 5-7 为例来说明液压系统压力的形成。图中小、大活塞的面积分别为 A_1、A_2，在小活塞上加一外力 F，在大活塞上有重力 W，则小液压缸中液体的压力 $p_1 = F/A_1$，大液压缸中液体的压力 $p_2 = W/A_2$。

根据帕斯卡原理,则有 $p_1=p_2$,$W=A_2F/A_1$。两活塞的面积比 A_2/A_1 越大,大活塞输出的力 W 越大。

由 $p_2=W/A_2$ 可知,若重力 $W=0$,则 $p_2=0$。根据帕斯卡原理,这时 p_1 必须为零,F 力施加不上去,即负载为零时系统建立不起压力。这说明,液压系统中的压力取决于负载。

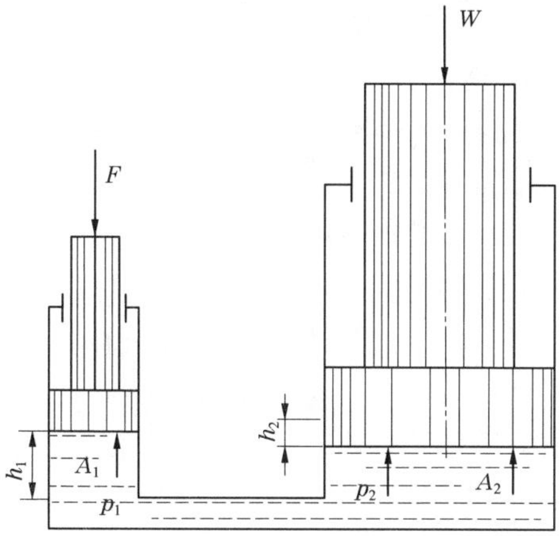

图 5-7　液压传动原理

五、静止液体对容器壁面上的作用力

静止液体和固体壁面相接触时,固体壁面上各点在某一方向上所受液体静压作用力的总和便是液体在该方向上作用于固体壁面上的力。其大小等于液体的静压力和承压表面在该方向的投影面积的乘积。

任务四　液体动力学基础

一、基本概念

(一)流动状态

英国物理学家雷诺通过大量试验,发现了液体在管路中流动时有两种流动状态:层流和紊流,并找到了判别这两种流动状态的方法。

在层流时,液体质点沿管路做直线运动,互不干扰,没有横向运动,即液体做分层流动,各层间的液体互不混杂,如图 5-8(a)所示。在紊流时,液体质点除沿管路运动外,还有横向运动,呈紊乱混杂状态,如图 5-8(b)所示。

(二)理想液体和稳定流动

实际液体具有黏性,也具有压缩性。为了分析问题方便,我们把既无黏性又无压缩性的液体称为理想液体。液体流动时,若液体中任意一点的压力、速度和密度都不随时间而变化,则这样的流动称为稳定流动,如果在压力、速度和密度中有一个量随时间而变化,则称为不稳定流动。

(a)　　(b)

图 5-8　层流和紊流

(三)体积流量和平均流速

体积流量和平均流速是描述液体流动的两个主要参数。液体在管道中流动时,通常将垂直于液体流动方向的截面面积称为通流截面,或称过流断面。

单位时间内通过某过流断面的液体的体积,称为体积流量(简称流量)。流量的常用代号为 q_v,单位为 m^3/s,实际中常用的单位为 L/min 或 mL/s。

在实际中,由于液体在管道中流动时的速度分布规律为抛物面,如图 5-8(b)所示,计算较为困难。为了便于计算,假设过流断面上的流速 v 是均匀分布的,流过断面 A 的流量等于液体实际流过该断面的流量。流速 v 称为过流断面上的平均流速,以后所指的流速,除特别指出外,均按平均流速来处理。于是有 $q_v = vA$,故平均流速为:

$$v = \frac{q_v}{A} \tag{5-5}$$

在液压缸中,液体的流速与活塞的运动速度相同。由此可见,当液压缸的有效面积一定时,活塞的运动速度取决于输入液压缸的流量。

二、连续性方程

液体的可压缩性很小,在一般情况下,可认为是不可压缩的,即密度 ρ 为常数。液体又是连续的,不可能有空隙存在。因此,液体在管路中做稳定流动时,根据质量守恒定律可知,管内流动液体的质量不会增多也不会减少,故在单位时间内流过管路某个截面的液体质量必然相等。如图 5-9 所示,管路两处的通流面积分别为 A_1、A_2,液体流速分别为 v_1、v_2,压力分别为 p_1、p_2,液体的密度为 ρ,则有

$$\rho v_1 A_1 = \rho v_2 A_2 \tag{5-6}$$

即

$$v_1 A_1 = v_2 A_2 \tag{5-7}$$

式(5-7)称为液流的连续性方程,它说明液体在管路中做稳定流动时,单位时间内通过任何过流断面的流量都是相等的,而液流的流速与过流断面的面积成反比。因此,流量一定时,管路细的地方流速大,管路粗的地方流速小。

三、伯努利方程

(一)理想液体的伯努利方程

伯努利方程就是能量守恒定律在流动液体中的表现形式。理想液体没有黏性,在管内做稳定流动时没有能量损失,具有位置势能、压力能和动能三种形式的能量。如图 5-9 所示,根据能量守恒定律,在任一截面上的这三种能量都可以互相转换,但其和都保持不变。即

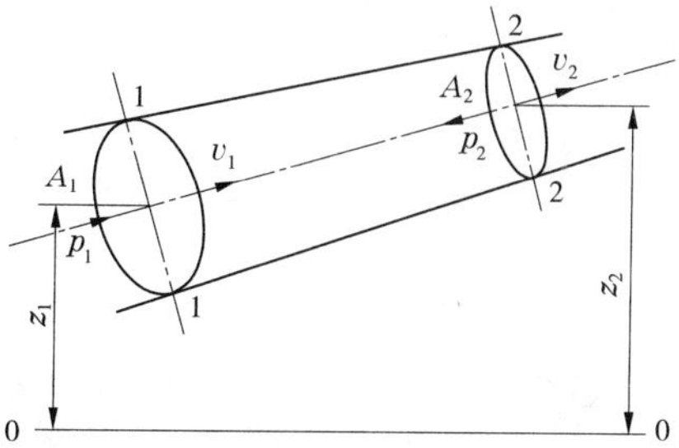

图 5-9　液体的流动情况示意图

$$\frac{v_1^2}{2g}+z_1+\frac{p_1}{\rho g}=\frac{v_2^2}{2g}+z_2+\frac{p_2}{\rho g} \tag{5-8}$$

式(5-8)即为理想液体的伯努利方程,它表明了流动液体各质点的位置、压力和速度之间的关系。

(二)实际液体的伯努利方程

实际液体具有黏性,在过流断面上各点的速度是不同的。另外,由于液体有黏性,会产生内摩擦力,因而造成能量损失。若单位重量的实际液体从一个截面流到另一截面的能量损失用 h 表示,则实际液体的伯努利方程为:

$$\frac{a_1v_1^2}{2g}+z_1+\frac{p_1}{\rho g}=\frac{a_2v_2^2}{2g}+z_2+\frac{p_2}{\rho g}+h_w \tag{5-9}$$

式中　a——动能修正系数,液体处于层流流动时取 $a=2$,液体处于紊流流动时取 $a=1$。

式(5-9) 为实际液体的伯努利方程,它表明了流动液体各质点的位置、压力和速度之间的关系。当管道水平放置或位置高低的影响都很小时,液体的流速越高,压力就越低。如在一条粗细不等的管道中,过流断面小的部位液体的流速较高,液体的压力就较低;反之,过流断面大的部位液体的流速较低,液体的压力就较高。

习　题

5-1　液压传动的特点是什么?

5-2　液压传动系统由哪几部分组成?试说明各组成部分的作用。

5-3　用恩氏黏度计测得某液压油($\rho=850\ \mathrm{kg/m^3}$)200 mL 40 ℃时流过的时间 $t_1=153$ s,20 ℃时 200 mL 的蒸馏水流过的时间 $t_2=51$ s。求该液压油在 40 ℃时的恩氏黏度°E、运动黏度 ν 和动力黏度 μ 各为多少?

5-4　如图 5-10 所示,具有一定真空度的容器用一根管子倒置于一液面与大气相通的水槽中,液体在管中上升的高度 $h=1$ m。设液体的密度 $\rho=1\ 000\ \mathrm{kg/m^3}$,试求容器内的真空度。

5-5　如图 5-11 所示,有一直径为 d、质量为 m 的活塞浸在液体中,并在力 F 的作用下处于静止状态。若液体的密度为 ρ,活塞浸入深度为 h,试确定液体在测压管内的上升高度。

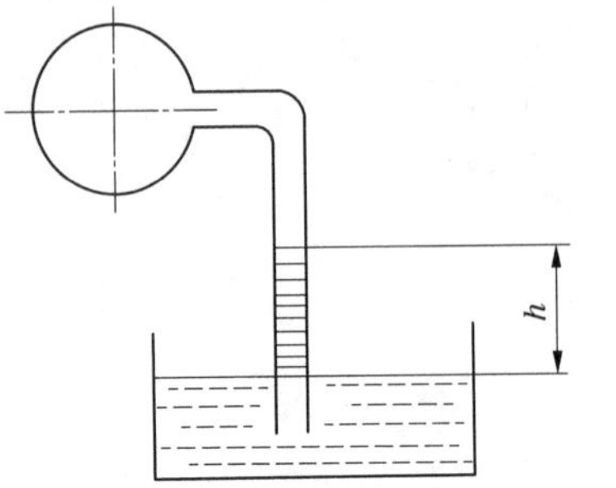

图 5-10　题 5-4 图

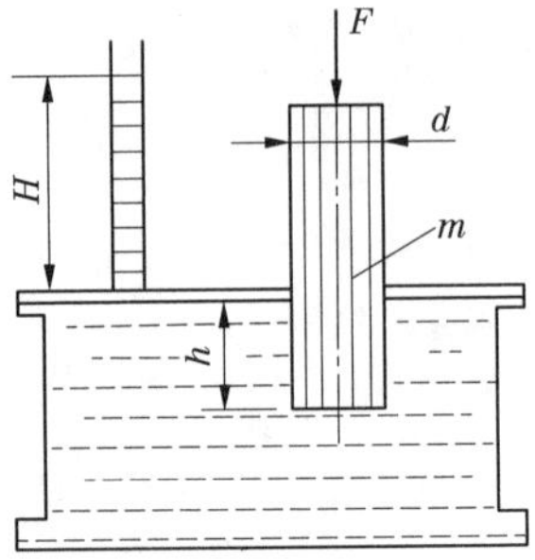

图 5-11　题 5-5 图

5-6　如图 5-12 所示，容器 A 中的液体密度 $\rho_A=900\ \mathrm{kg/m^3}$，容器 B 中的液体密度 $\rho_B=1\ 200\ \mathrm{kg/m^3}$，$z_A=200$ mm，$z_B=220$ mm，$h=180$ mm，U 形管中的测压介质为汞（$\rho_{Hg}=13.6\times10^3\ \mathrm{kg/m^3}$），试求 A、B 之间的压力差。

5-7　如图 5-13 所示，水平截面是圆形的容器，上端开口，若在开口端加一活塞，作用力为 30 kN（含活塞重力在内），问液体（$\rho=850\ \mathrm{kg/m^3}$）作用于容器底面的作用力为多少？

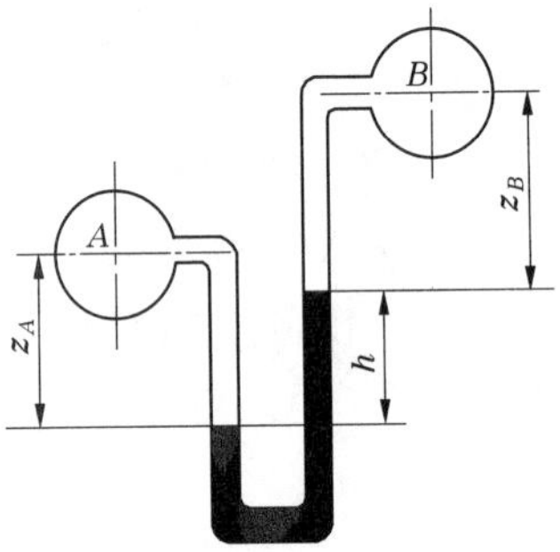

图 5-12　题 5-6 图

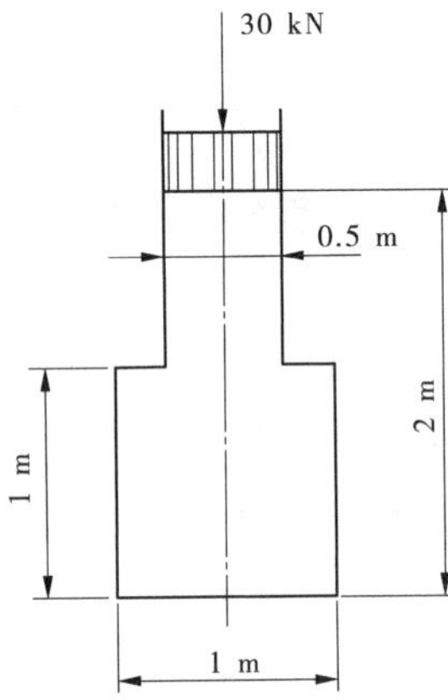

图 5-13　题 5-7 图

5-8　如图 5-14 所示，已知水深 $H=10$ m，截面面积 $A_1=0.02\ \mathrm{m^2}$，截面面积 $A_2=0.04\ \mathrm{m^2}$，求孔口的流量及点 2 处的表压力（取 $a=1$，不计损失）。

5-9　如图 5-15 所示，一抽吸设备水平放置，其出口与大气相通，细管处截面面积 $A_1=3.2\times10^{-4}\ \mathrm{m^2}$，出口处截面面积 $A_2=4A_1$，$h=1$ m。求开始抽吸时，水平管中必须通过的流量 q_v（取 $a=1$，不计损失）。

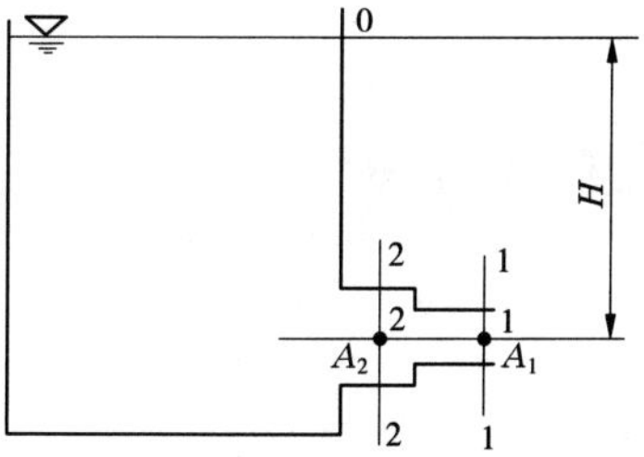

图 5-14　题 5-8 图

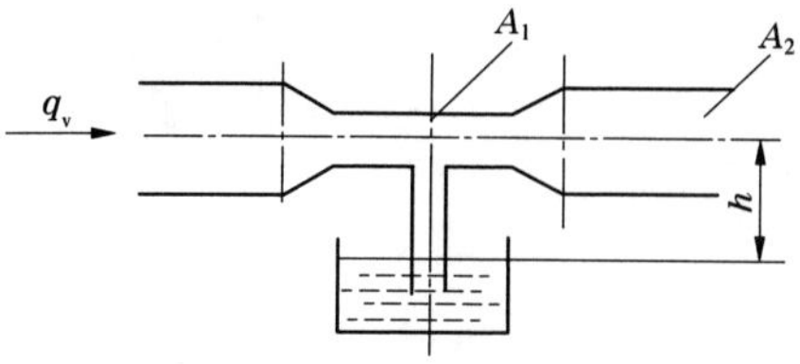

图 5-15　题 5-9 图

模块六　液压元件

任务一　液压泵

一、液压泵概述

（一）液压泵的工作原理

液压泵是将电动机（或其他原动机）输出的机械能转换为液体压力能的能量转换装置。在液压系统中，液压泵作为动力源，向液压系统提供压力油。

图 6-1 为一个单柱塞液压泵的工作原理图。柱塞 2 安装在泵体 3 内，柱塞在弹簧 4 的作用下与偏心轮 1 接触。当偏心轮不停地转动时，柱塞做左右往复运动。柱塞向右运动时，柱塞和泵体所形成的密封容积 V 增大，形成局部真空，油箱中的油液在大气压力作用下，通过单向阀 6 进入泵体 V 腔，即液压泵吸油。柱塞向左运动时密封容积 V 减小，由于单向阀 6 封住了吸油口，于是 V 腔的油液打开单向阀 5 流向系统，即液压泵压油。偏心轮不停地转动，液压泵便不断地吸油和压油。从上述泵的工作过程可以看出：

（1）液压泵是依靠密封容积的变化来实现吸油和压油的，利用这种原理做成的泵统称为容积式液压泵。

（2）在吸油过程中，必须使油箱与大气接通，这是吸油的必要条件。

（3）单向阀 5、6 是保证吸油时使 V 腔与油箱接通，同时切断供油管道；压油时使 V 腔与油液流向系统的管道相通而与油箱切断。单向阀 5、6 又称为配油装置。

（二）液压泵的分类

液压泵的类型很多。液压泵按其排量 V 能否调节而分成定量泵和变量泵；按结构形式的不同，可分为齿轮泵、叶片泵和柱塞泵等类型。液压泵的图形符号如图 6-2 所示。

（三）液压泵的性能参数

1. 压力

1）工作压力 p

液压泵的工作压力是指输出油液的压力，其大小由负载决定。

2）公称压力

液压泵的公称压力是指液压泵在使用中允许达到的最大工作压力，超过此值就是过载。液压泵的公称压力应符合国家标准（GB/T 2346—1988）的规定。

2. 排量 V

液压泵的排量是指泵轴每转一转，由其密封容积的几何尺寸变化计算而得的排出液体的体积。公称排量应符合国家标准（GB/T 2347—1980）的规定。

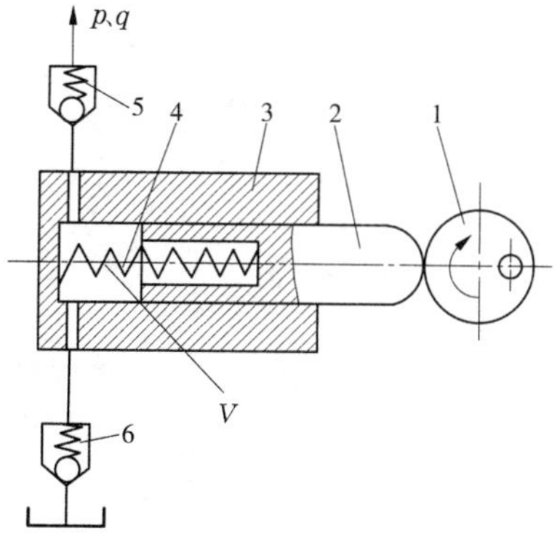

1—偏心轮；2—柱塞；3—泵体；
4—弹簧；5、6—单向阀

图 6-1　液压泵工作原理

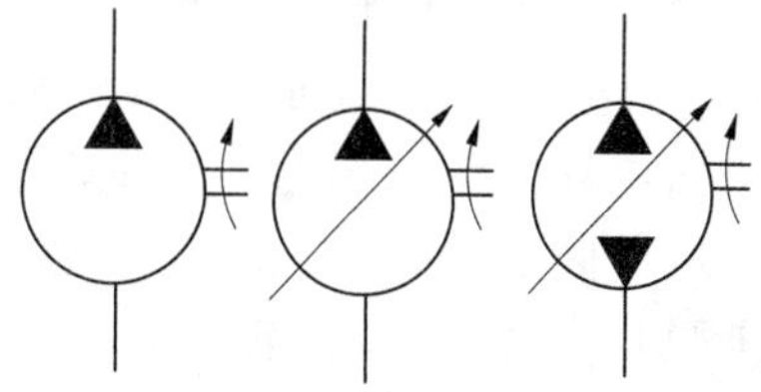

(a)单向定量液压泵　(b)单向变量液压泵　(c)双向变量液压泵

图 6-2　液压泵的图形符号

3. 流量 q_v

（1）理论流量。液压泵的理论流量是指泵在单位时间内由其密封容积的几何尺寸变化计算而得的排出液体的体积，理论流量等于排量与其转速的乘积。

（2）实际流量。液压泵的实际流量是指泵工作时实际输出的流量，等于理论流量减去泄漏损失的流量。

（3）公称流量。液压泵的公称流量是指泵在公称转速和公称压力下的输出流量。

4. 液压泵的功率和效率

（1）泵的输入功率 P_m。驱动泵轴的机械功率叫泵的输入功率 P_m：

$$P_m = T2\pi n \tag{6-1}$$

式中　T——泵轴上的实际输入转矩；

n——泵轴的转速。

（2）泵的输出功率 P。泵输出的液压功率叫泵的输出功率 P：

$$P = pq_v \tag{6-2}$$

（3）泵的总效率 η。由于泵在能量转换时有能量损失（机械摩擦损失、泄漏流量损失），泵的输出功率 P 总是小于泵的输入功率 P_m，其总效率 η 为

$$\eta = \frac{P}{P_m} = \eta_m \eta_v \tag{6-3}$$

式中　η_m——泵的机械效率；

η_v——泵的容积效率。

二、齿轮泵

齿轮泵广泛地应用在各种液压机械上。一般齿轮泵分为外啮合和内啮合两种。外啮合齿轮泵具有结构简单、体积小、质量轻、转速高、自吸性能好、对油液污染不敏感、工作可靠、寿命长、便于维修及成本低等特点。它的缺点是流量和压力脉动较大、噪声较大。

(一)齿轮泵的工作原理

齿轮泵的工作原理如图 6-3 所示。由泵体、端盖和一对相互啮合的齿轮形成密封的工作容积。相互啮合的齿轮将密封的工作容积分隔成左、右两个密封的空腔,即 a 腔和 b 腔,分别与吸油口和压油口相通。当主动轴带动齿轮按图示方向旋转时,在 a 腔中,啮合的两轮齿逐渐脱开,工作容积逐渐增大,形成局部真空,油箱中的油液在大气压力的作用下经吸油口进入吸油腔(a 腔);然后,齿间的油液随齿轮转动沿带尾箭头所示的流向被带到 b 腔。在 b 腔中,两齿轮的轮齿逐渐啮合,使工作容积逐渐减小,被挤压的油液经压油口输出,故 b 腔为压油腔。齿轮不停地转动,吸油腔不断地从油箱中吸油,压油腔不断地排油,这就是齿轮泵的工作原理。

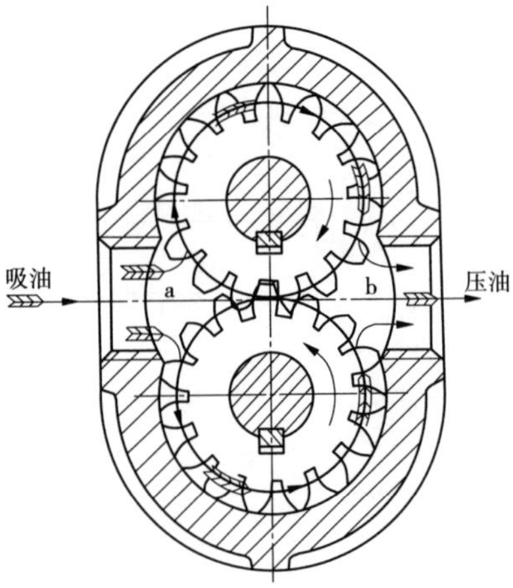

图 6-3　齿轮泵的工作原理

(二)低压齿轮泵的典型结构

CB-B 型齿轮泵是低压齿轮泵,主要用作机床的动力源及各种补油、润滑和冷却系统。其结构如图 6-4 所示。一对齿轮 7、9 装在泵体 2 中,由主动轴 6 带动回转。左、右端盖 1、3 装在泵体的两侧,用 6 个螺钉 13 连接,并用定位销 10 定位。带有保持架的滚针轴承 12 分别装在左、右端盖中,支承主动轴 6 和从动轴 8。在左、右端盖上各铣有两个消除困油现象的矩形卸荷槽 f 和 g,泵体两端面上还铣有压力卸荷槽 c,由侧面泄漏的油液经卸荷槽流回吸油腔,以减小螺钉的拉力。为了减小径向不平衡力,常采用缩小压油口的方法。

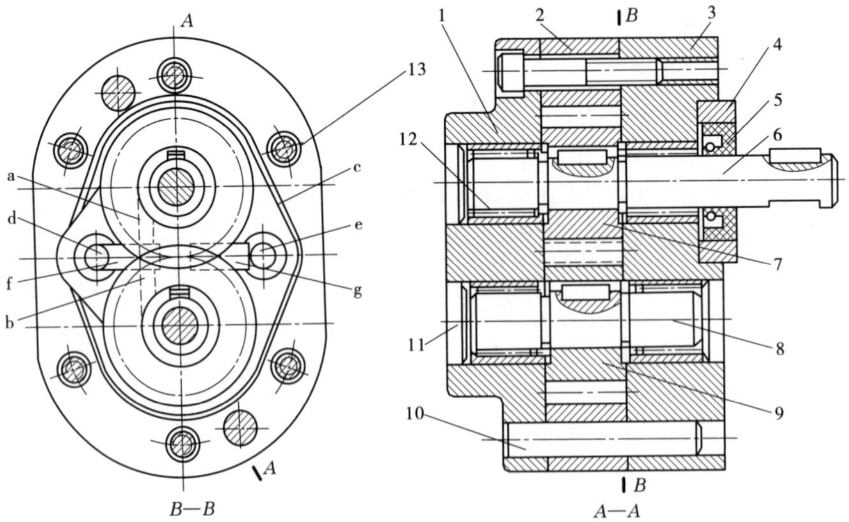

1—左端盖;2—泵体;3—右端盖;4—套;5—密封圈;6—主动轴;7—主动齿轮;
8—从动轴;9—从动齿轮;10—定位销;11—压盖;12—滚针轴承;13—螺钉

图 6-4　CB-B 型低压齿轮泵

(三)泄漏

齿轮泵内部从高压区向低压区泄漏有三条途径:一条是通过齿轮端面与侧盖板之间的轴向间隙,占总泄漏的75%~80%,是目前影响齿轮泵压力提高的主要原因;另一条是通过齿顶和泵体内孔间的径向间隙,其泄漏占总泄漏的15%~20%;还有一条是齿轮啮合处的泄漏,其泄漏很少,一般不予考虑。

三、叶片泵

叶片泵在机床液压系统中应用最广。其主要优点是:结构紧凑、外形尺寸小、运转平稳、流量均匀及噪声小等。其缺点是:结构复杂、吸油特性差、对油液的污染较敏感。

(一)双作用叶片泵

图6-5为双作用叶片泵的工作原理图。双作用叶片泵主要由转子1、定子2、叶片3、泵体4及配油盘5等组成的。转子和定子同心安装。定子内表面是一个近似椭圆,由两段长半径 R 圆弧、两段短半径 r 圆弧及四段过渡曲线所组成。转子上开有均布槽,矩形叶片安装在转子槽内,并可在槽内滑动。当转子旋转时,叶片在自身离心力和根部压力油的作用下,紧贴定子内表面。这样,在转子、定子、叶片和配油盘之间就形成了若干个密封的工作容积。当两叶片由短半径处向长半径处转动时,两叶片间的工作容积逐渐增大,形成局部真空而吸油,当两叶片由长半径处向短半径处转动时,两叶片间的工作容积逐渐减小而压油。转子转一周,两叶片间的工作容积完成两次吸油和压油,所以称为双作用叶片泵。这种泵有两个对称的吸油腔和压油腔,作用在转子上的径向液压力互相平衡,因此也称为双作用卸荷式叶片泵。双作用叶片泵一般做成定量泵。

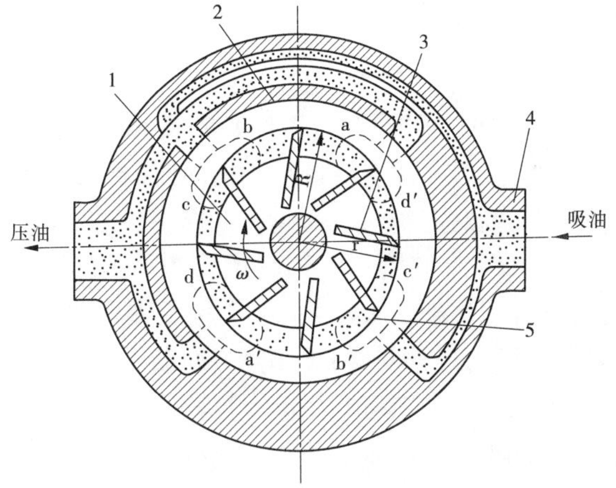

1—转子;2—定子;3—叶片;4—泵体;5—配油盘

图6-5　双作用叶片泵的工作原理

图6-6为 YB_1 型叶片泵的结构图,由前、后泵体7、6,左、右配油盘1、5,定子4、转子12等组成。为了便于装配和使用,两个配油盘与定子、转子和叶片组装成一个部件。两个长螺钉13为组件的紧固螺钉,其头部作为定位销插入后泵体的定位孔内,以保证配油盘上吸、压油窗口的位置能与定子内表面的过渡曲线相对应。转子上开有12条狭槽,叶片

11 安装在槽内，并可在槽内自由滑动。转子通过内花键与主动轴相配合，主动轴由两个球轴承 2 和 8 支承。骨架式密封圈 9 安装在盖板 10 上，用来防止油液泄漏和空气渗入。

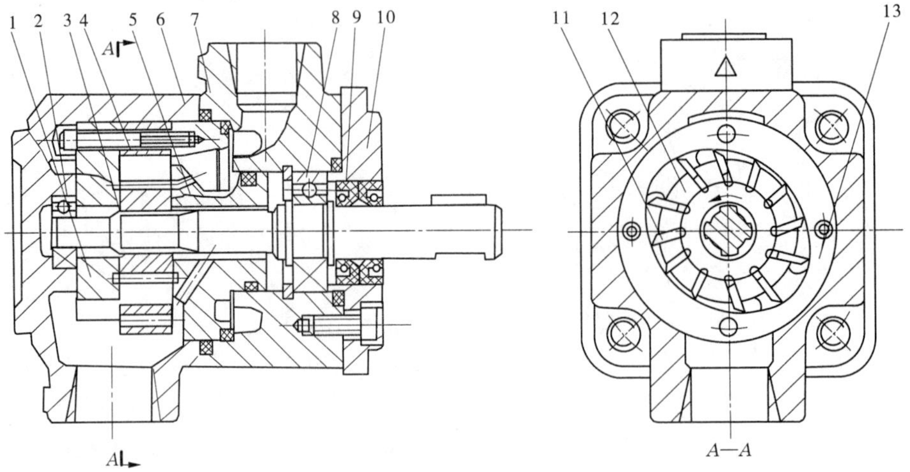

1—左配油盘；2、8—球轴承；3—主动轴；4—定子；5—右配油盘；6—后泵体；
7—前泵体；9—密封圈；10—盖板；11—叶片；12—转子；13—长螺钉

图 6-6　YB_1 型叶片泵的结构

YB_1 系列叶片泵除单泵外，还有双联叶片泵，它是由两个单级叶片泵组成的，其主要工作部件装在一个泵体内，由同一根传动轴带动旋转。泵体有一个共同的吸油口，两个各自独立的出油口。

（二）单作用叶片泵

图 6-7 为单作用叶片泵的工作原理图。单作用叶片泵主要由转子 3、定子 4、叶片 5、配油盘 1、传动轴 2 及泵体等组成。转子和定子偏心安装，偏心距为 e，定子具有圆柱形的内表面。转子上开有均布槽，矩形叶片安放在转子槽内，并可在槽内滑动，当转子旋转时，叶片在自身离心力的作用下，紧贴定子内表面起密封作用。这样，在转子、定子、叶片和配油盘之间就形成了若干个密封的工作容积。当转子按图示方向旋转时，右边的叶片逐渐伸出，相邻两叶片间的工作容积逐渐增大，形成局部真空，从配油盘上的吸油窗口吸油；左边的叶片被定子的内表面逐渐压进槽内，两相邻叶片间的工作容积逐渐减小，将工作油液从配油盘上的压油窗口压出；在吸油窗口和压油窗口之间有一段封油区，把吸油腔和压油腔隔开，转子转一周两叶片间的工作容积完成一次吸油和压油，所以称为单作用式叶片泵。转子受到来自压油腔的径向不平衡力，使轴承所受载荷较大，因此也称为单作用非卸荷式叶片泵。若在结构上把转子和定子的偏心距做成可调节的，就成为变量泵，单作用叶片泵往往做成变量泵。

图 6-8 为 YBX 型限压式变量叶片泵的工作原理图。转子 1 的中心 O_1 是固定的，定子 2 可以左右移动，在右端限压弹簧 3 的作用下，定子被推向左端，靠紧在活塞 6 的右端面上，使定子中心 O_2 和转子中心 O_1 之间有一原始偏心距 e_0，泵出口的压力油经泵体内通道作用于活塞 6 的左端面上，当泵的工作压力小于限定压力（即活塞对定子的作用力小于限

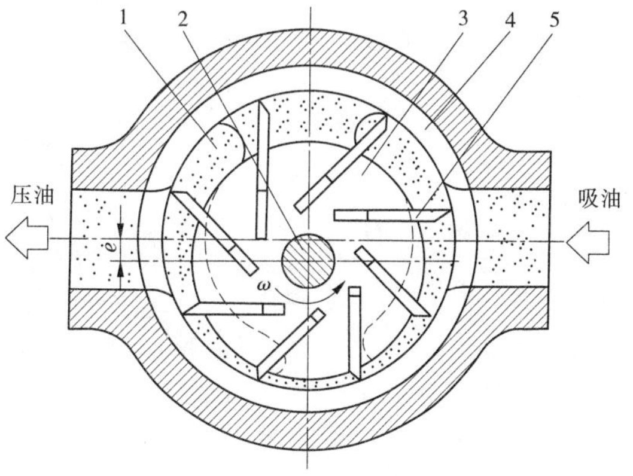

1—配油盘；2—传动轴；3—转子；4—定子；5—叶片

图 6-7　单作用叶片泵的工作原理

压弹簧 3 的预紧力）时，定子不能移动，最大偏心量保持不变，泵的输出流量为最大。当泵的工作压力大于限定压力时，限压弹簧被压缩，定子右移，偏心量减小，泵输出流量也减小。工作压力越高，偏心量越小，泵的输出流量也越小。当工作压力达到某一极限值（截止压力）时，定子移到最右端位置，偏心量减至最小，使泵所产生的流量全部用于补偿泄漏，泵的输出流量为零。此时，若外负载继续加大，泵的输出压力也不再升高，所以这种泵被称为限压式变量叶片泵。图中螺钉 7 用来调节泵的最大流量，螺钉 4 用来调节限定压力。

限压式变量叶片泵的流量与压力特性曲线如图 6-9 所示。图中 *AB* 段表示工作压力小于限定压力 p_B 时，流量最大而且基本保持不变。*B* 点为拐点，表示泵输出最大流量时可达到的最高工作压力。

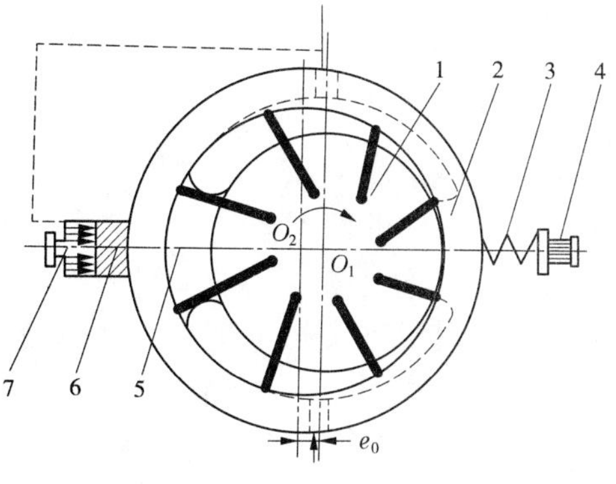

1—转子；2—定子；3—限压弹簧；4—调压螺钉；
5—配油盘；6—活塞；7—流量调节螺钉

图 6-8　YBX 型限压式变量叶片泵的工作原理

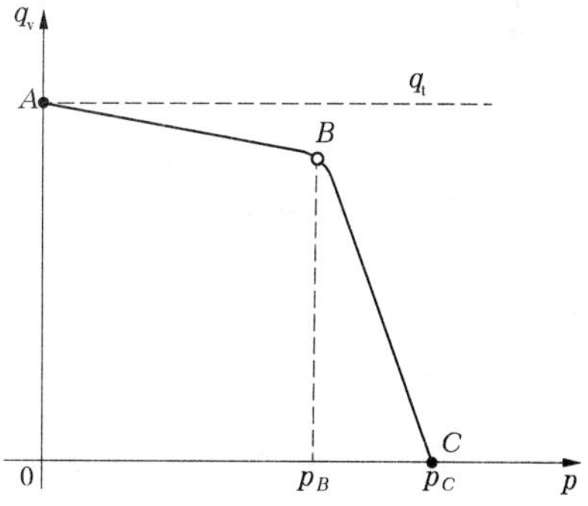

图 6-9　限压式变量叶片泵的流量与压力特性曲线

四、柱塞泵

柱塞泵是利用柱塞在缸体的柱塞孔中做往复运动时产生的密封工作容积变化来实现

泵吸油和压油的。它的主要优点是：结构紧凑、压力高、效率高及流量调节方便等。但结构复杂、价格高、对油液的污染敏感。它常用于高压、大流量及流量需要调节的液压机、工程机械、大功率机床等液压系统中。柱塞泵按柱塞排列方向的不同分为径向柱塞泵和轴向柱塞泵两类。

(一)径向柱塞泵工作原理

图 6-10 为径向柱塞泵的工作原理图。泵由转子 1、定子 2、柱塞 3、配油铜套 4 和配油轴 5 主要零件组成。柱塞沿径向均匀地安装在转子上。配油铜套和转子紧密配合，并套装在配油轴上。配油轴固定不动，转子连同柱塞由电动机带动一起旋转。柱塞在离心力的作用下紧压在定子的内壁面上。由于定子和转子间有一偏心距 e，所以当转子按图示方向旋转时，柱塞在上半周内向外伸出，其底部的密封容积逐渐增大，产生局部真空，于是通过固定在配油轴上的窗口 a 吸油。当柱塞处于下半周时，柱塞底部的密封容积逐渐减小，通过配油轴上的窗口 b 把油液排出。转子转一周，每个柱塞各吸油、压油一次。若改变定子和转子的偏心距 e，则泵的输出流量也改变，因此径向柱塞可做变量泵。

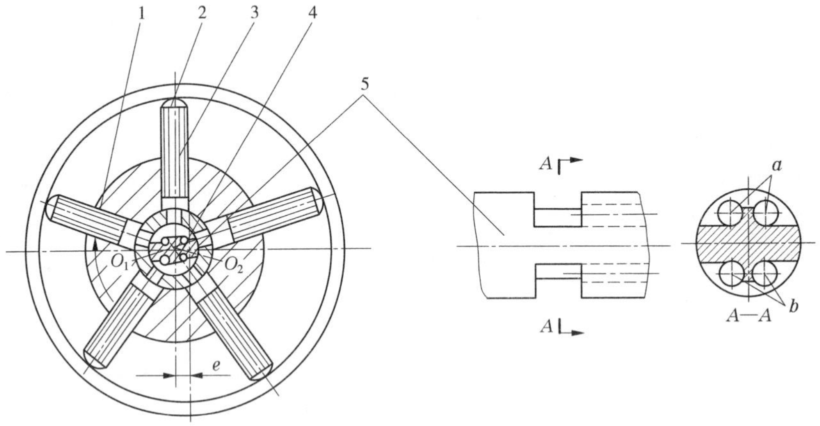

1—转子；2—定子；3—柱塞；4—配油铜套；5—配油轴

图 6-10　径向柱塞泵的工作原理

(二)轴向柱塞泵工作原理

轴向柱塞泵的柱塞平行于缸体轴心线，并均布在缸体的圆周上。泵的工作原理见图 6-11，它主要由柱塞 5、缸体 7、配油盘 10 和斜盘 1 等零件组成。斜盘法线和缸体轴线间的交角为 γ。内套筒 4 在弹簧 6 作用下通过压板 3 而使柱塞头部的滑履 2 和斜盘靠牢；同时，外套筒 8 则使缸体 7 和配油盘 10 紧密接触，起密封作用。当缸体转动时，由于斜盘和压板的作用，迫使柱塞在缸体内做往复运动，通过配油盘的配油窗口进行吸油和压油。当缸孔自最低位置按图示方向转动时，柱塞转角在 $0\rightarrow\pi$ 范围内，柱塞向左运动，柱塞端部和缸体形成的密封容积增大，通过配油盘的吸油窗口进行吸油；柱塞转角在 $\pi\rightarrow0$ 内，柱塞被斜盘逐步压入缸体，柱塞端部容积减小，泵通过配油盘的排油窗口排油。若改变斜盘倾角 γ 的大小，则泵的输出流量改变；若改变斜盘倾角 γ 的方向，则进油口和排油口互换，即为双向轴向柱塞变量泵。

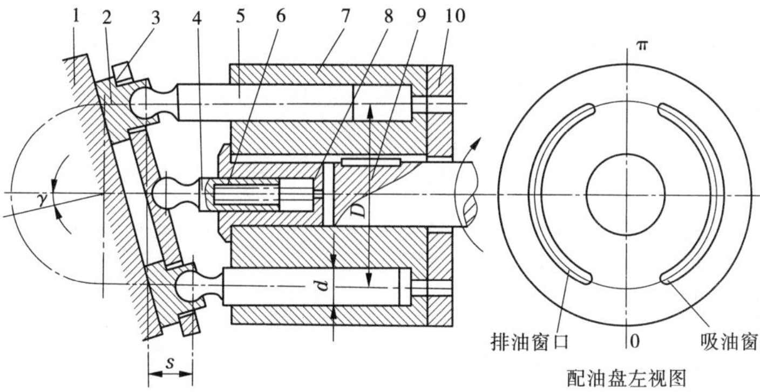

1—斜盘;2—滑靴;3—压板;4—内套筒;5—柱塞;6—弹簧;7—缸体;8—外套筒;9—传动轴;10—配油盘

图 6-11　轴向柱塞泵的工作原理

五、液压泵的常见故障及排除方法

液压泵的常见故障及排除方法见表 6-1。

表 6-1　液压泵的常见故障及排除方法

故障现象	产生原因	排除方法
泵噪声过大	(1)吸油管路或滤油器部分堵塞	(1)除去污物,使吸油管路畅通
	(2)吸油口连接处密封不严,有空气进入	(2)加强密封,紧固连接件
	(3)吸油高度太大,油箱液面低	(3)降低吸油高度,向油箱加油
	(4)从泵轴油封处有空气进入	(4)更换油封
	(5)端面螺钉松动	(5)适当拧紧
	(6)泵与联轴器不同轴或松动	(6)重新安装,使其同轴线,紧固连接件
	(7)液压油黏度太大	(7)更换黏度适当的液压油
	(8)吸油口过滤器的通流能力小	(8)更换通流能力较大的过滤器
	(9)转速太高	(9)使转速降至允许最高转速以下
	(10)齿形精度不高或接触不良,泵内零件损坏	(10)研磨修整或更换齿轮,更换损坏零件
	(11)轴向间隙过小,齿轮内孔与端面垂直度超差或泵盖上两孔平行度超差或泵盖上两孔平行度超差	(11)检查并修复有关零件
	(12)溢流阀阻尼孔堵塞	(12)拆卸、清洗溢流阀
	(13)管路振动	(13)采取隔高消振措施
	(14)定子内表面拉毛	(14)抛光定子内表面
	(15)定子吸油区内表面磨损	(15)将定子翻转装入
	(16)个别叶片运动不灵活或装反	(16)检查、重装,对不灵活叶片重新研配

续表 6-1

故障现象	产生原因	排除方法
泵输出流量不足甚至完全不排油	(1)电动机转向不对	(1)纠正转向
	(2)油箱液面过低	(2)补油至油标线
	(3)吸油管路或过滤器堵塞	(3)疏通吸油管路,清洗过滤器
	(4)电动机转速过低	(4)使转速达到液压泵的最低转速以上
	(5)油液黏度过大	(5)更换黏度适合的液压油或提高油温
	(6)泵内零件间磨损、间隙过大	(6)更换或重新配研零件
	(7)配油盘端面磨损	(7)修磨端面或更换配油盘
	(8)叶片与定子内表面接触不良	(8)修磨接触面或更换叶片
	(9)叶片卡死或移动不灵活	(9)检查,对移动不灵活的叶片重新研配
	(10)柱塞与缸体或配油盘与缸体间磨损,引起缸体与配油盘间失去密封	(10)更换柱塞,修磨配油盘与缸体的接触面,保证接触良好
	(11)中心弹簧折断,柱塞不能回程	(11)检查或更换中心弹簧
泵输出油压力低或没有压力	(1)溢流阀失灵	(1)调整、拆卸、清洗溢流阀
	(2)侧板和轴套与齿轮端面严重摩擦	(2)修理或更换侧板和轴套
	(3)泵端盖螺钉松动	(3)拧紧螺钉
	(4)配油盘端面磨损	(4)修磨端面或更换配油盘
	(5)叶片与定子内表面接触不良	(5)修磨接触面或更换叶片
	(6)柱塞与缸体或配油盘与缸体间严重磨损,引起缸体与配油盘间失去密封	(6)更换柱塞,修磨配油盘与缸体的接触面,保证接触良好
	(7)变量机构倾角太小	(7)检查变量机构,纠正其调整误差
泵温升过高	(1)压力过高、转速太快	(1)调整压力阀,降低转速到规定值以下
	(2)油黏度过大	(2)合理选用黏度适宜的油液
	(3)油箱散热条件差	(3)加大油箱容积或增加冷却装置
	(4)侧板和轴套与齿轮端面严重摩擦	(4)修理或更换侧板和轴套
	(5)油箱容积太小	(5)加大油箱,扩大散热面积
	(6)配油盘与转子严重摩擦	(6)修理或更换配油盘或转子
	(7)叶片与定子内表面磨损严重	(7)修磨或更换叶片、定子
	(8)柱塞与缸体运动不灵活,甚至卡死	(8)修磨柱塞与缸体的接触面,保证接触良好
	(9)柱塞球头折断,滑靴脱落、磨损严重	(9)更换损坏、磨损零件

续表 6-1

故障现象	产生原因	排除方法
外泄漏	(1)密封圈损伤	(1)更换密封圈
	(2)密封表面不良	(2)检查修理
	(3)泵内零件间磨损、间隙过大	(3)更换或重新配研零件
	(4)组装螺钉过松	(4)拧紧螺钉

任务二　液压马达

一、液压马达概述

(一)液压马达的工作原理和分类

液压马达是将液体的压力能转换为机械能的能量转换装置。从原理上讲,液压马达和液压泵是可逆的,即液压泵可以作为液压马达使用。在结构上两者也基本相同,但由于功用不同,它们的实际结构有所差别,故一般液压泵不作为液压马达使用。液压马达按结构形式也可分为齿轮式、叶片式和柱塞式三种类型,按其排量 V 能否调节而分成定量马达和变量马达两类。液压马达的图形符号如图 6-12 所示。

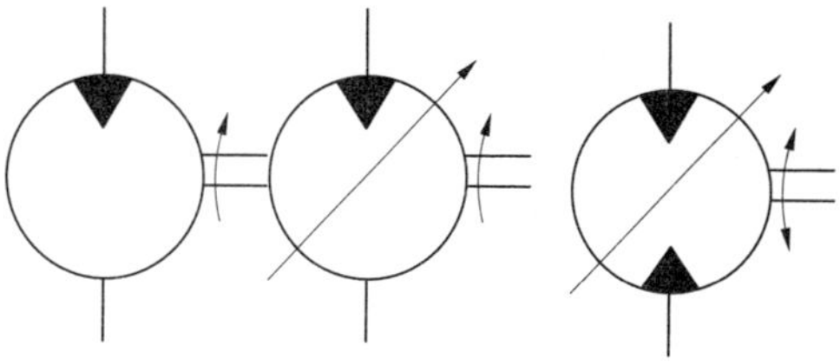

(a)单向定量马达 (b)单向变量马达 (c)双向变量马达

图 6-12　液压马达的图形符号

(二)液压马达的性能参数

1. 压力

(1)工作压力 p_M。液压马达的工作压力是指它的输入压力。

(2)公称压力。液压马达的公称压力是指液压马达在使用中允许达到的最大工作压力,超过此值就是过载。液压马达的公称压力应符合国家标准 GB/T 2346—1988 的规定。

2. 排量

液压马达的排量是指马达轴每转一转,由其密封容积的几何尺寸变化计算而得的输入液体的体积。公称排量应符合国家标准 GB/T 2347—1980 的规定。

3. 流量

(1)理论流量。液压马达的理论流量是指马达在单位时间内为达到指定转速,由其密封容积的几何尺寸变化计算而得的输入液体的体积。

(2)实际流量。液压马达的实际流量是指马达工作时实际输入的流量,等于理论流量加上因泄漏损失的流量。

(3)公称流量。液压马达的公称流量是指马达在公称转速和公称压力下的输入流量。

4. 功率和效率

(1)液压马达的输入功率 P_M:

$$P_M = p_M q_M \tag{6-4}$$

式中　p_M——马达的输入压力;

q_M——马达的输入流量。

(2)液压马达的输出功率 P_{Mm}:

$$P_{Mm} = T_M 2\pi n \tag{6-5}$$

式中　T_M——马达的实际输出转矩;

n——马达的实际转速。

(3)液压马达的总效率:

液压马达的输出功率 P_{Mm} 总是小于液压马达的输入功率 P_M,其总效率 η_M 为:

$$\eta_M = \frac{P_{Mm}}{2\pi} = \eta_{Mv}\eta_{Mm} \tag{6-6}$$

式中　η_{Mm}——马达的机械效率,$\eta_{Mm} = \dfrac{2\pi T_M}{p_M V_M}$;

η_{Mv}——马达的容积效率,$\eta_{Mv} = \dfrac{V_M n}{q_V}$;

V_M——马达的排量。

二、叶片式液压马达

图 6-13 为叶片式液压马达的工作原理。当压力油进入压油腔后,在叶片 1、3 上一侧作用有压力油,另一侧为低压回油。由于叶片 3 伸出的面积大于叶片 1 伸出的面积,所以液体作用于叶片 3 上的作用力大于作用于叶片 1 上的作用力,由于作用力不等而使叶片带动转子做逆时针方向旋转。与此同时,液体作用于叶片 7 上的作用力也大于作用于叶片 5 上的作用力,也使叶片带动转子做逆时针方向旋转,故液压马达逆时针方向旋转。

为了液压马达能正、反转,叶片式液压马达的叶片径向放置。为了使叶片根部始终通有压力油,在回、压油腔通入叶片根部的通路上设置有单向阀。为了确保叶片式液压马达在通入压力油时能正常起动,在叶片根部设置有预紧弹簧。

三、轴向柱塞式液压马达

图 6-14 为轴向柱塞式液压马达的工作原理图。斜盘 1 和配油盘 4 固定不动,缸体 3 可绕缸体的水平轴线旋转。当压力油经配油盘进入柱塞底部时,柱塞在压力油的作用下向外顶出,紧紧压在斜盘上,这时斜盘对柱塞的反作用力为 F,将 F 分解为轴向分力 F_x 和

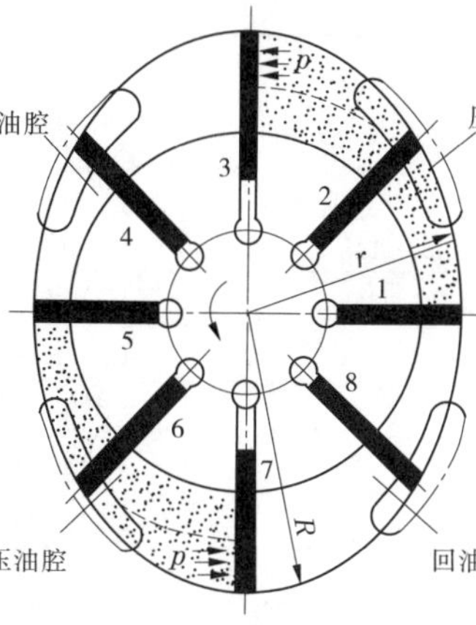

图 6-13　叶片式液压马达的工作原理

切向分力 F_y，分力 F_y 对缸体轴线产生力矩，带动缸体旋转。缸体再通过主轴（图中未标明）向外输出转矩和转速，成为液压马达。

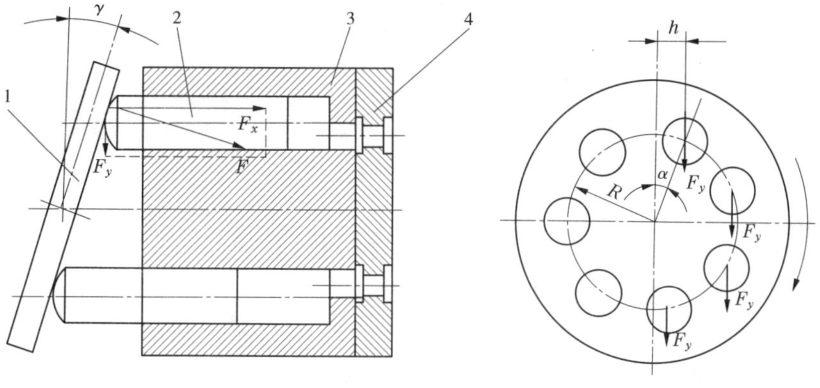

1—斜盘；2—柱塞；3—缸体；4—配油盘

图 6-14　轴向柱塞式液压马达的工作原理

四、液压马达的常见故障及排除方法

液压马达的常见故障及排除方法见表 6-2。

表 6-2　液压马达的常见故障及排除方法

故障现象	产生原因	排除方法
转速低或输出功率不足	(1)液压泵输出流量或压力不足	(1)查明原因,采取相应措施
	(2)液压马达内部泄漏严重	(2)查明泄漏部位和原因,采取密封措施
	(3)液压马达外部泄漏严重	(3)加强密封
	(4)液压马达磨损严重	(4)更换磨损的零件
	(5)液压油黏度小	(5)更换黏度适当的液压油
	(6)进油口堵塞	(6)排除污物
	(7)回油阻力大	(7)疏通回油路
	(8)液压油不洁	(8)加强过滤
	(9)密封不严,空气进入	(9)排除气体,紧固密封
噪声大	(1)进油口堵塞	(1)排除污物
	(2)进油口漏气	(2)拧紧接头
	(3)液压油不清洁,气泡混入	(3)加强过滤,排除气体
	(4)液压马达安装不良	(4)重新调整、安装
	(5)液压马达零件磨损	(5)更换磨损的零件
泄露	(1)管接头未拧紧	(1)拧紧管接头
	(2)接合面未拧紧	(2)拧紧螺钉
	(3)密封件损坏	(3)更换密封件
	(4)配油装置发生故障	(4)检修配油装置
	(5)相互运动零件间的间距过大	(5)重新调整间隙或修理、更换零件

任务三　液压缸

液压缸与液压马达一样,也是一种执行元件。它是将液压能转换成能进行直线往复运动的机械能的一种能量转换装置,输出的通常为推力(或拉力)与直线运动速度。而液压马达是将液压能转换成连续回转的机械能,输出的通常为转矩与转速。还有一种摆动马达,它介于两者之间,用来实现往复摆动,输出转矩和角速度。

一、液压缸的类型及其特点

根据结构特点,液压缸可分为活塞式、柱塞式和摆动式三种类型。

(一)活塞式液压缸

活塞式液压缸又可分为双活塞杆液压缸和单活塞杆液压缸两种结构,其安装方式有活塞杆固定(实心双杆液压缸)和缸体固定(空心双杆液压缸)两种。

1. 双活塞杆液压缸

图 6-15 所示为一台平面磨床的实心双杆液压缸的结构图。缸体固定在床身上不动,活塞杆和工作台靠支架 9 和螺母 10 连接在一起。当压力油通过油道 a(或 b)分别进入液压缸两腔时,就推动活塞带动工作台做往复运动。

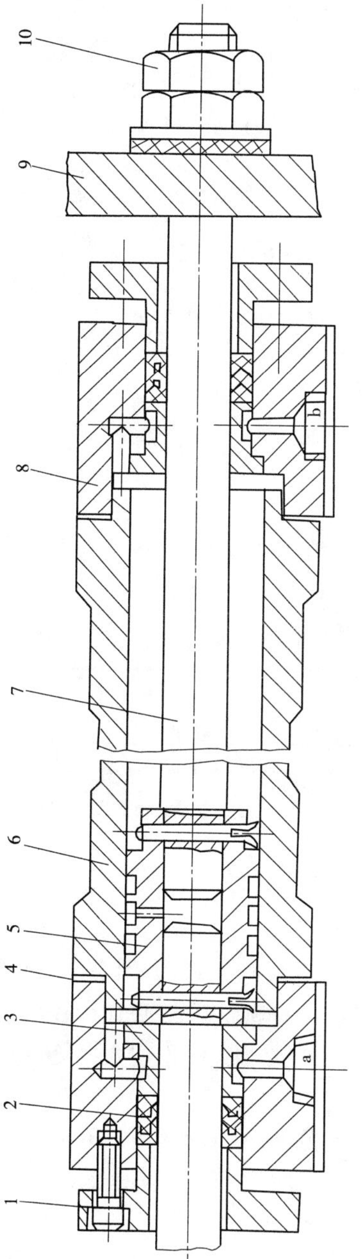

1—压盖;2—密封圈;3—导向套;4—纸垫;5—活塞;6—缸体;7—活塞杆;8—端盖;9—支架;10—螺母

图 6-15　实心双杆液压缸的结构

由于活塞两端有效面积相等，如果供油压力和流量不变，那么活塞往返运动时两个方向的作用力和速度均相等，即

$$v = \frac{q_V}{A} = \frac{4q_V}{\pi(D^2 - d^2)} \tag{6-7}$$

$$F = pA = \frac{p\pi(D^2 - d^2)}{4} \tag{6-8}$$

式中　v——活塞运动速度；

q_V——供油流量；

F——活塞（或缸体）上的作用力；

p——供油压力；

A——活塞有效面积；

D——活塞直径；

d——活塞杆直径。

实心双杆液压缸驱动工作台的运动范围大，约等于液压缸有效行程的3倍，因而其占地面积较大，如图6-16所示。它一般只适用于小型机床。

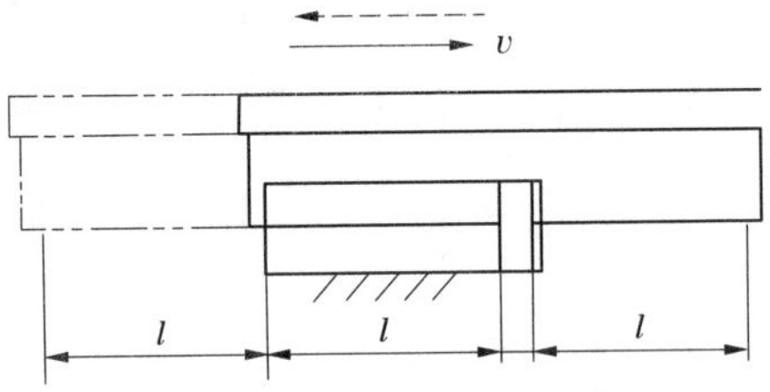

图6-16　实心双杆液压缸的运动范围

图6-17所示为一台外圆磨床的空心双杆液压缸的结构图。活塞杆固定在床身上，缸体和工作台连接在一起。当压力油通过活塞杆2的中心孔和径向孔b（或a）分别进入液压缸两腔时，就推动缸体带动工作台做往复运动。缸体11所受到的作用力和运动速度的计算与实心双杆液压缸类同。

空心双杆液压缸驱动工作台的运动范围约等于液压缸有效行程的2倍，因而其占地面积较小，如图6-18所示。它常用于大、中型机床和其他设备上。

2. 单活塞杆液压缸

图6-19为单活塞杆液压缸的结构图，它由缸底1、活塞2、O形密封圈3、Y形密封圈4、缸体5、活塞杆6、导向套7等组成。两端进、出油口都可以进、排油，实现双向的往复运动，其工作原理与双活塞杆液压缸相同。

单活塞杆液压缸可以是缸体固定，活塞运动；也可以是活塞杆固定，缸体运动。无论采用哪种形式，液压缸运动所占空间长度都是行程的2倍。

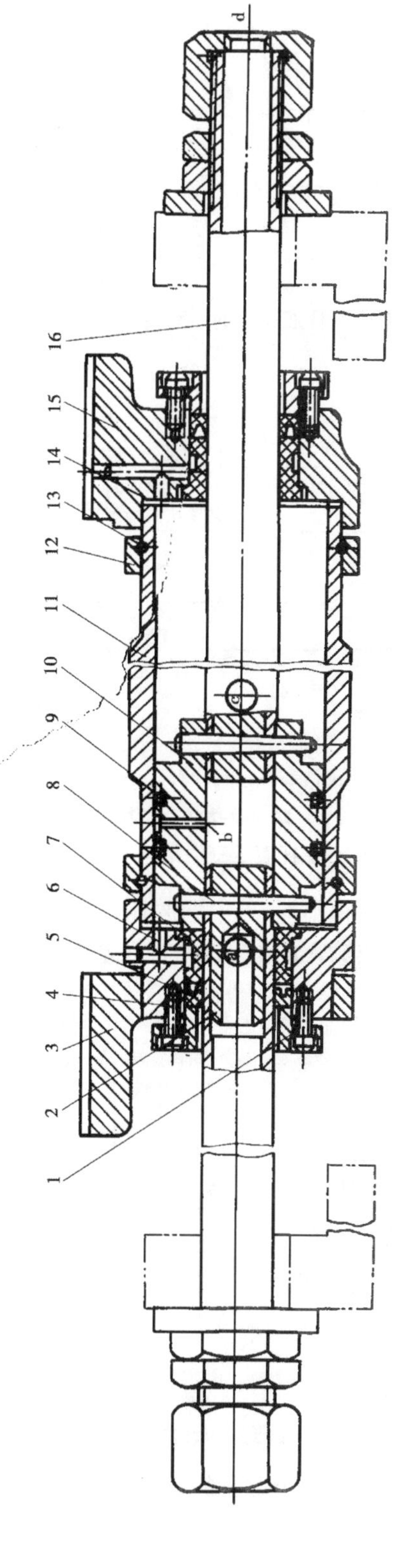

1—压盖;2、16—活塞杆;3—托架;4、15—端盖;5—V 形密封圈;6—排气孔;7—导向套;8—锥销;9—O 形密封圈;10—活塞;11—缸体;12—压板;13—半环;14—密封圈

图 6-17　空心双杆液压缸的结构

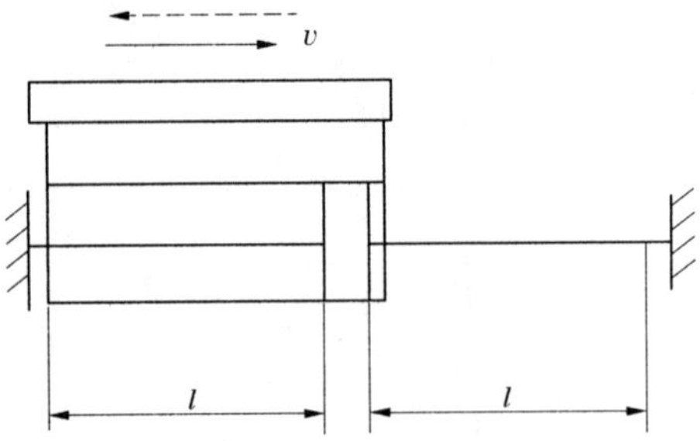

图 6-18　空心双杆液压缸的运动范围

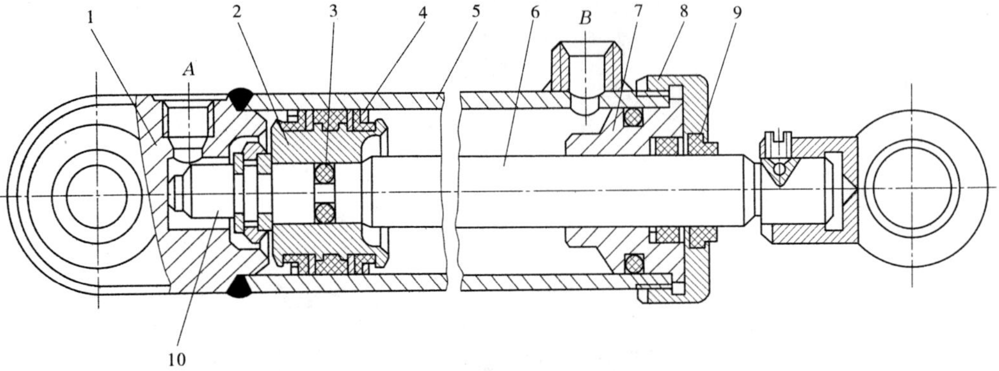

1—缸底;2—活塞;3—O 形密封圈;4—Y 形密封圈;5—缸体;6—活塞杆;
7—导向套;8—缸盖;9—防尘圈;10—缓冲柱塞

图 6-19　单活塞杆液压缸的结构

单活塞杆液压缸活塞两端的有效面积不等,若向两腔输入相同的流量,活塞在两个方向的运动速度也不相等;同样,若向两腔输入的油压相同,活塞在两个方向所产生的推力也不相等。其计算如下(见图 6-20)。

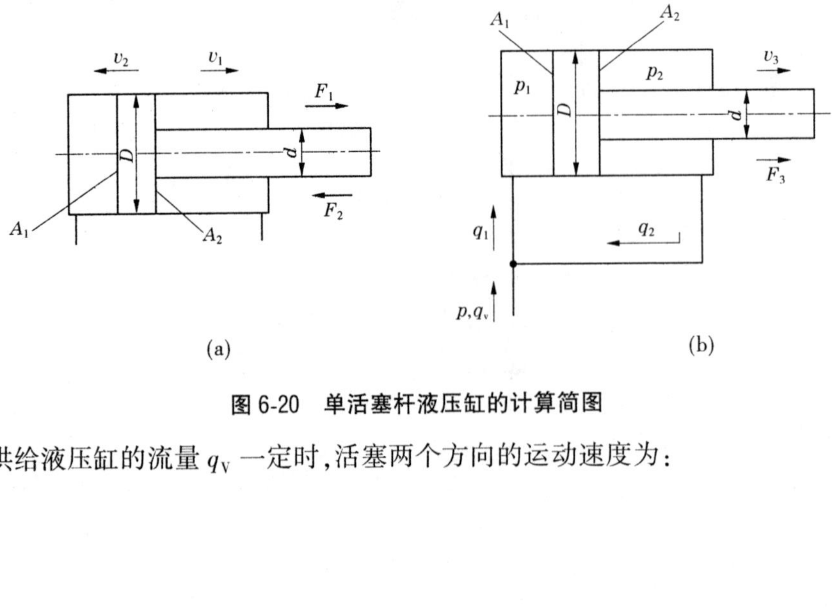

图 6-20　单活塞杆液压缸的计算简图

当供给液压缸的流量 q_V 一定时,活塞两个方向的运动速度为:

$$v_1 = \frac{q_V}{A_1} = \frac{4q_V}{\pi d^2} \tag{6-9}$$

$$v_2 = \frac{q_V}{A_2} = \frac{4q_V}{\pi(D^2 - d^2)} \tag{6-10}$$

当供油压力 p 一定，回油压力为零时，活塞两个方向的作用力为：

$$F_1 = pA_1 = p\frac{\pi}{4}D^2 \tag{6-11}$$

$$F_2 = pA_2 = p\frac{\pi}{4}(D^2 - d^2) \tag{6-12}$$

当压力油同时供给单活塞杆液压缸的两腔时，由于无杆腔的总作用力较大，活塞以一定的速度向右运动。此时，有杆腔排出的油液与系统供给的油液汇合后进入液压缸的无杆腔。这种连接方式称为差动连接。差动连接时作用力和速度为：

$$F_3 = pA_3 = p\frac{\pi}{4}a^2 \tag{6-13}$$

$$v_3 = \frac{q_V}{A_3} = \frac{4q_V}{\pi(D^2 - d^2)} \tag{6-14}$$

式中　A_3——活塞两端有效面积之差，即活塞杆的截面面积。

由以上可见，活塞的运动速度 v_3 大于非差动连接时的速度 v_1，因此在实际生产中，单活塞杆液压缸常用在需要实现“快速接近—慢速进给—快速退回”工作循环的组合机床液压传动系统中，并且要求“快速接近”与“快速退回”的速度相等，这可以通过选择 D 与 d 的尺寸来实现，D 与 d 的关系为 D=0.7d。

(二)柱塞式液压缸

图 6-21(a)为柱塞式液压缸的结构示意图，其柱塞和缸体内壁不接触，因此缸体内孔只需粗加工甚至不加工，工艺性好，更适宜于做长行程液压缸。它是单作用液压缸，即靠液压力只能实现一个方向的运动，回程要靠自重(当液压缸垂直放置时)或弹簧等其他外力来实现。为了得到双向运动，柱塞缸常成对使用，如图 6-21(b)所示。

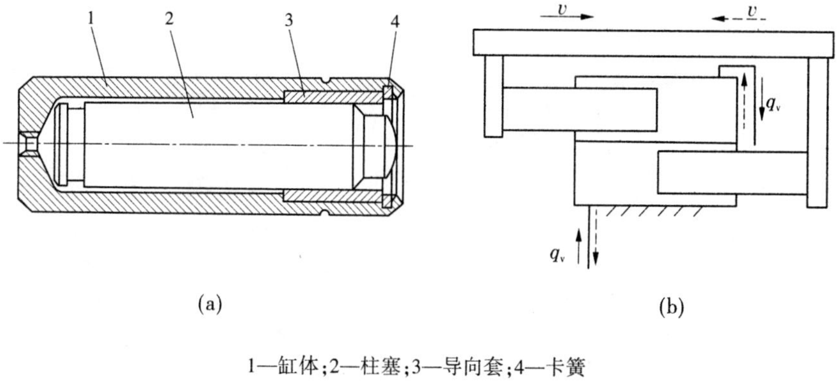

(a)　　(b)

1—缸体；2—柱塞；3—导向套；4—卡簧

图 6-21　柱塞式液压缸的结构

（三）摆动马达

摆动马达有单叶片和双叶片两种形式。图 6-22 为单叶片摆动马达的工作原理图。叶片 1 和封油隔板 3 将内部空间分成两腔，叶片 1 装在输出轴 2 上。当摆动马达的一个油口接压力油，而另一油口接油箱时，叶片在油压作用下产生转矩，带动轴 2 摆动一定的角度。这种摆动马达一般用于驱动回转工作部件，如机床回转夹具、送料装置等。

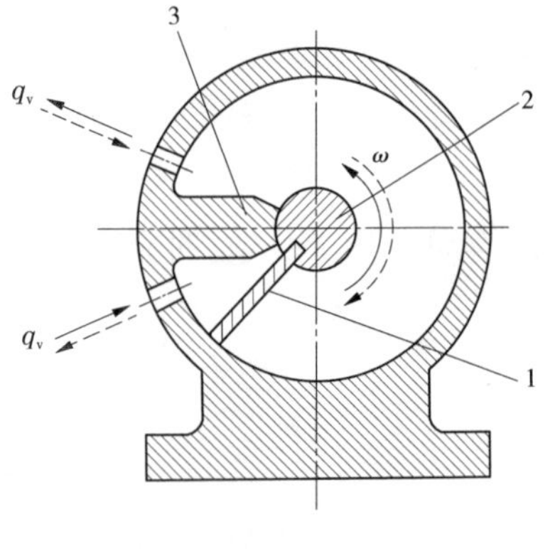

1—叶片；2—输出轴；3—封油隔板

图 6-22　单叶片摆动马达的工作原理

（四）组合式液压缸

1. 增压器

增压器将输入的低压油转变为高压油，供液压系统中的高压支路使用，其工作原理如图 6-23 所示。它由直径不同的两个液压缸串联而成，大缸为原动缸，小缸为输出缸，其增压后的压力 $p_2 = D_1^2/D_2^2 p_1$。

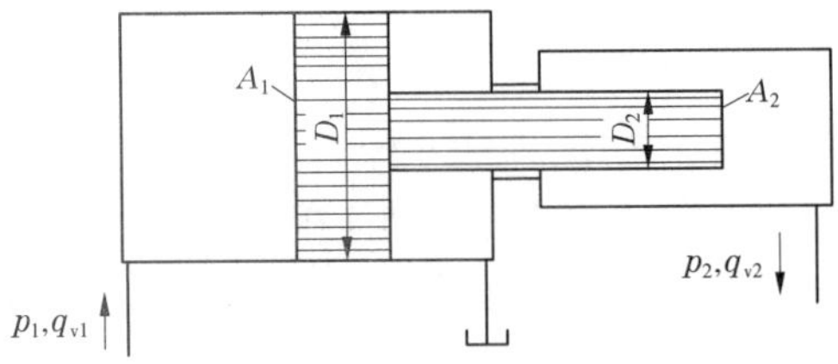

图 6-23　增压器的工作原理

2. 伸缩缸

伸缩缸具有二级或多级活塞，如图 6-24 所示。它主要由活塞 1、套筒 2、O 形密封圈 3、缸体 4 和缸盖 5 等组成。前一级缸的活塞就是后一级缸的缸体，活塞伸出的顺序是从大到小，相应的推力也是由大变小，而伸出速度则由慢变快。空载缩回的顺序一般是从小活塞到大活塞，收缩后液压缸总长度较短，占用空间较小，结构紧凑。伸缩缸常用于工程机械和其他行走机械。

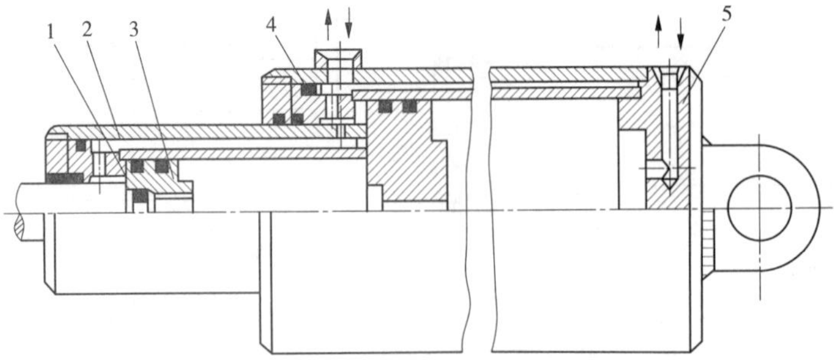

1—活塞；2—套筒；3—O 形密封圈；4—缸体；5—缸盖

图 6-24　伸缩缸结构示意图

二、液压缸的常见故障及排除方法

液压缸的常见故障及排除方法见表6-3。

表6-3　液压缸的常见故障及排除方法

故障现象	产生原因	排除方法
爬行	(1)混入空气	(1)排除空气
	(2)运动密封件装配过紧	(2)调整密封圈，使之松紧适当
	(3)活塞杆与活塞不同轴	(3)校正、修整或更换
	(4)导向套与缸筒不同轴	(4)修正、调整
	(5)活塞杆弯曲	(5)校直活塞杆爬行
	(6)缸体安装不良，其中心线与导轨不平行	(6)重新安装
	(7)缸筒内孔锈蚀、拉毛	(7)除去锈蚀、毛刺或重新镗磨
	(8)活塞杆两端螺母拧得过紧，使其同轴度降低	(8)略松螺母，使活塞杆处于自然状态
	(9)活塞杆刚性差	(9)加大活塞杆直径
	(10)液压缸运动件之间间隙过大	(10)减小配合间隙
	(11)导轨润滑不良	(11)保持良好润滑
冲击	(1)缓冲间隙过大	(1)减小缓冲间隙
	(2)缓冲装置中的单向阀失灵	(2)修理单向阀
推力不足或工作速度下降	(1)缸体和活塞的配合间隙过大，或密封件损坏，造成内泄漏	(1)修理或更换不合精度要求的零件，重新装配，调整或更换密封件
	(2)缸体和活塞的配合间隙过小，密封过紧，运动阻力大	(2)增加配合间隙，调整密封件的压紧程度
	(3)运动零件制造存在误差和装配不良，引起不同心或单面剧烈磨擦速度下降	(3)修理误差较大的零件重新装配
	(4)活塞杆弯曲，引起剧烈磨擦	(4)校直活塞杆
	(5)缸体内孔拉伤与活塞咬着，或缸体内孔加工不良	(5)镗磨、修复缸体或更换缸体
	(6)油中杂质过多，使活塞或活塞杆卡死	(6)清洗液压系统，更换液压油
	(7)油温过高，加剧泄漏	(7)分析温升原因，改进密封结构，避免温升过高

续表 6-3

故障现象	产生原因	排除方法
外泄露	(1)密封件咬边、拉伤或破坏	(1)更换密封件外泄漏
	(2)密封件方向装反	(2)改正密封件方向
	(3)缸盖螺钉未拧紧	(3)拧紧螺钉
	(4)运动零件之间有纵向拉伤和沟痕	(4)修理或更换零件

习 题

6-1 从能量观点看,液压泵和液压马达有什么区别和联系?

6-2 液压泵的排量、流量各决定于哪些参数?流量的理论值和实际值有什么区别?

6-3 某液压泵输出油液压力为 10 MPa,输出流量为 25 L/min,总效率 $\eta=0.9$,问驱动液压泵的电动机功率应为多少?

6-4 某液压马达排量 $V_M=250$ mL/r,人口压力 $p_M=10$ MPa,出口压力为 0.5 MPa,其总效率 $\eta=0.85$,容积效率 $\eta_{Mv}=0.92$,当输入流量为 25 L/min 时,试求:

(1)液压马达的输出转矩为多少?

(2)液压马达的实际输出转速为多少?

6-5 齿轮泵、双作用叶片泵、单作用叶片泵、柱塞泵各有哪些特点?

6-6 当叶片泵和叶片马达工作时,如突然出现有一叶片卡在转子槽内不能外伸的故障,试分析它们的工作状态将发生什么变化?

6-7 如图 6-25 所示,开启压力分别为 0.2 MPa、0.3 MPa、0.4 MPa 的三个单向阀实现串联或并联,当 D 点刚有油液流过时,P 点压力各为多少?

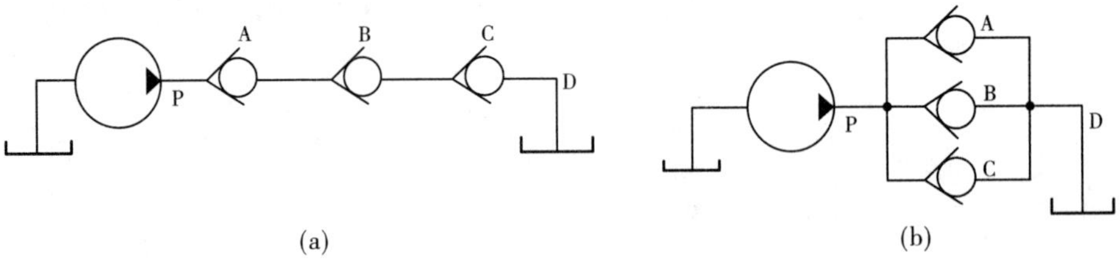

图 6-25 题 6-7 图

6-8 油箱的主要功用是什么?

模块七　液压基本回路

液压基本回路是由一些液压元件组成的，用来完成某种特定功能，液压系统不论如何复杂，都是由一些液压基本回路所组成的。熟悉和掌握基本回路的结构组成、工作原理和功能，对分析和设计液压系统是必不可少的。下面介绍方向控制回路、压力控制回路、速度控制回路和多缸动作控制回路。

任务一　方向控制回路

在机械设备的液压系统中，用以控制执行元件的启动、停止及换向作用的回路，称为方向控制回路。常用的有换向回路和锁紧回路。

一、换向回路

(1)采用双向变量泵的换向回路在容积调速的闭式回路中，可利用双向变量泵控制液流的方向来实现执行元件的换向。如图 7-1 所示，控制双向变量泵的液流方向，即可改变液压马达的旋转方向。

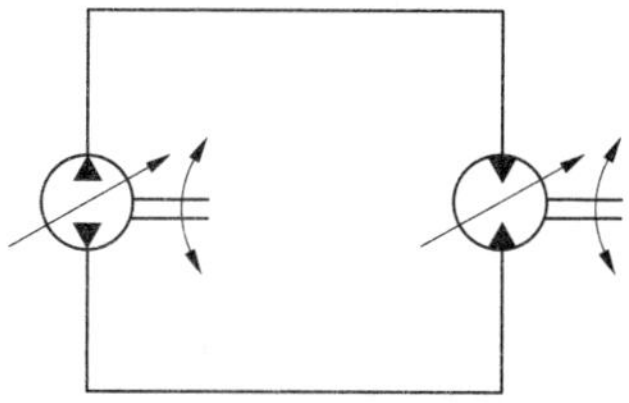

图 7-1　双向变量泵的换向回路

(2)采用换向阀的换向回路根据换向要求、自动化程度及工作情况来选用各种换向阀，即可组成各种换向回路来控制执行元件的换向。图 7-2 所示为采用电磁换向阀的换向回路。对于换向精度、换向平稳性要求较高的设备(如磨床)，常采用机液换向回路。

二、锁紧回路

锁紧回路是控制执行元件能在任意位置停留，且停留后不会因外力作用而移动位置。

(1)用电磁换向阀的锁紧回路如图 7-2 所示，利用三位换向阀的中位机能(O 型或 M 型)封闭液压缸两腔进出油口，使液压缸锁紧。由于换向阀的泄漏，锁紧精度较差，所以常用于锁紧精度要求不高、停留时间不长的液压系统中。

(2)用液控单向阀的锁紧回路如图 7-3 所示，当换向阀处于中位时，液压缸两腔进出油口被液控单向阀封闭而锁紧。由于液控单向阀的密封性好、泄漏少，故锁紧精度高，常用于锁紧精度要求高，且需长时间锁紧的液压系统中，如工程机械、起重机等。

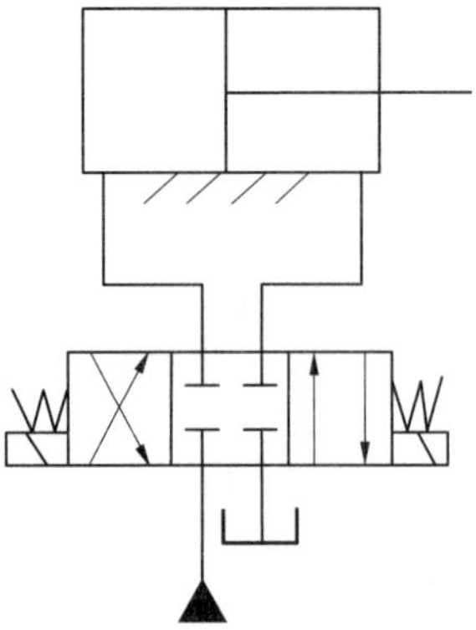

图 7-2　用电磁换向阀的锁紧回路

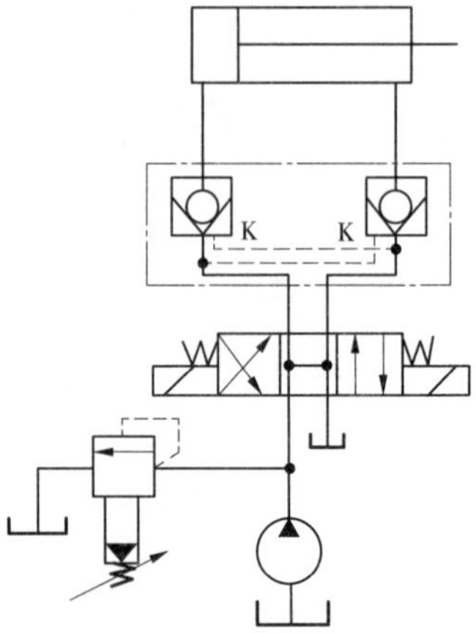

图 7-3　用液控单向阀的锁紧回路

任务二　压力控制回路

压力控制回路主要是利用压力控制元件来控制系统或系统某一支路的压力，实现调压稳压、减压、卸荷等目的，以满足执行元件对力或力矩的要求。

一、调压回路

为了使系统的压力与负载相适应并保持稳定，或为了安全而限定系统的最高压力，都要用到调压回路，溢流阀的调压已做过介绍，下面主要介绍常用的调压回路。

（一）远程调压回路

图 7-4(a)所示为远程调压回路。将远程调压阀 2(或小流量的溢流阀)接在先导式主溢流阀 1 的远程控制口上，液压泵的压力即可由阀 2 做远程调节。远程调压阀仅起调压作用，绝大部分油液仍从主溢流阀 1 溢流。远程调压阀调节的最高压力应低于主溢流阀的调定压力。

（二）二级调压回路

图 7-4(b)所示为二级调压回路，当二位二通电磁阀 3 处于图示位置时，系统压力由阀 4 调定。当阀 3 通电后右位工作时，远程调压阀 2 起先导作用，控制溢流阀 4 的主阀芯工作，系统压力由阀 2 调定，可实现两种不同的系统压力。但阀 2 的调定压力一定要小于阀 4 的调定压力，否则阀 2 不起作用。

（三）多级调压回路

图 7-5(a)所示为三级调压回路。换向阀左位工作时，系统压力由阀 2 来调定；换向阀右位工作时，系统压力由阀 3 来调定；而中位时为系统的最高压力，由主溢流阀 1 来调定。

图 7-5(b)为电液比例调压回路。根据执行元件各工况的压力需求，调节输入电液比例溢流阀的电流，液压泵便获得多级调压或无级调压。此回路的调压过程平缓、无冲击，且在工作过程中随时可以调节压力。

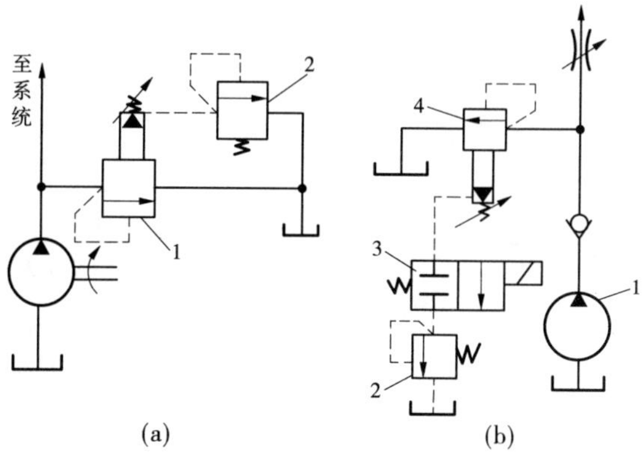

图 7-4　远程调压回路

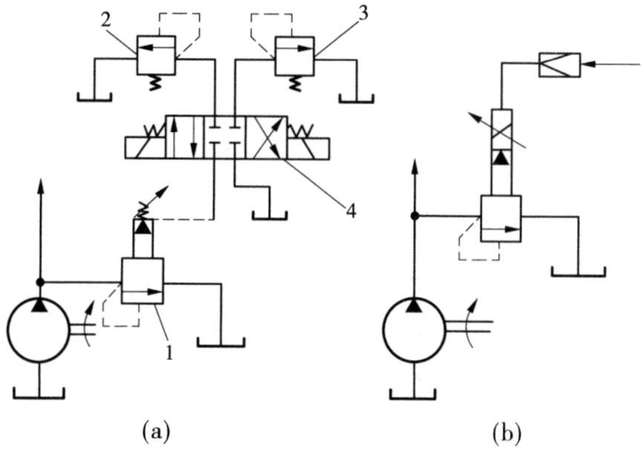

图 7-5　多级调压回路

二、减压回路

减压回路的功用在于使某一支路得到比溢流阀的调定压力低且稳定的工作压力。如机床上工件的夹紧、导轨润滑及液压系统的控制油路常采用减压回路。

图 7-6(a)所示为常用的减压回路。泵的供油压力由溢流阀 1 调定,夹紧缸所需的压力油则由减压阀 2 来调节。调压阀 3 的作用是在主油路的压力降低到小于减压阀的调整压力时,使夹紧油路和主油路隔开,实现短时间保压。

图 7-6(b)所示为二级减压回路。它是在先导式减压阀 2 的远程控制口接调压阀 3 来使减压回路获得两种预定的压力:在图示位置上,减压阀出口处的压力由减压阀 2 调定;当换向阀电磁铁通电时,减压阀 2 出口处的压力则由调压阀 3 调定。

减压回路也可以采用比例减压阀来实现无级减压。

三、卸荷回路

卸荷回路是在系统执行元件短时间停止工作时,不需启停驱动泵的电动机,而使泵在很小的输出功率下运转的回路。因泵的输出功率等于压力和流量的乘积,故卸荷有流量

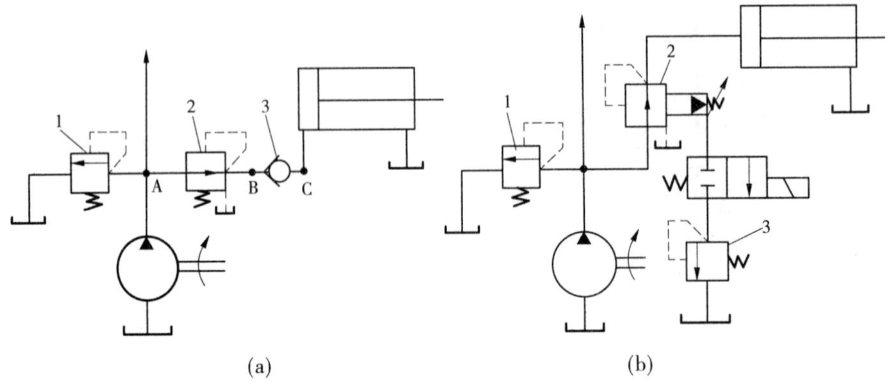

1—溢流阀;2—减压阀;3—调压阀

图 7-6　减压回路

卸荷和压力卸荷两种方法。流量卸荷法用于变量泵,使泵仅为补偿泄漏而以最小流量运转,此方法简单,但泵处于高压状态,磨损较严重;压力卸荷法是将泵的出口直接接回油箱,泵在零压或接近零压下工作。

(一)用换向阀中位机能的卸荷回路

当滑阀的中位机能为 H、M 或 K 型的三位换向阀处于中位时,泵即卸荷,如图 7-7(a)所示。这种卸荷方法比较简单,但只适用于流量较小的场合。若将图中的换向阀改为换向时间可调节的电液换向阀,如图 7-7(b)所示,则可用于流量较大的系统。为了提供控制油压,在回油路上应设置背压阀。

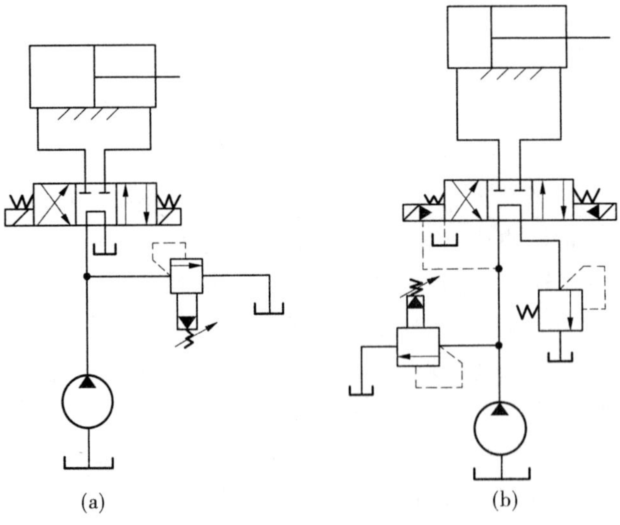

图 7-7　用换向阀中位机能的卸荷回路

(二)用二位二通阀的卸荷回路

图 7-8 所示为用二位二通阀使液压泵卸荷的回路。图中二位二通阀的流量规格必须

与液压泵的流量相匹配。受电磁铁吸力的限制,仅适用于流量小于 40 mL/min 的场合。

(三)用溢流阀的卸荷回路

图 7-9 所示为采用溢流阀的卸荷回路。当先导式溢流阀的远程控制口通过二位二通电磁换向阀接油箱时,即可使液压泵卸荷。由先导式溢流阀和二位二通电磁换向阀组合而成的复合阀称为电磁溢流阀。

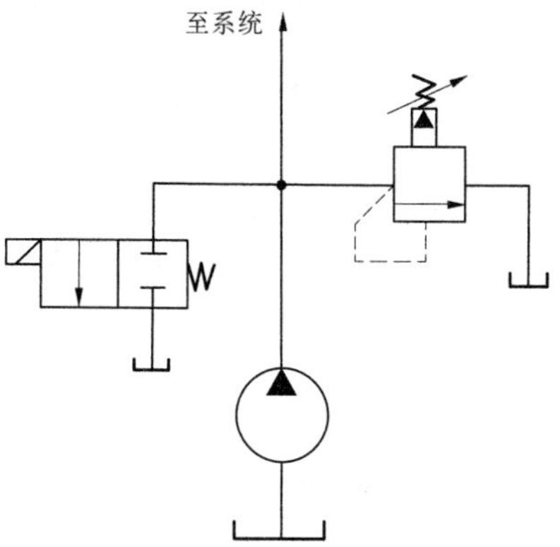

图 7-8　用二位二通电磁阀的卸荷回路

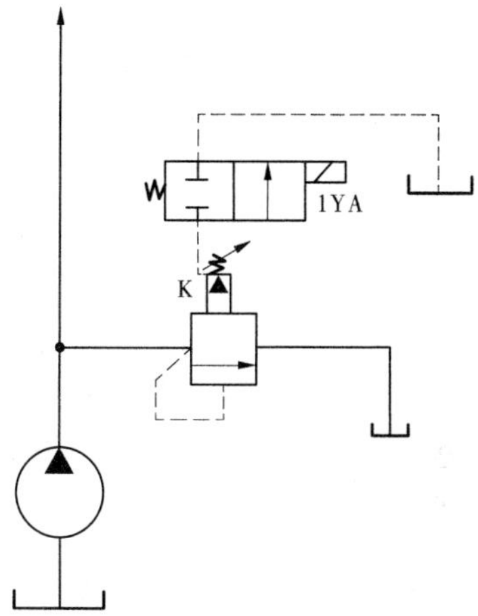

图 7-9　采用溢流阀的卸荷回路

(四)用压力补偿变量泵的卸荷回路

图 7-10 为采用压力补偿变量泵(如限压式变量叶片泵)的卸荷回路。当活塞运动到终点或换向阀处于中位时,泵压力升高,输出流量减小,当泵压升高到预调的最大值时,泵的流量很小,只是用来补充液压缸或换向阀的泄漏,回路实现保压卸荷。

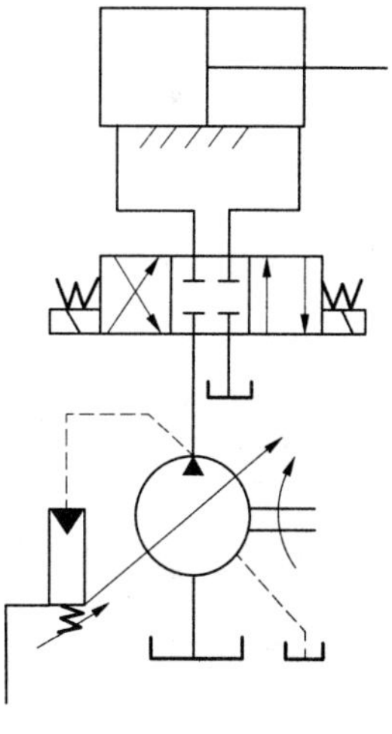

图 7-10　采用压力补偿变量泵的卸荷回路

四、平衡回路

为了防止立式液压缸及工作部件因自重而自行下落,可在活塞下行的回油路上设置产生一定背压的液压元件,阻止活塞下落,这种回路称为平衡回路。

(一)用单向顺序阀的平衡回路

图 7-11(a)所示为采用单向顺序阀的平衡回路。调整顺序阀的开启压力,使其稍大于由垂直运动部件自重而在液压缸下腔形成的压力,即可防止活塞因重力而下滑。这种平衡回路在活塞下行时,回油腔有一定的背压,运动平稳。但顺序阀调定后,若工作负载减小,系统的功率损失将增大。又由于滑阀结构的顺序阀和换向阀存在泄漏,活塞不能长时间停在任意位置,故该回路适用于工作负载固定且活塞锁紧要求不高的场合。

(二)采用液控单向阀的平衡回路

图 7-11(b)所示为采用液控单向阀的平衡回路。由于液控单向阀是锥面密封,泄漏极小,因此其闭锁性能好。回油路上串联单向节流阀 2,用于防止活塞下行时的振动和冲击,也可控制流量,起到调速作用。若回油路上没有节流阀,活塞下行时,液控单向阀 1 被进油路上的控制阀打开,回油腔没有背压,运动部件由于自重而加速下降,造成液压缸上腔供油不足,液控单向阀 1 因控制油路失压而关闭,关闭后控制油路又建立起压力,液控单向阀 1 又被打开,阀 1 时开时闭,使活塞在向下运动过程中产生振动和冲击。

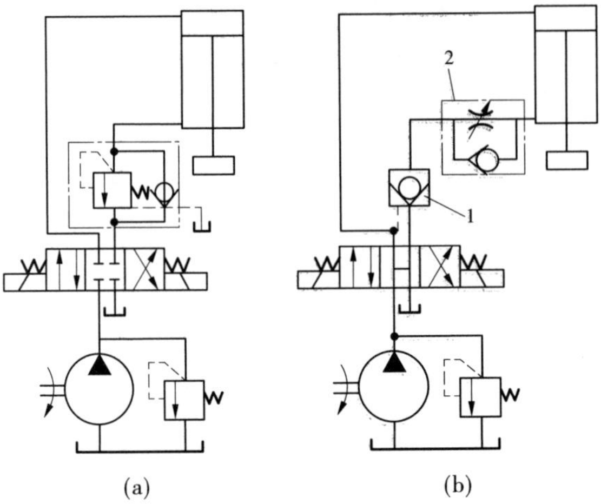

1—液控单向阀;2—节流阀

图 7-11　平衡回路

任务三　速度控制回路

液压系统中的速度控制回路包括调速回路、快速运动回路及速度换接回路。

一、调速回路

调速回路是用来调节执行元件工作行程速度的回路。液压缸的运动速度为:

$$v=\frac{q_v}{A} \tag{7-1}$$

液压马达的转速为:

$$n=\frac{q_v}{V_M} \tag{7-2}$$

式中　q_v——输入液压执行元件的流量;

A——液压缸的有效面积;

V_M——液压马达的排量。

由式(7-1)、式(7-2)可知,改变输入液压执行元件的流量(或液压马达的排量)可以

达到改变速度的目的。因此,液压系统的调速方法有以下三种:

(1)节流调速采用定量泵供油,由流量阀改变进入执行元件的流量来实现调速的方法。

(2)容积调速采用变量泵或变量马达实现调速的方法。

(3)容积节流(联合)调速采用变量泵和流量阀相配合的调速方法。

(一)节流调速回路

节流调速回路由定量泵供油,用流量阀改变进入执行元件的流量来实现调速。该回路结构简单、成本低、使用维修方便,所以得到广泛的应用。但其能量损失大、效率低、发热大,故一般只适用于小功率场合。

节流调速回路按其流量阀安放的位置有进油路节流调速、回油路节流调速和旁油路节流调速三种形式。

1. 进油路节流调速回路

图 7-12 为采用节流阀的进油路节流调速回路。节流阀串联在液压泵和执行元件之间,控制进入液压缸的流量,以达到调速的目的。定量泵多余的油液通过溢流阀流回油箱,泵出口压力为溢流阀的调整压力并基本保持不变。

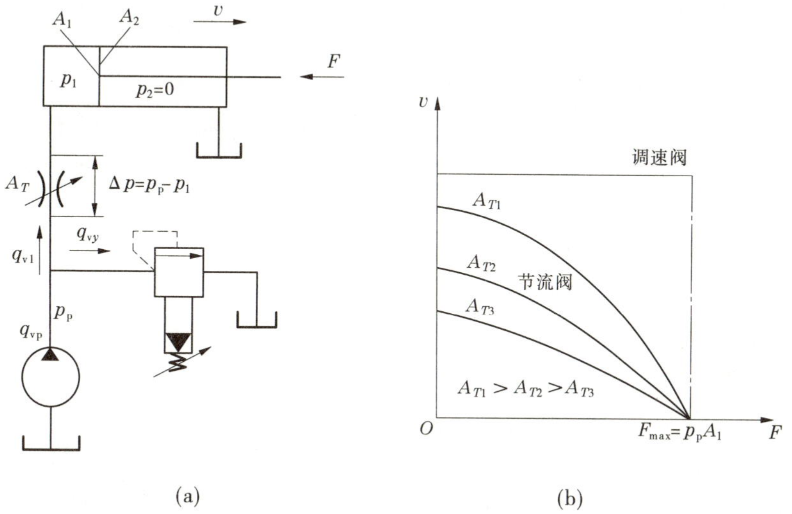

图 7-12　进油路节流调速回路

速度负载特性:当活塞以稳定的速度运动时,作用在活塞上的力平衡方程为:

$$p_1A_1 = p_2A_2 + F \tag{7-3}$$

式中　F——负载力;

p_1——液压缸进油腔压力;

p_2——液压缸回油腔压力,在此处 $p_2=0$;

A_1、A_2——液压缸无杆腔和有杆腔的有效面积。

所以

$$p_1 = F/A_1 \tag{7-4}$$

节流阀两端的压力差 Δp 为:

$$\Delta p = p_p - p_1 = p_p - \frac{F}{A_1} \tag{7-5}$$

通过节流阀的流量可由节流孔的流量特性方程式决定，即

$$q_{v1} = KA_T\Delta p^m = KA_T\left(p_p - \frac{F}{A_1}\right)^m \tag{7-6}$$

活塞的运动速度为：

$$v = \frac{q_{v1}}{A_1} = \frac{KA_T\left(p_p - \frac{F}{A_1}\right)^m}{A_1} \tag{7-7}$$

式(7-7)即为进油路节流调速回路的速度负载特性方程。由该式可知，液压缸的运动速度和节流阀通流面积 A_T 成正比。调节 A_T 可实现无级调速，这种回路的调速范围较大(速比最高可达 100)。若按式(7-7)选用不同的 A_T 值作 v—F 坐标曲线图，可得一组曲线，即为该回路的速度负载特性曲线，如图 7-12(b)所示。

速度负载特性曲线表明速度随负载而变化的规律：曲线越陡，说明负载变化对速度的影响越大，即速度刚性差；曲线越平缓，刚性就越好。因此，从速度负载特性曲线可知：

(1)当节流阀通流面积不变时，随着负载的增加，活塞的运动速度随之下降。因此，这种调速的速度负载特性较软。

(2)在供油压力已经调定的情况下，回路的最大承载能力不变。

进油路节流调速回路适用于轻载、低速、负载变化不大和对速度稳定性要求不高的小功率液压系统。

2. 回油路节流调速回路

把节流阀串联在执行元件的回油路上，如图 7-13 所示，即为采用节流阀的回油节流调速回路。用节流阀调节液压缸的回油流量，也就控制了进入液压缸的流量。定量泵多余的油液经溢流阀流回油箱，泵的出口压力为溢流阀的调整压力并基本稳定。

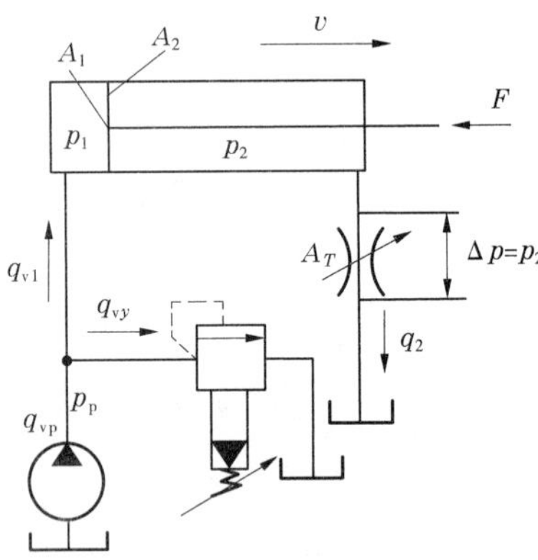

图 7-13　回油路节流调速回路

回油路节流调速回路的速度负载特性和进油路节流调速回路基本相同。因此，进油路节流调速回路的一些分析，对回油路节流调速回路完全适用。但是这两种调速回路仍有许多不同之处。

(1)承受负值负载的能力。回油路节流调速回路的节流阀使液压缸回油腔形成一定的背压，在负值负载时，背压能阻止工作部件的前冲，即能在负值负载下工作；而进油路节流调速由于回油腔没有背压力，因而不能在负值负载下工作。

(2)停车后的起动性能。长时间停车后，当液压泵重新向液压缸供油时，在进油路节流调速回路中，由于进油路上有节流阀控制流量，故活塞前冲很小，甚至没有前冲；而在回油节流调速回路中，由于进油路上没有节流阀控制流量，会使活塞前冲。

（3）实现压力控制的方便性。进油节流调速回路中，进油腔的压力将随负载而变化，当工作部件碰到死挡铁而停止后，其压力将升到溢流阀的调定压力，利用这一压力变化来实现压力控制是很方便的；但在回油节流调速回路中，只有回油腔的压力才会随负载而变化，当工作部件碰到死挡铁后，其压力将降至为零，虽然也可以利用这一压力变化来实现压力控制，但其可靠性差，一般不采用。

（4）运动平稳性。在回油节流调速回路中，由于有背压力存在，因此回油节流调速回路的运动平稳性好，但是在使用单出杆液压缸的场合，无杆腔的进油量大于有杆腔的回油量，进油节流调速回路的节流阀通流面积较大，低速时不易堵塞。因此，进油节流调速回路能获得更低的稳定速度。

为了提高回路的综合性能，一般常采用进油路节流调速，并在回油路上加背压阀的回路。

3. 旁油路节流调速回路

这种节流调速回路是将节流阀装在与液压缸并联的支路上，如图 7-14 所示。节流阀调节了液压泵溢回油箱的流量，从而控制了进入液压缸的流量，调节节流阀的通流面积，即可实现调速。由于溢流作用已由节流阀承担，故溢流阀实际上是安全阀，常态时关闭。因此，液压泵工作过程中的压力完全取决于负载而不恒定，所以这种调速方式又称变压式节流调速。

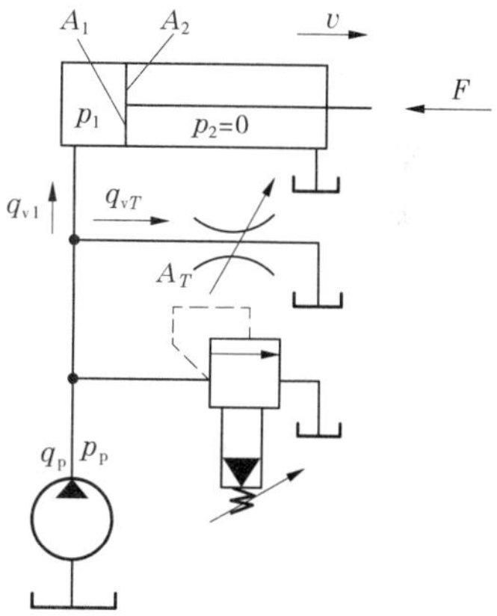

图 7-14　旁油路节流调速回路

旁路节流调速回路只有节流损失而无溢流损失；泵的压力随负载变化。因此，效率较高，但速度负载特性很软，低速承载能力差，故应用较少，一般只用于高速、重载和对速度平稳性要求很低的较大功率系统，如牛头刨床主运动系统、输送机械液压系统等。

4. 采用调速阀的节流调速回路

使用节流阀的节流调速回路，速度负载特性都比较软，变载荷下的运动平稳性都比较差。为了克服这个缺点，回路中的节流阀可由调速阀来代替。由于调速阀本身能在负载变化的条件下保证节流阀进、出油口间的压力差基本不变，因而使用调速阀后，节流调速回路的速度负载特性将得到改善，如图 7-12（b）所示。但为了保证调速阀能正常工作，调速阀两端的压力差必须大于最小稳定工作的压力差。由于调速阀的最小压差比节流阀的压差大，所以其调速回路的功率损失比节流阀调速回路要大一些。

（二）容积调速回路

采用变量泵或变量马达的容积调速回路，因无溢流损失和节流损失，故效率高，发热小，得到较大的重视。

根据油路的循环方式不同，容积调速回路分为开式回路和闭式回路两种。开式回路即泵从油箱吸油，执行元件的回油仍返回油箱。在闭式回路中，泵的吸油口与执行元件回油口直接连接，油液在系统内封闭循环，为了补偿泄漏及由于执行元件进、回油腔面积不等所引起的流量之差，闭式回路需要设辅助补油泵，与之配套还设一溢流阀和一小油箱。

补油泵的流量一般为主泵流量的 10%~15%，压力通常为 0.3~1.0 MPa。

根据液压泵和液压马达(或液压缸)组合方式的不同，容积调速回路有三种形式，它们的组成和工作原理如下。

1. 变量泵和定量液压执行元件组成的容积调速回路

图 7-15(a)所示为变量泵和液压缸组成的开式容积调速回路，图 7-15(b)为变量泵和定量液压马达组成的闭式容积调速回路。这两种调速回路都是采用改变变量泵的输出流量来调速的。工作时，溢流阀关闭，作安全阀用。在图 7-15(b)的回路中，泵 1 是补油辅助泵。辅助泵供油压力由溢流阀 2 调定。在回路中，泵的输出流量全部进入液压马达(或液压缸)，若不考虑泄漏影响，则液压缸活塞的运动速度为：

$$v = \frac{q_{vp}}{A_c} = \frac{V_p n_p}{A_c} \tag{7-8}$$

液压马达的转速为：

$$n_M = \frac{q_{vp}}{V_M} = \frac{V_p n_p}{V_M} \tag{7-9}$$

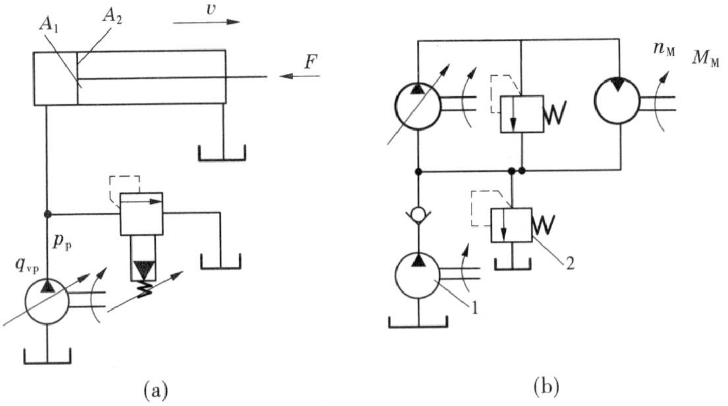

1—补油辅助泵；2—溢流阀

图 7-15　变量泵和定量液压执行元件的调速回路

式中　q_{vp}——变量泵的流量；

V_p、V_M——变量泵和液压马达的排量；

n_p、n_M——变量泵和液压马达的转速；

A_c——液压缸的有效工作面积。

2. 定量泵和变量液压马达组成的容积调速回路

定量泵和变量液压马达调速回路如图 7-16 所示。定量泵 1 的输出流量不变，调节变量液压马达 3 的排量，便可改变其转速。图中液压马达的旋转方向是由换向阀 2 来改变的。

3. 变量泵和变量马达组成的容积调速回路

图 7-17 所示为采用双向变量泵和双向变量马达的容积调速回路。变量泵 1 正向和反向供油，马达即正向或反向旋转。单向阀 6 和 9 用于使辅助泵 4 双向补油，单向阀 7 和 8 使安全阀 3 在两个方向都能起过载保护作用。这种调速回路是上述两种调速回路的组合，由于液压泵和液压马达的排量均可改变，故扩大了调速范围，并扩大了液压马达转矩

和功率输出的可选择性。

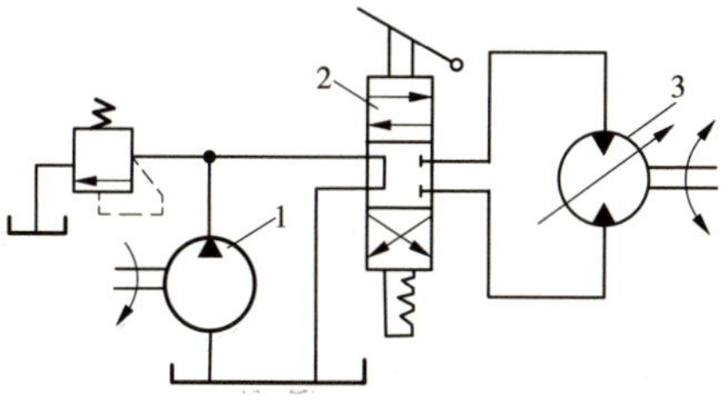

1—定量泵；2—换向阀；3—液压马达

图 7-16　定量泵和变量液压马达的调速回路

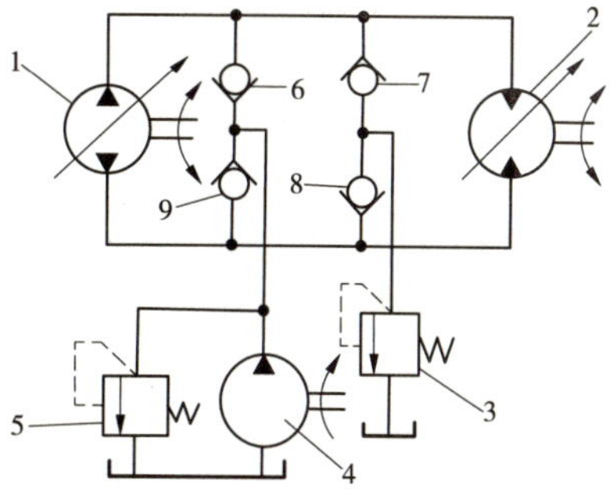

1、2—变量泵；
3、5—安全阀；4—辅助泵；
6、7、8、9—单向阀

图 7-17　变量泵和变量马达的调速回路

（三）容积节流调速回路

容积节流调速回路虽然具有效率高、发热小的优点，但随着负载增加，容积效率将下降，于是速度发生变化，尤其低速时稳定性更差，因此有些机床的进给系统为了减少发热并满足速度稳定性的要求，常采用容积节流调速回路。这种回路的特点是效率高、发热小、速度刚性比容积调速好。

图 7-18 所示为限压式变量泵和调速阀组成的容积节流调速回路。调速阀 3 装在进油路上（也可装在回油路上），调节调速阀 3 便可改变进入液压缸的流量，而限压式变量泵 1 的输出流量与通过调速阀 3 进入液压缸的流量相适应。例如，减小调速阀 3 的通流面积 A_T 到某一值，在关小调速阀节流开口瞬间，泵的输出流量还未来得及改变，出现了 $q_{vp} > q_{v1}$，导致泵的出口压力 p_p 增大，其反馈作用使变量泵的流量 q_{vp} 自动减小到与通过调速阀的流量 q_{v1} 相一致。反之，将调速阀 3 的通流面积增大到某一值，将出现 $q_{vp} < q_{v1}$，引起泵的出口压力降低，使其输出流量自动增大到 $q_{vp} = q_{v1}$。在回路中，溢流阀 2 作安全阀用，调节限压式变量泵的限压螺钉时，应保证调速阀工作的最小稳定压力值，一般 $\Delta p = p_p - p_{1max} = 0.5\ \text{MPa}$。此时不仅使活塞的运动速度不会随负载而变化，而且通过调速阀的功率损失为最小。

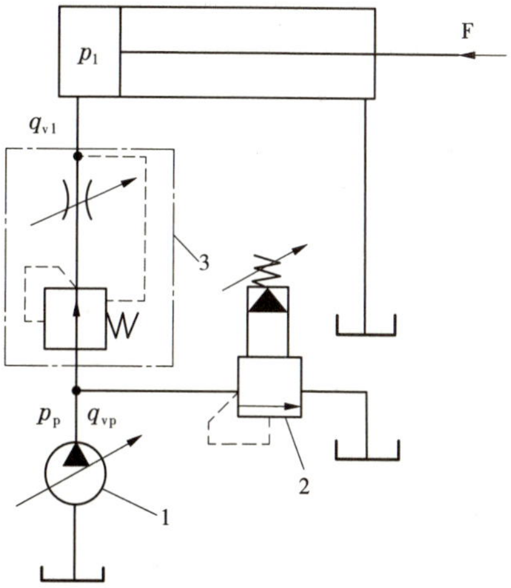

1—限压式变量泵；2—溢流阀；3—调速阀

图 7-18　限压式变量泵和调速阀组成的容积节流调速回路

二、快速运动回路

快速运动回路的功用在于使执行元件获得必要的高速,以提高系统的工作效率。

(一)双泵供油的快速运动回路

在图 7-19 所示的回路中,高压小流量泵 1 和低压大流量泵 2 组成的双联泵作动力源。液控顺序阀 3(卸荷阀)和溢流阀 5 分别调定双泵供油和小流量泵 1 供油时系统的最高工作压力。当系统中执行元件快速运动时,两个泵同时向系统供油。当工作进给时,系统压力升高,当卸荷阀 3 的外控油路压力达到或超过卸荷阀的调定压力时,大流量泵通过阀 3 卸荷,单向阀 4 自动关闭,只有小流量泵 1 向系统供油,液压缸慢速运动。卸荷阀的调定压力至少应比溢流阀的调定压力低 10%~20%,比快速运动所需的压力高 0.5~0.8 MPa。这种回路简单合理,回路效率较高,常用在执行元件快进和工进速度相差较大的场合。

(二)液压缸差动连接的快速运动回路

图 7-20 所示为液压缸差动连接的快速运动回路,当 2YA 通电而 1YA、3YA 断电时,液压缸差动连接做快速运动。当阀 3YA 通电时,差动连接被切断,液压缸回油经过调速阀实现工进。当 1YA、3YA 通电时,液压缸实现快退。差动回路结构简单,应用较多。

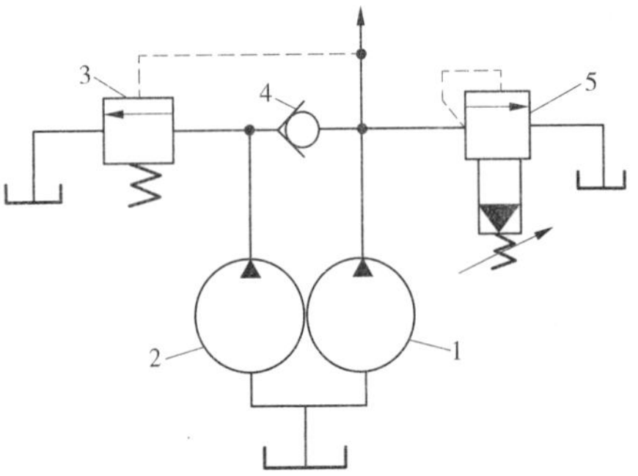

1—高压小流量泵;2—低压大流量泵;3—液控顺序阀(卸荷阀);
4—单向阀;5—溢流阀

图 7-19　双泵供油回路

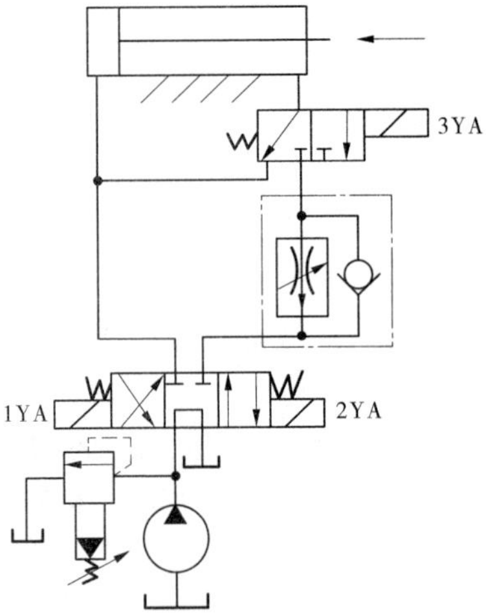

图 7-20　液压缸差动连接的快速运动回路

三、速度换接回路

速度换接回路的功用是使液压执行元件在一个工作循环中从一种运动速度变换到另一种运动速度。实现这种功能的回路应该具有较高的速度换接平稳性。

(一)快速与慢速的换接回路

图 7-21 所示为组合机床液压系统中常用的采用行程阀的快慢速换接回路。在图示

状态下，液压缸快进，当活塞所连接的挡块压下行程阀 1 时，行程阀关闭，液压缸右腔的油液必须通过节流阀 2 才能流回油箱，液压缸就由快进转换为慢速工进。当换向阀的左位接入回路时，压力油经单向阀 3 进入液压缸右腔，活塞快速向左返回。这种回路的快慢速换接比较平稳，换接点的位置比较准确；缺点是不能任意改变行程阀 1 的位置，管道连接较为复杂。若将行程阀 1 改换为电磁阀，如图 7-20 所示，则安装连接比较方便，但速度换接的平稳性和可靠性及换接精度都较差。

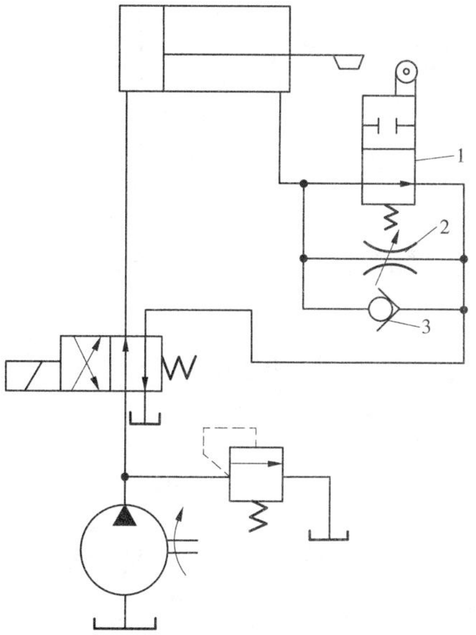

1—行程阀；2—节流阀；3—单向阀

图 7-21　采用行程阀的快慢速换接回路

(二) 两种慢速的换接回路

某些机床要求工作行程有两种进给速度，一般第一进给速度大于第二进给速度，为实现两种工进速度，常把两个调速阀串联或并联在油路中，用换向阀进行切换。图 7-22(a)为两个调速阀串联来实现两次进给速度的换接回路，它只能用于第二进给速度小于第一进给速度的场合，故调速阀 2 的开口小于调速阀 1 的开口，这种回路速度换接平稳性较好。图 7-22(b)为两个调速阀并联来实现两次进给速度的换接回路，这里两个进给速度可以分别调整，互不影响。但一个调速阀工作时另一个调速阀无油通过，其定差减压阀处于最大开口位置，因而在速度转换瞬间，通过该调速阀的流量过大会造成进给部件突然前冲。为了克服前冲现象，可用二位四通阀代替二位三通阀，如图 7-22(c)所示，但回路中有一定的能量损失。

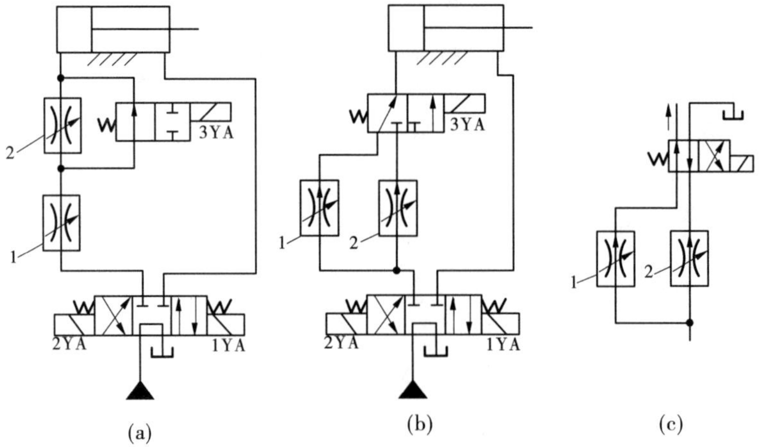

图 7-22　两种慢速的换接回路

任务四　数控车床液压系统

一、概述

装有程序控制系统的车床简称为数控车床。在数控车床上进行车削加工时,其自动化程度高,能获得较高的加工质量。目前,在数控车床上,大多都应用了液压传动技术。下面介绍 MJ-50 型数控车床的液压系统。

图 7-23 所示为该系统的原理图。机床中由液压系统实现的动作有:卡盘的夹紧与松

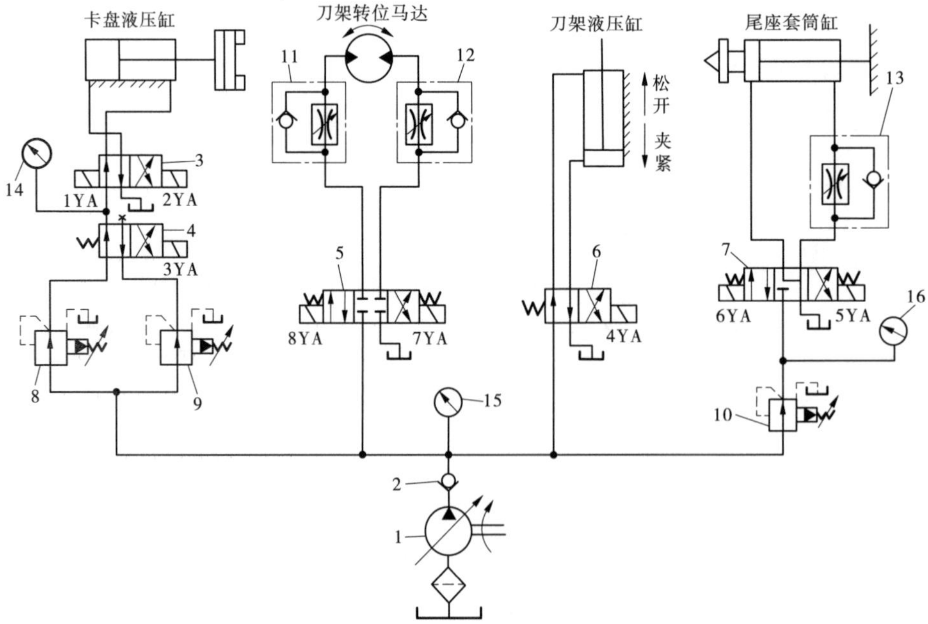

图 7-23　MJ-50 型数控车床的液压系统

开、刀架的夹紧与松开、刀架的正转与反转、尾座套筒的伸出与缩回。液压系统中各电磁阀的电磁铁动作是由数控系统的 PLC 控制实现的,各电磁铁动作如表 7-1 所示。

表 7-1　电磁铁动作

动作			电磁铁							
			1YA	2YA	3YA	4YA	5YA	6YA	7YA	8YA
卡盘正卡	高压	夹紧	+	-	-					
		松开	-	+	-					
	低压	夹紧	+	-	+					
		松开	-	+	+					
卡盘反卡	高压	夹紧	-	+	-					
		松开	+	-	-					
	低压	夹紧	-	+	+					
		松开	+	-	+					
刀架	正转								-	+
	反转								+	-
	松开					+				
	夹紧					-				
尾座	套筒伸出						-	+		
	套筒退回						+	-		

注:“+”表示电磁铁通电,“-”表示电磁铁断电。

二、液压系统的工作原理

机床的液压系统采用单向变量泵供油,系统压力调至 4 MPa,压力由压力计 15 显示。泵输出的压力油经过单向阀进入系统,其工作原理如下。

(一)卡盘的夹紧与松开

当卡盘处于正卡(或称外卡)且在高压夹紧状态下,夹紧力的大小由减压阀 8 来调整,夹紧压力由压力计 14 来显示。当 1YA 通电时,阀 3 左位工作,系统压力油经阀 8、阀 4、阀 3 到液压缸右腔,液压缸左腔的油液经阀 3 直接回油箱。这时,活塞杆左移,卡盘夹紧。反之,当 2YA 通电时,阀 3 右位工作,系统压力油经阀 8、阀 4、阀 3 到液压缸左腔,液压缸右腔的油液经阀 3 直接回油箱,活塞杆右移,卡盘松开。

当卡盘处于正卡且在低压夹紧状态下,夹紧力的大小由减压阀 9 来调整。这时,3YA 通电,阀 4 右位工作。夹紧的过程与高夹紧时相同。

卡盘反卡(或称内卡)时的工作情况与正卡相似,不再赘述。

(二)回转刀架的回转

回转刀架换刀的过程是“刀架松开→刀架转位→刀架复位→夹紧”,当 4YA 通电时,阀 6 右位工作,刀架松开。当 8YA 通电时,液压马达带动刀架正转,转速由单向调速阀 11 控制。若 7YA 通电,则液压马达带动刀架反转,转速由单向调速阀 12 控制。当 4YA 断电时,阀 6 左位工作,液压缸使刀架夹紧。

(三)尾座套筒的伸缩运动

当 6YA 通电时,阀 7 左位工作,系统压力油经减压阀 10、换向阀 7 到尾座套筒液压缸的左腔,液压缸右腔油液经单向调速阀 13、阀 7 回油箱,缸筒带动尾座套筒伸出,伸出时的预紧力大小通过压力计 16 显示。反之,当 5YA 通电时,阀 7 右位工作,系统压力油经减压阀 10、换向阀 7、单向调速阀 13 到液压缸右腔,液压缸左腔的油液经阀 7 流回油箱,套筒缩回。

三、液压系统的特点

(1)采用单向变量液压泵向系统供油,能量损失小。

(2)用换向阀控制卡盘夹紧,并且能实现高压和低压夹紧的转换,可根据工件情况调节夹紧力的大小,操作方便简单。

(3)用液压马达实现刀架的转位,可实现无级调速,并能控制刀架正、反转。

(4)用换向阀控制尾座套筒液压缸的换向,以实现套筒的伸出或缩回,并能调节尾座套筒伸出工作时的预紧力大小,以适应不同工件的需要。

(5)压力计 14、15、16 可分别显示系统相应处的压力,以便于故障诊断和调试。

习　题

7-1　在图 7-24 所示的回路中,若溢流阀 1、2 的调整压力分别为 4.0 MPa、3.0 MPa,泵出口主油路处的负载阻力为无限大。试问在不计管路损失和调压偏差时:

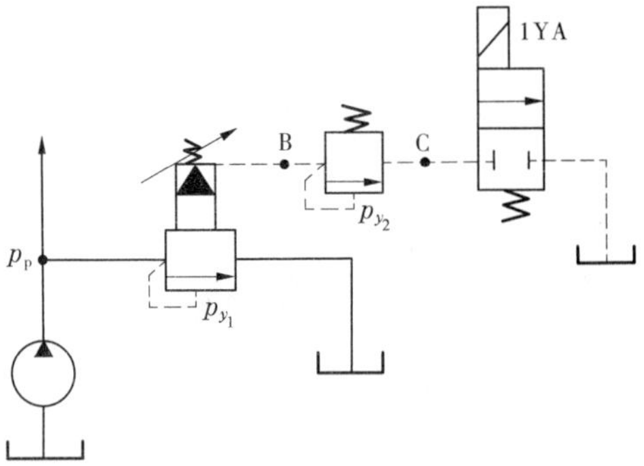

图 7-24　题 7-1 图

(1)当 1YA 通电时,泵的工作压力为多少? B 点和 C 点的压力各为多少?

(2)当 1YA 断电时,泵的工作压力为多少? B 点和 C 点的压力各为多少?

7-2　在图 7-6(a)所示的回路中,溢流阀 1 的调整压力为 4.0 MPa,减压阀的调整压力为 2.0 MPa。试分析回答下列问题(不计摩擦力和压力损失):

(1)夹紧缸4在夹紧工件前做空载运动时,A、B、C三点的压力各为多少?

(2)夹紧缸在夹紧工件后,主油路截止时,A、B、C三点压力各为多少?

(3)夹紧工件后,当工作缸快进时,主油路压力降到1.0 MPa,这时A、B、C三点的压力各为多少?

7-3　在图7-11(a)所示的平衡回路中,若液压缸无杆面积 $A_1=80\times10^{-4}\ m^2$,有杆腔面积 $A_2=40\times10^{-4}\ m^2$,活塞与运动部件的自重力 $G=6\ 000$ N,运动时摩擦阻力 $F=2\ 000$ N。试问顺序阀的最小调整压力为多少?

7-4　如图7-25所示的液压系统,两液压缸的无杆腔面积 $A=100\times10^{-4}\ m^2$,缸Ⅰ的负载 $F=3.5\times10^4$ N,缸Ⅱ运动时负载为零,不计摩擦力、惯性力和管路损失,溢流阀、顺序阀和减压阀的调整压力分别为4.0 MPa、3.0 MPa、2.0 MPa。求下列三种情况下A、B、C三点的压力:

(1)液压泵起动后,两换向阀处于中位。

(2)1YA通电,液压缸Ⅰ的活塞移动时及活塞运动到终点时。

(3)1YA断电,2YA通电,液压缸Ⅰ的活塞运动时及活塞杆碰到固定挡铁时。

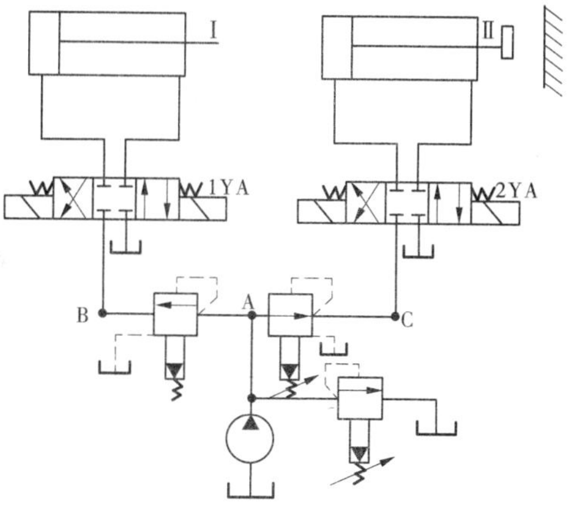

图7-25　题7-4图

7-5　在图7-18所示的回路中,若变量泵的拐点坐标为(2 MPa,10 L/min),且在 $p_p=2.8$ MPa时,$q_{vp}=0$,液压缸无杆面积 $A_1=50\times10^{-4}m^2$,有杆腔面积 $A_2=25\times10^{-4}\ m^2$,调速阀的最小工作压力差为0.5 MPa,试求在调速阀通过流量 $q_{v1}=5$ L/min且活塞运动速度稳定时,能推动的最大负载是多少?

7-6　在图7-18所示的回路中,液压缸无杆面积 $A=100\times10^{-4}\ m^2$,负载 F 在500~4 000 N范围内变化。为使负载变化时运动速度稳定,若将泵的工作压力调到泵的额定压力6.3 MPa,问是否适宜,为什么?

7-7　在节流调速回路中,如何使运动速度能不随负载而变化?采用减压阀和节流阀两个标准元件串联使用,能否使速度稳定?

7-8　如图7-26所示,已知两液压缸的活塞面积相同,液压缸无杆面积 $A_1=20\times10^{-4}\ m^2$,负载分别为 $F_1=8\ 000$ N、$F_2=400$ N。若溢流阀的调整压力为 $p_y=4.5$ MPa,试分析减压阀压力调整值分别为 1 MPa、3 MPa 时，两液压缸的动作情况。

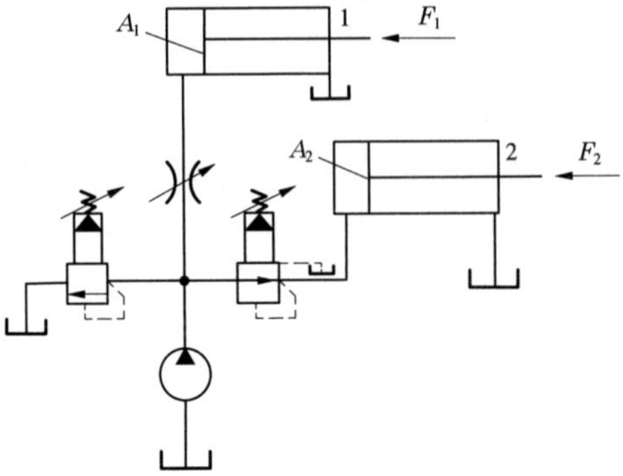

图 7-26　题 7-8 图

模块八　典型液压系统

任务一　YA32-200 型四柱万能液压机液压系统

一、概述

液压机可以用来完成各种锻压工艺过程及加压成型过程。例如，钢材的锻压，金属结构件的成型及塑料、橡胶的压制等。液压机可以任意改变加压的压力和各行程的速度，因而能很好地满足各种压力加工工艺的要求。液压机的类型很多，其中四柱式最为典型，应用最广泛。这种液压机在其四个立柱之间安置着上、下两个液压缸。本任务以 YA32-200 型四柱万能液压机为例，该液压机主缸的最大压力为 2 000 kN。图 8-1 所示为液压机的典型工作循环。液压机要求液压系统完成的主要动作是：

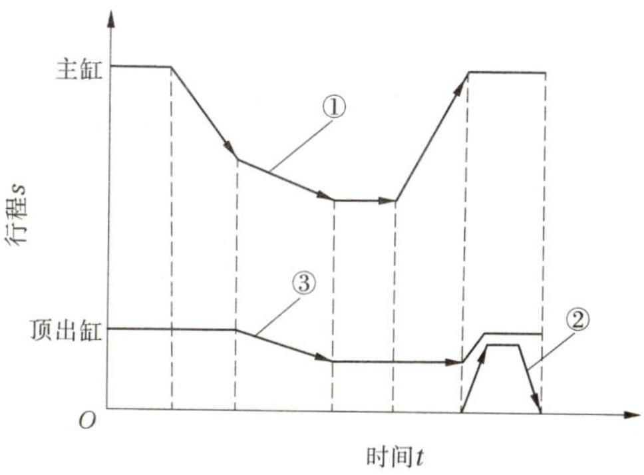

图 8-1　液压机的工作循环图

（1）主缸（上液压缸）驱动上滑块实现“快速下行→慢速加压→保压→泄压→快速回程→原位停止”的工作循环（图中的曲线①）。

（2）顶出缸活塞的顶出、退回（图中的曲线②）。

（3）在做薄板拉伸时，有时还需要利用顶出缸将坯料压紧，实现浮动压边（图中的曲线③）。

二、YA32-200 型四柱万能液压机液压系统的工作原理及特点

图 8-2 所示为液压系统原理图。泵 1 是一个高压、大流量恒功率（压力补偿）变量泵，最高工作压力为 32 MPa，由远程调压阀 5 调定，阀 4 用以防止系统过载。泵 2 是一个低压、小流量定量泵，主要用以供给控制系统油液，其压力由溢流阀 3 调整。

（一）液压机液压系统工作原理

该液压机完成动作的电磁铁动作顺序见表 8-1。

1. 主缸运动

（1）快速下行。按下起动按钮，电磁铁 1YA、5YA 通电。低压控制油使电液阀 6 切换至右位，同时经阀 8 将液控单向阀 9 打开。泵 1 输出的油液经阀 6 右位、单向阀 13 向主缸 16 上腔供油，主缸下腔的油液经液控单向阀 9、阀 6 右位、阀 21 中位回油。因此，主缸

滑块在自重作用下快速下降，但泵 1 的全部流量还不足以补充主缸上腔空出的容积，在上腔形成局部真空，充液箱 15 的油液经液控单向阀 14(充液阀)进入主缸上腔。

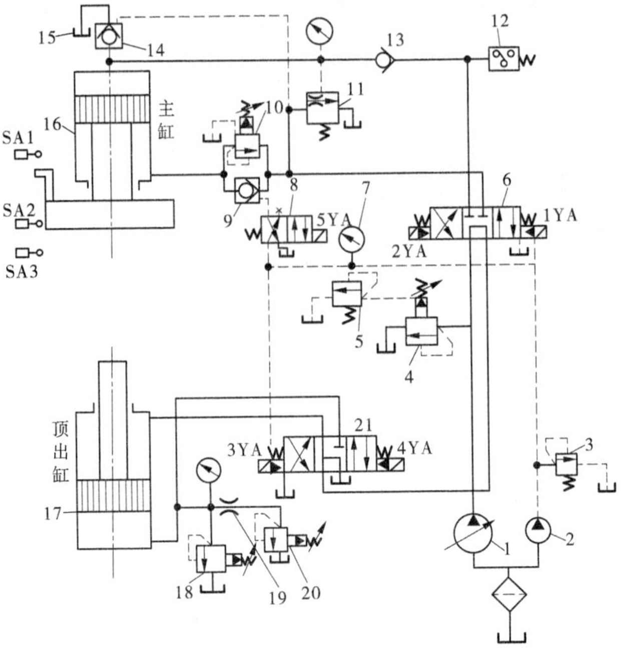

图 8-2　YA32-200 型四柱万能液压机液压系统原理

表 8-1　电磁铁动作顺序

动作名称		信号来源	电磁铁				
主缸	快速下行	按钮	1YA	2YA	3YA	4YA	5YA
	慢速加压	SA2	+	−	−	−	+
	保压	压力继电器	+	−	−	−	−
	泄压回程	时间继电器(按钮)	−	−	−	−	−
	停止	SA1	−	+	−	−	−
顶出缸	顶出	按钮	−	−	+	−	−
	退回	按钮	−	−	−	+	−
	停止	按钮	−	−	−	−	−
	压边	按钮	+	−	+/−	−	−

(2)慢速接近工件并加压。当主缸滑块上的挡铁压下行程开关 SA2 时，电磁铁 5YA 断电，阀 8 处于常态位置，阀 9 关闭。主缸回油经平衡阀 10、阀 6 右位、阀 21 中位至油箱。由于回油路上有背压力，滑块单靠自重不能下降，这时主缸上腔压力升高，充液阀 14 关闭，压力油推动活塞使滑块慢速接近工件。当主缸活塞的滑块抵住工件后，阻力急剧上升，上腔油液压力进一步提高，变量泵 1 的输出流量减小，主缸活塞的速度变得更慢，此时滑块对工件加压。

(3)保压。当主缸上腔的油液压力达到压力继电器 12 的调整值时，压力继电器发出信号使电磁铁1YA断电，阀6回到中位，将主缸上、下油腔封闭。此时，泵1的流量经阀6、阀21的中位卸荷。由于单向阀13的作用，使主缸上腔保持高压。保压时间可由压力继电器12控制的时间继电器调整。

(4)泄压并快速回程。保压结束时，压力继电器12控制的时间继电器发出信号，使电磁铁2YA通电(当定程压制成型时，则由行程开关SA3发出信号)，主缸处于回程状态。但由于液压机压力高，而主缸的直径大、行程长，缸内液体在加压过程中受到压缩而储存的能量相当大。为了防止上腔与回油路瞬间接通而产生液压冲击现象，造成机械设备和管路的剧烈振动，发出巨大的噪声，保压后回程时采用了先泄压再回程的措施。

当换向阀6切换至左位时，主缸上腔还未泄压，压力很高，卸荷阀11(带阻尼孔)呈开启状态，由泵1输出的压力油经阀6后由阀11中的阻尼孔回油，这时泵1在低压下运转，此压力不足以使主缸活塞回程，但能够打开液控单向阀14的卸荷阀芯，使主缸上腔的高压油经卸荷阀芯的开口而泄回充液油箱15，使上腔压力降低，这就是泄压。当主缸上腔压力降低到卸荷阀11关闭时，主泵1输出的油液压力进一步升高并推开液控单向阀9的主阀芯，此时压力油经液控单向阀9至主缸16的下腔，使活塞快速回程。充液箱15中的油液达到一定高度时，由溢流管溢回主油箱。

(5)停止。当主缸滑块上的挡铁压下行程开关SA1时，电磁铁2YA断电，主缸被中位为M型机能的换向阀6锁紧，主缸活塞停止运动，回程结束。此时，泵1的油液经阀6、阀21的中位回油箱而处于卸荷状态。在使用过程中，主缸可停留在任意位置。

2. 顶出缸运动

顶出缸17是在主缸停止运动时才能动作。由于系统压力油经过电液换向阀6后才进入控制顶出缸运动的电液换向阀21，也即电液换向阀6处于中位时，才能使泵的压力油通向顶出缸，在电器配合下实现主缸和顶出缸的协调运动。

(1)顶出。按下起动按钮，3YA通电，换向阀21左位接入系统，泵1输出的压力油经阀6中位、阀21左位进入顶出缸下腔，上腔的油液经阀21回油，活塞上升。

(2)退回。按下退回按钮，3YA断电，4YA通电，换向阀21右位接入系统，上腔进油，下腔回油，顶出缸活塞下降。

(3)停止。按下停止按钮，电磁阀21的电磁铁3YA、4YA断电，顶出缸停止运动。

(4)浮动压边。在进行薄板拉伸压边时，要求顶出缸下腔既保持一定压力，又能跟随主缸滑块的下压而下降。这时应先使3YA通电，使顶出缸停止在顶出位置上，然后断电，顶出缸下腔的油液被阀21封住。主缸滑块下压时，顶出缸活塞被迫随之下行，顶出缸下腔回油经节流阀19和背压阀20流回油箱，从而建立起所需的压边力。图8-2中的溢流阀18是当节流器19阻塞时起安全保护作用的。

(二)液压机液压系统的特点

(1)系统采用高压、大流量的恒功率变量泵供油，既符合工艺要求，又节约能量，这是液压机液压系统的一个特点。系统的工作压力由远程调压阀5来调节。

(2)该液压机利用滑块自重的作用实现快速下行，以缩短辅助时间；采用充液阀对主缸充液，使系统结构简单，液压元件少并能节省能量，这在中、小型液压机中是一种常用的方案。

(3)本液压机采用密封性能好的单向阀 13,使保压过程可靠。为了减少由保压转换为快速回程时的液压冲击,采用了由卸荷阀 11 和液控单向阀 9 组成的泄压回路。

(4)顶出缸与主缸运动互锁。系统在电磁铁动作配合下,只有在电液换向阀 6 处于中位,即主缸不运动时,压力油才能进入阀 21,使顶出缸运动。同样,主缸的回油要经过电液换向阀 21 才能回油箱,从而保证了顶出缸停止运动时,主缸才能运动,以确保安全。

任务二　数控加工中心液压传动系统

一、概述

数控加工中心是由计算机数字控制(CNC),可在一次装夹中完成钻、扩、铰、镗、铣、锪、攻螺纹、螺纹加工、测量等多道工序加工,集机、电、液、气、计算机于一体的高效自动化机床。机床各部分的动作均由计算机的指令控制,具有加工精度高、尺寸稳定性好、生产周期短、自动化程度高等优点,特别适合于加工形状复杂、精度要求高的多品种成批、中小批量及单件生产。目前,在加工中心中大多采用了液压传动技术,主要完成机床的各种辅助动作,下面介绍卧式镗铣加工中心的液压系统。

二、数控加工中心液压系统工作原理

图 8-3 所示为某卧式镗铣加工中心液压系统原理图,各部分组成及工作原理如下。

(一)液压源

该系统采用变量叶片泵和蓄能器联合供油的方式,液压泵 2 为限压式变量叶片泵,由电动机 1 带动,溢流阀 4 作安全阀用,手动换向阀 5 用于卸荷,单向节流阀 3 控制向蓄能器充液的速度,过滤器 6 用于回油过滤,当回油压力超过 0.3 MPa 时系统报警,此时应更换过滤器的滤芯。

(二)液压平衡装置

由溢流减压阀 7、溢流阀 8、手动换向阀 9、平衡缸 10 组成平衡装置,蓄能器 11 用于吸收液压冲击。平衡缸 10 为支撑加工中心立柱丝杠的液压缸,为减小丝杠与螺母间的摩擦,并保持摩擦力均衡,保证主轴精度,用溢流减压阀 7 维持平衡缸 10 下腔的压力,使丝杠在正、反向工作状态下处于稳定状态。当平衡缸 10 上行时,液压源和蓄能器向平衡缸下腔充油,当平衡缸 10 在滚珠丝杠带动而下行时,缸下腔的油又挤回蓄能器或经过溢流减压阀 7 回油箱,因而起到平衡作用。调节溢流减压阀 7 可使平衡缸 10 处于最佳工作状态,这可用测量 Y 轴伺服电动机的电流来判断。手动换向阀 9 用于卸载。

(三)主轴变速回路

主轴变速箱的换挡变速由液压缸 40 完成。在图示位置时,液压油直接经电磁阀 13 的右位、电磁阀 14 的右位进入缸 40 的左腔,从而完成由低速向高速的换挡。当电磁阀 13 切换至左位时,液压油经减压阀 12 及电磁阀 13、14 进入缸 40 的右腔,完成由高速向低速的换挡。换挡时缸 40 的速度由双单向节流阀 15 来调整。减压阀 12 的出口压力由测压接头 16 来测量。

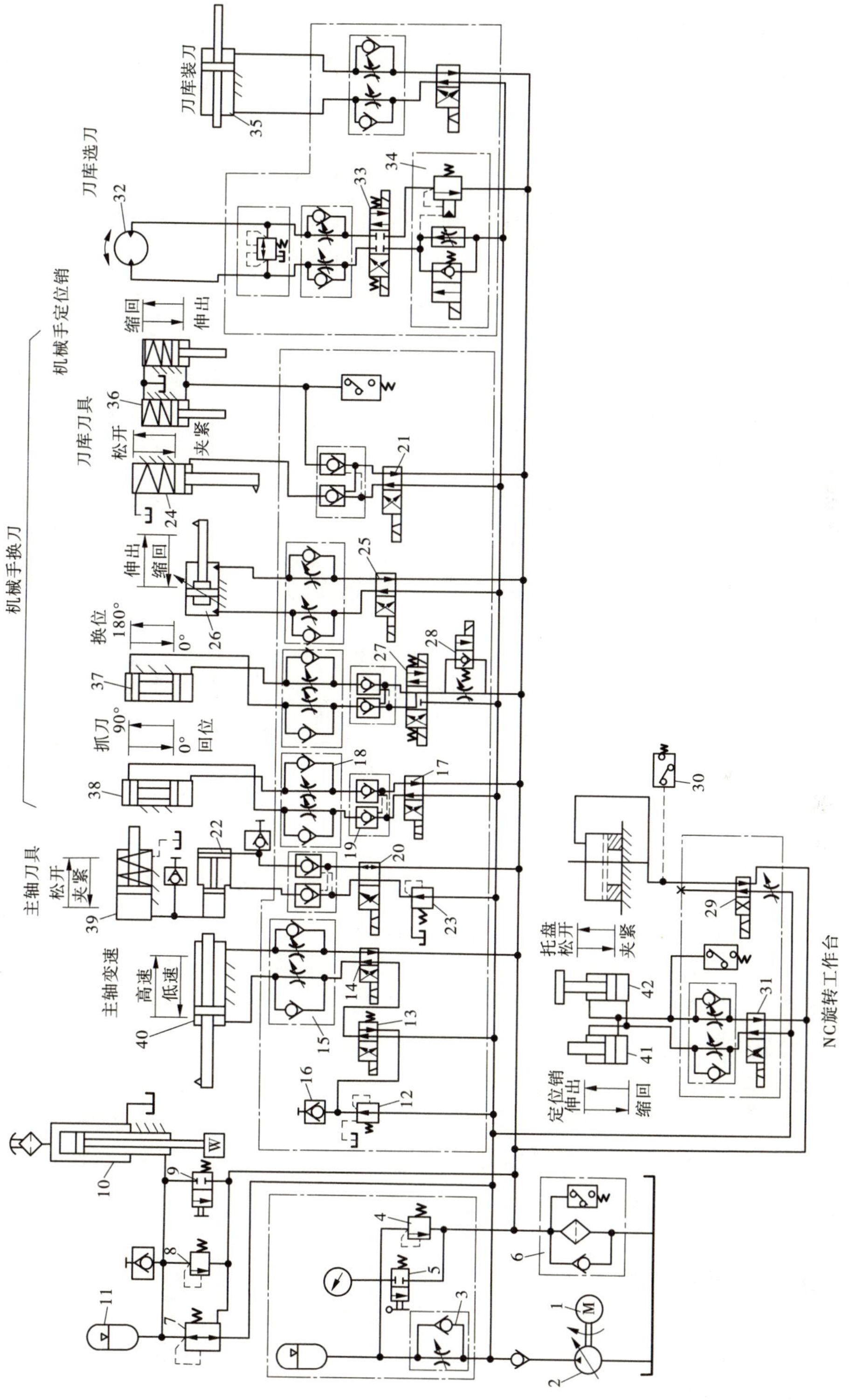

图 8-3　某卧式镗铣加工中心液压系统原理图

（四）换刀回路及动作

加工中心在加工零件的过程中，前道工序完成后就需换刀，此时机床的 Y 轴、Z 轴退至换刀点，主轴处在准停状态，所需的刀具已处在刀库的预定位置。换刀的动作由机械手完成，换刀的过程是：机械手抓刀→刀具松开和定位→拔刀→换刀→插刀→刀具夹紧和松销→机械手复位。

（1）机械手抓刀。当系统收到换刀信号时，电磁阀 17 切换至左位，液压油进入齿条液压缸 38 下腔，推动活塞上移，使机械手同时抓住主轴锥孔中的刀具和刀库上预选的刀具。双单向节流阀 18 控制抓刀和回位的速度，双液控单向阀 19 保证系统失压时机械手位置不变。

（2）刀具松开和定位。抓刀动作完成后，发出信号使电磁阀 20 切换至左位，电磁阀 21 处于右位。从而使增压器 22 的高压油进入液压缸 39 左腔，活塞杆将主轴锥孔中的刀具松开；同时，液压缸 24 的活塞杆上移，松开刀库中预选的刀具；此时，液压缸 36 的活塞杆在弹簧力作用下将机械手上两个定位销伸出，卡住机械手上的刀具。松开主轴锥孔中刀具的压力可由减压阀 23 调节。

（3）机械手拔刀。主轴、刀库上的刀具松开后，无触点开关发出信号，电磁阀 25 处于右位，由缸 26 带动机械手伸出，使刀具从主轴锥孔和刀库链节中拔出。缸 26 带有缓冲装置，以防止行程终点发生撞击和噪声。

（4）机械手换刀。机械手伸出后发出信号，使电磁阀 27 换向至左位。齿条缸 37 的活塞向上移动，使机械手旋转 180°。转位速度由双单向节流阀调节，并可根据刀具的重量，由电磁阀 28 确定两种换刀速度。

（5）机械手插刀。机械手旋转 180°后发出信号，使电磁阀 25 换向，缸 26 使机械手缩回，刀具分别插入主轴锥孔和刀库链节中。

（6）刀具夹紧和松销。机械手插刀后，电磁阀 20、21 换向。缸 39 使主轴中的刀具夹紧，缸 24 使刀库链节中的刀具夹紧。缸 36 使机械手上的定位销缩回，以便机械手复位。

（7）机械手复位。刀具夹紧后发出信号，电磁阀 17 换向，缸 38 使机械手旋转 90°，回到起始位置。

至此，整个换刀动作结束，主轴启动进入工件加工状态。

（五）NC 旋转工作台回路

（1）NC 工作台夹紧。NC 旋转工作台可使工件在加工过程中连续旋转，当进入固定位置加工时，电磁阀 29 切换至左位，使工作台夹紧，并由压力继电器 30 发出信号。

（2）托盘交换。一交换工件时，电磁阀 31 处于右位，缸 41 使定位销缩回，同时缸 42 松开托盘，由交换工作台交换工件，交换结束后电磁阀 31 换向，定位销伸出，托盘夹紧，即可进入加工状态。

（六）刀库选刀、装刀回路

在工件加工过程中，刀库需把下道工序所需的刀具预选列位。首先判断所需的刀具在刀库中的位置，确定液压马达 32 的旋转方向，使电磁阀 33 换向，控制单元 34 控制马达启动、中间状态、到位、旋转速度，刀具到位后由旋转编码器组成的闭环系统发出信号。双向溢流阀起安全作用。

液压缸 35 用于刀库装卸刀具。

三、数控加工中心液压系统的特点

(1) 在加工中心中,液压系统所承担的动作需要的力较小,主要负载是运动部件的摩擦力和起动时的惯性力,因此一般采用压力在 10 MPa 以下的中低压系统,流量一般在 30 L/min 以下。

(2) 加工中心在自动循环过程中,各个阶段流量需求的变化很大,并要求压力基本恒定。采用限压式变量泵与蓄能器组成的液压源,可减小能量损失和系统发热,提高机床加工精度。

(3) 加工中心主轴刀具需要的夹紧力较大,而液压系统其他部分需要的压力较低,且受主轴结构的限制,不宜选用缸径较大的液压缸。采用增压器可以满足主轴刀具对夹紧力的要求,而且可以达到节约设备费用的目的。

(4) 在齿轮变速箱中,采用液压缸驱动滑移齿轮来实现两级变速,可以扩大伺服电动机驱动的主轴的调速范围。

(5) 加工中心的主轴、垂直滑板、变速箱、主电动机等联成一体,由伺服电动机通过 Y 轴滚珠丝杠带动其上下移动。采用平衡阀—平衡缸的平衡回路,可以保证加工精度,减小滚珠丝杠的轴向受力,结构简单、体积小、质量轻。

(6) 加工中心液压系统外观整齐,油路管道排列有序,在部分管路中设置压力表、测压接头,易于调整维修。

习 题

8-1 图 8-4 所示压力机液压系统能实现“快进→慢进→保压→快退→停止”的工作循环,读懂此液压系统图,并写出:

(1) 各工况的油液流动情况。

(2) 说明各元件的名称和功用。

(3) 若系统不能实现快进,试分析其原因。

8-2 图 8-5 所示为实现“快进→工进 1→工进 2→快退→停止”动作的回路,工进 1 的速度比工进 2 的速度快。

(1) 试比较阀 A 和阀 B 的开口量大小。

(2) 说明各元件的名称和功用。

(3) 试列出电磁铁动作顺序表。

8-3 图 8-6 所示为某一组合机床液压传动系统原理图。试根据其动作循环图填写液压系统的电磁铁动作表,说明此系统由哪些基本回路组成。

8-4 图 8-7 所示为某工件加工自动线上的转位机械手的液压系统图。机械手的动作顺序为:手臂在上方原始位置→手臂下降→手指夹紧工件→手臂上升→手臂回转 90°→手臂下降→手指松开→手臂上升→手臂回转 90°→停在上方。试阅读此系统图,填写电磁铁动作顺序表并分析该系统的特点。

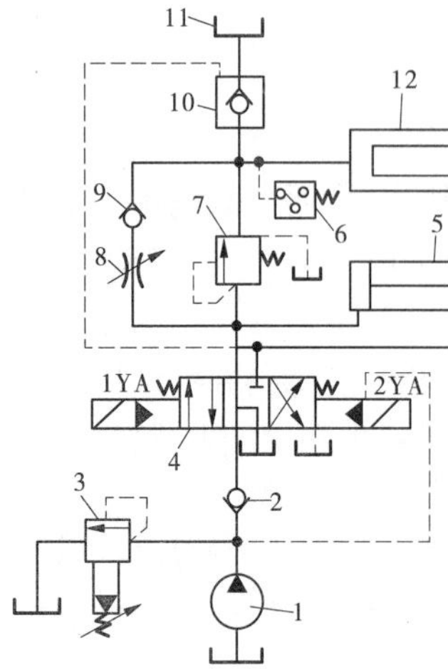

图 8-4 题 8-1 图

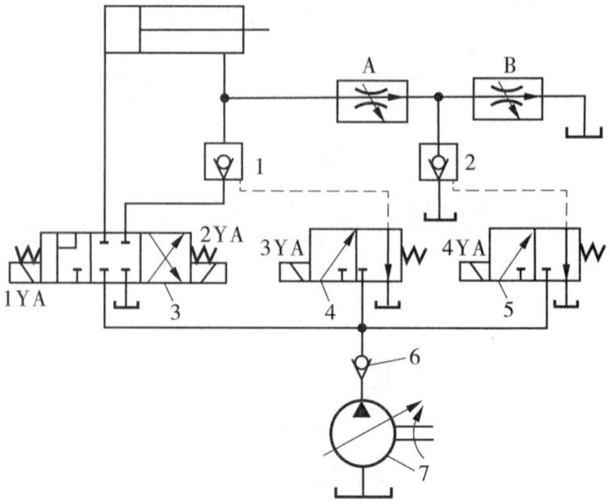

图 8-5 题 8-2 图

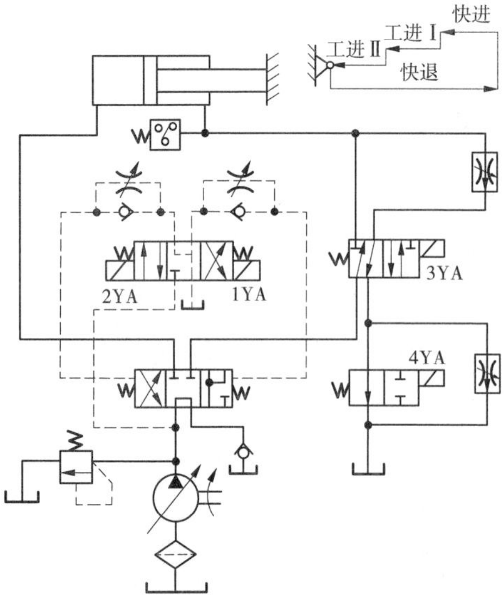

图 8-6 题 8-3 图

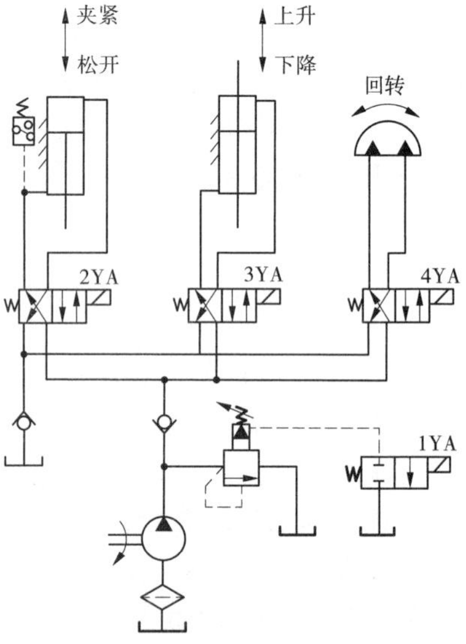

图 8-7 题 8-4 图

8-5　如图 7-22 所示的回路,在应用中发现由换向阀对流量阀 1 和 2 进行转换时,液压缸产生冲击,使其速度有变化。经检查,确认回路中无残留气体,各元件工作正常、性能良好,试分析故障原因并提出消除故障的办法。

模块九　气压传动

气压传动是以压缩空气为工作介质来传递动力或控制信号的一种传动方式。由于气压传动和液压传动一样,都是以流体作为工作介质来进行能量的传动和控制,因此在工作原理、系统组成及图形符号等方面存在着不少相似之处。另外,随着微电子技术的迅速发展和完善,气压传动技术与电气和液压技术一样,是实现自动控制不可缺少的一种方法,气压传动及控制技术(简称气动技术)在国内外工业生产中也得到了日益广泛的应用。

任务一　气压传动工作原理

一、气压传动的工作原理

现以气动剪切机为例,来了解气压传动的工作原理,图 9-1 所示为剪切机气压系统工作原理示意图。由空气压缩机 1 产生的压缩气体经过初次净化处理后储存在气罐 4 中,再经空气干燥器 5、空气过滤器 6、减压阀 7 和油雾器 8 最后送到气控换向阀 11,供执行机构工作。图示位置为工件被剪切前的情况,当工件 B 由上料装置(图中未画出)送入剪切机并将阀 9 的顶杆向右压,到达规定位置时,使阀 9 的内通路打开,气控换向阀 11 的 A 腔与大气相通,气压下降,阀芯受弹簧力作用下移,直至下移到平衡位置,即气缸 12 上腔与阀 11 的上腔通气口相通,气缸下腔与阀 11 中间压力气口相通,此时气缸 12 下腔进气,上腔出气,压力作用于活塞下端,推动活塞、连杆及活动剪切刀上移,直到剪断工件。工件剪断后,阀 9 受弹簧作用复位到图示状态,则压缩气体经节流阀 10 进入阀 11 的 A 腔,A 腔压力升高,使阀 11 的阀芯上移恢复到图示位置,此时气缸 12 上腔进气、下腔出气,推动活塞、连杆及活动切刀下移,为下一次剪切做准备。

由此可见,剪切机构克服阻力切断工件的机械能是由压缩空气的压力能转换后得到的,同时,换向阀 11 控制压缩气体的通路不断改变,使气缸活塞带动剪切机构频繁地实现剪切与复位的循环。图 9-1(b)为该系统的图形符号图,由图可见气动图形符号的表示有很明显的相似性。

二、气压传动系统的组成

由上例可见,气压传动系统一般由四个部分组成:

(1)气源部分。其主要设备是空气压缩机。它的功用是将原动机输出的机械能转变为气体的压力能,为各类气动设备提供动力(压缩空气)。

(2)执行元件。如气缸或气马达,它的功用是将空气的压力能转换成直线运动或回转运动等形式的机械能,带动负载完成规定的动作。

(3)控制元件。各种阀类,如压力阀、流量阀、方向阀、逻辑元件等。该部分是控制和

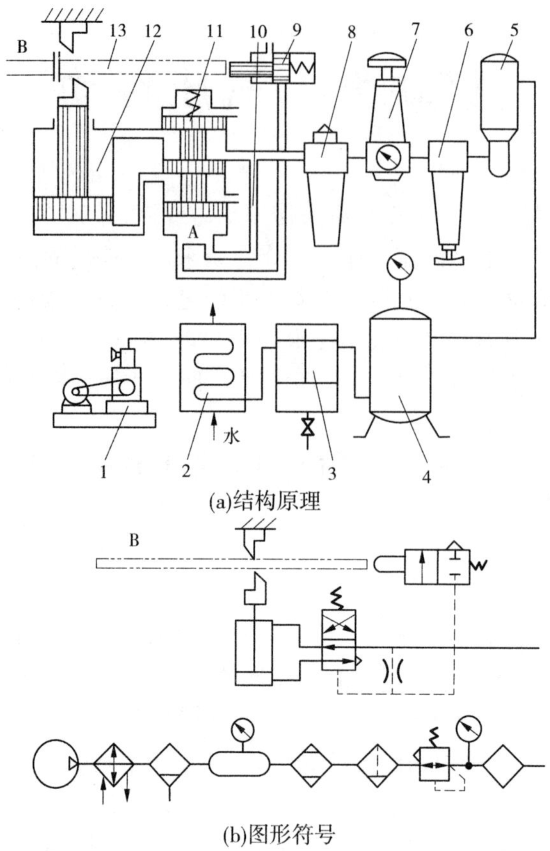

1—空气压缩机；2—冷却器；3—分水排水器；4—气罐；5—空气干燥器；6—空气过滤器；7—减压阀；8—油雾器；9—机动阀；10—节流阀；11—气控换向阀；12—气缸；13—工件

图 9-1　剪切机气压系统工作原理示意图

调节压缩空气的压力、流量和流动方向的元件。通过控制元件可控制执行元件按要求的程序和性能正确地工作。

(4)辅助元件。如过滤器、干燥器、油雾器、消声器及管件等，这些元件可使压缩空气净化、润滑、消声及用于元件间连接等。它们是为保证气压传动正常工作的一类元件。

三、气压传动的特点

(一)优点

(1)使用空气作为工作介质，不仅易于取得，而且用后可直接排入大气，不需回气管路，不但价廉，而且不污染环境。

(2)动作迅速、反应快。

(3)空气黏度很小，在管路中流动时压力损失小，适于集中供气和远距离输送。

(4)宜在各种环境中工作，特别是在易燃、易爆、多尘埃、强磁、强振、潮湿、辐射等恶劣环境中工作，并且允许工作温度范围宽，可在 0～200 ℃，甚至在更高温度下工作。

(5)气动元件结构简单，维护方便，安装自由度大且可靠性高，使用寿命长。

（二）缺点

（1）空气具有可压缩性，当载荷变化时，气动系统的动作稳定性差。

（2）工作压力较低（一般为 0.4~0.8 MPa），气动系统不易获得较大的输出力和力矩。

（3）噪声较大，尤其在超音速排气时需加消声器。

任务二　气源装置

一、空气压缩机

（一）空气压缩机的分类

空气压缩机分类方法很多，按工作原理一般分为容积式压缩机和速度式压缩机两大类，其中容积式空气压缩机具有结构简单、使用方便等特点，在实际中广泛使用。

- 容积式压缩机
  - 往复式
    - 膜片式
    - 活塞式
      - 单缸式
      - 双缸式
      - 多缸式
    - 滑片式
  - 回转式
    - 螺杆式
    - 转子式

（二）活塞式空气压缩机的工作原理

活塞式空气压缩机的应用最为普遍，有卧式和立式两种结构。图 9-2 所示为立式活塞式空气压缩机的工作原理图和符号。

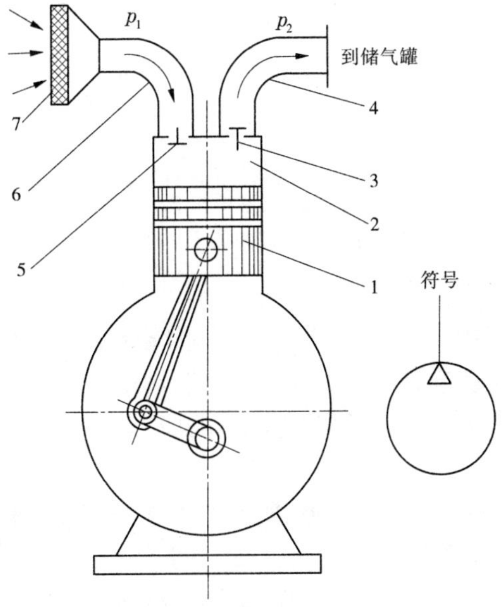

1—活塞；2—气缸；3—排气阀；4—排气管；5—进气阀；6—进气管；7—空气过滤器

图 9-2　立式活塞式空气压缩机的工作原理及符号

活塞式空气压缩机的工作过程分三步。第一步是吸气过程,即活塞在曲柄连杆机构带动向下运动到储气罐时,气缸 2 内形成局部真空,排气阀 3 关闭,进气阀 5 打开,空气在大气压作用下进入气缸 2。第二步是压缩过程,当活塞运动到最下端再向上运动时,由于气缸 2 内的气压大于大气压,又小于排气管 4 中的气压,使进气阀 5、排气阀 3 都关闭,气缸内空气被压缩,气压上升。第三步是排气过程,当气缸内压缩空气的压力高于排气管 4 内的压力时,排气阀 3 打开,压缩空气进入排气管 4 内,此时进气阀 5 是关闭的。这样当原动机连续运转时,活塞式空气压缩机就会重复以上三个工作过程,因此产生源源不断的压缩空气向外输出。

二、气动辅助元件

(一)冷却器

冷却器安装在空气压缩机的后面,作用是将空气压缩机排出的压缩空气的温度从 140~170 ℃降到 40~50 ℃,使压缩空气中含有的水汽和油汽冷凝成水滴和油滴,便于经油水分离器除去。常用的冷却器有列管式、套管式、蛇形式和散热片式等几种,如图 9-3 所示。

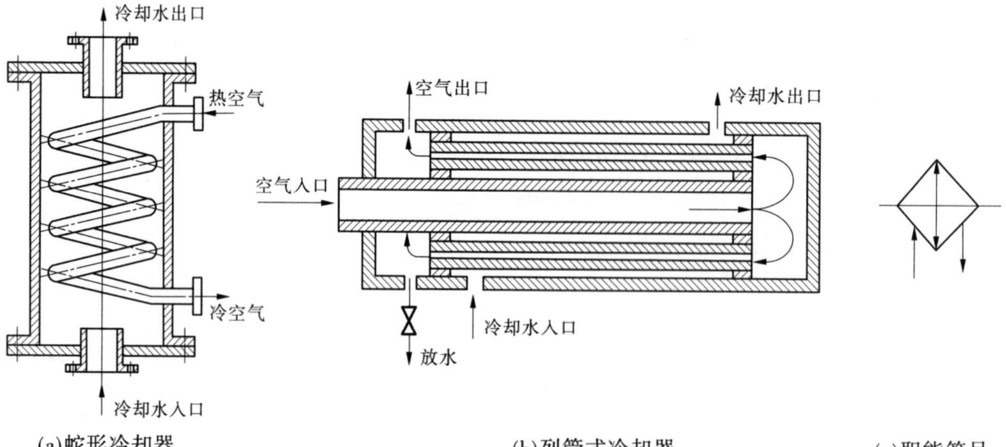

(a)蛇形冷却器　(b)列管式冷却器　(c)职能符号

图 9-3　冷却器及符号

(二)过滤器

过滤器的作用是滤去压缩空气中的杂质,给系统提供清洁的压缩气体。常用的过滤器有一次过滤器(也称简易过滤器)和二次过滤器,图 9-4 所示为离心旋转式油水分滤器的结构原理图(一般作二次过滤器用)和过滤器的职能符号图。

(三)储气罐

储气罐的功用:一是储存一定量的压缩空气,解决空气压缩机的输气量和用户耗气量之间的不平衡问题;二是消除压力波动;三是进一步分离压缩空气中的水、油等杂质。储气罐有立式和卧式两种形式,一般采用圆筒状焊接结构,立式储气罐用的较多,图 9-5 所示为立式储气罐的结构及职能符号。

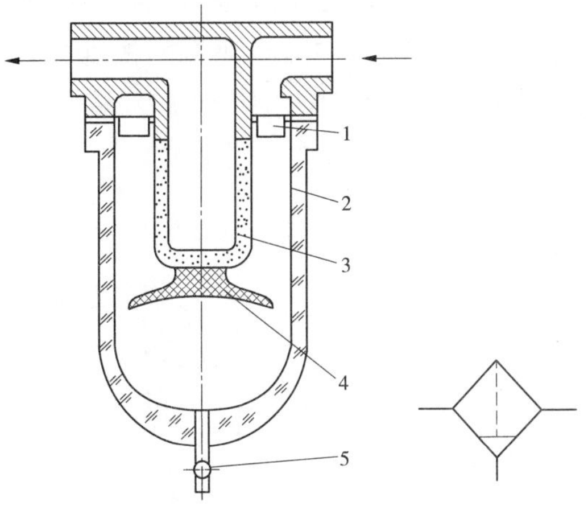

(a)结构原理　　(b)职能符号图

1—旋风叶子；2—存水杯；3—滤芯；4—挡水板；5—排水管

图 9-4　离心旋转式油水分滤器及图形符号

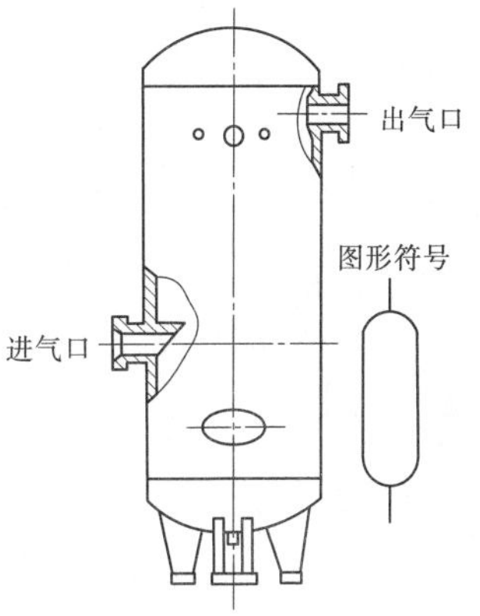

图 9-5　立式储气罐的结构及图形符号

（四）油雾器

气动系统中的各种气阀、气缸、气马达等，其可动部分都需要润滑，但以压缩空气为动力的气动元件都是密封气室，不能用一般方法注油，只能以某种方法将油混入气流中，带到需要润滑的地方。油雾器就是这样一种特殊的注油装置，它使润滑油雾化后注入空气流中，随空气进入需要润滑的部件。用这种方法加油，具有润滑均匀、稳定、耗油量少和不需要大的储油设备等特点。

图 9-6 所示为油雾器的结构原理图。压缩空气从气流入口 1 进入，大部分气体从主

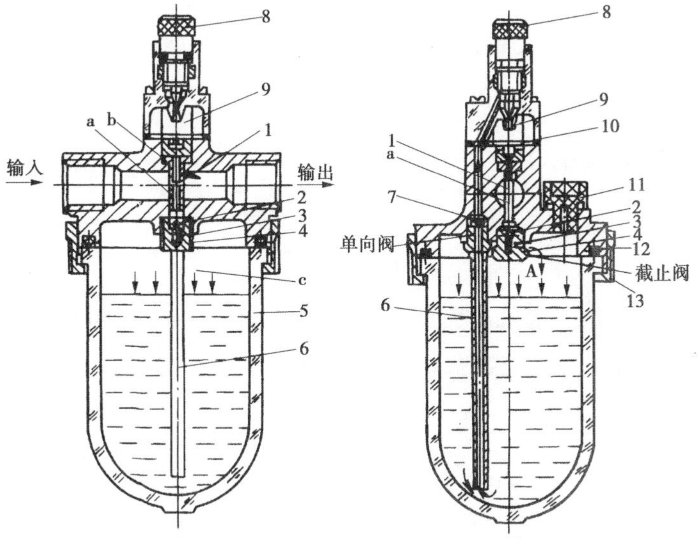

(a)　　(b)

1—气流入口；2、3—小孔；4—出口；5—贮油杯；6—单向阀；7—节流阀；8—视油帽；9—旋塞；

10—截止阀；11—吸油管；12—密封圈；13—螺母

图 9-6　油雾器

气道流出，一小部分气体由小孔 2 通过截止阀 10 进入贮油杯 5 的上腔 A，使杯中油面受压，迫使贮油杯中的油液经吸油管 11、单向阀 6 和可调节流阀 7 滴入透明的视油帽 8 内，然后滴入喷嘴小孔 3，被主管道通过的气流引射出来，雾化后随气流由出口 4 输出，送入气动系统。透明的视油帽 8 可供观察滴油情况，上部的节流阀 7 可用来调节滴油量。这种油雾器可以在不停气的情况下加油。

油雾器一般应安装在分水滤气器、减压阀之后，尽量靠近换向阀，应避免把油雾器安装在换向阀与气缸之间，以免造成浪费。

（五）消声器

气动回路与液压回路不同，它没有回气管道，压缩空气使用后直接排入大气，因排气速度较高，会产生强烈的排气噪声。为降低噪声，一般在换向阀的排气口安装消声器。常用的消声器有吸收型、膨胀干涉型和组合型。图 9-7 所示为吸收型消声器，这种消声器主要依靠吸声材料消声。消声套是由多孔的吸声材料用聚苯乙烯颗粒或铜珠烧结而成的。当有压缩气体通过消声套排出时，引起吸声音材料细孔和狭缝中的空气振动，使一部分声能由于摩擦转换为热能，从而降低了噪声。

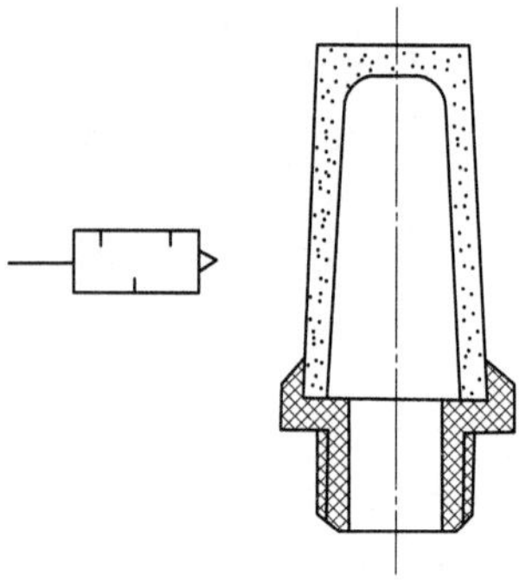

图 9-7　吸收型消声器

任务三　气动执行元件

气动执行元件是将压缩空气的压力能转换为机械能的元件，它驱动工作机构做往复直线运动、摆动或回转运动，其输出能量为力或力矩。气动执行元件可分为气缸和气马达。

一、气缸的分类及结构

气缸的种类很多，根据使用目的、使用条件的不同，气缸有各式各样的结构和规格，常用的分类方法有：

（1）按压缩空气作用在活塞端面上的方向分：有单作用气缸和双作用气缸。单作用气缸是压缩空气只能使活塞（或柱塞）往一个方向运动，反方向的运动则需借助外力或重力。双作用气缸是压缩空气推动活塞向两个方向运动。

（2）按气缸的结构特征分：可分为活塞式气缸、叶片式气缸、柱塞式气缸、薄膜式气缸和伸缩式气缸等。

（3）按气缸的功能分：有普通气缸和特殊气缸。普通气缸包括单作用气缸和双作用气缸，用于无特殊使用要求的场合，如一般的驱动及定位、夹紧装置的驱动等。特殊气缸包括气液阻尼缸、薄膜式气缸、冲击式气缸、回转气缸等。

(4)按安装方式不同分:有底座式、法兰式、耳环式、轴销式和嵌入式等。

(5)按有无缓冲装置分:有缓冲气缸和无缓冲气缸。

部分常用气缸的结构与特点列于表9-1中。

表9-1　部分气缸的结构类型及特点

类别	名称	简图	特点
单作用气缸	柱塞式气缸	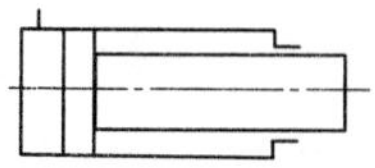	压缩空气驱动柱塞向一个方向运动;借助外力复位;对负载的稳定性较好,输出力小,主要用于小直径气缸
单作用气缸	活塞式气缸	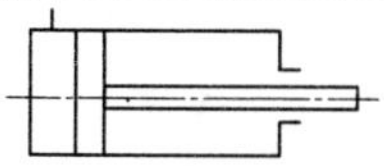	压缩空气驱动活塞向一个方向运动;借助外力或重力复位;较双作用气缸耗气量小
单作用气缸	活塞式气缸	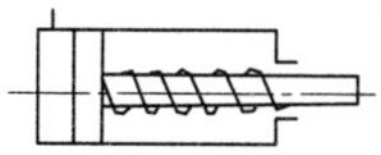	压缩空气驱动活塞向一个方向运动;借助弹簧力复位;结构简单、耗气量小,弹簧起背压作用,输出力随行程变化面变化,适用于小行程
单作用气缸	薄膜式气缸	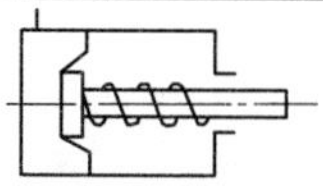	以膜片代替活塞的气缸;单向作用,借助弹簧力复位;行程短、结构简单,密封性好,缸体不需加工,仅用于短行程
双作用气缸	普通气缸	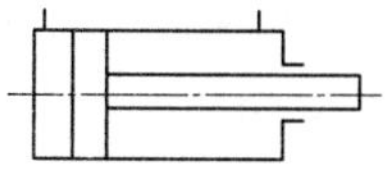	压缩空气驱动活塞向两个方向运动;活塞行程可根据实际需要选定;双作用的力和速度不同
双作用气缸	双活塞杆气缸	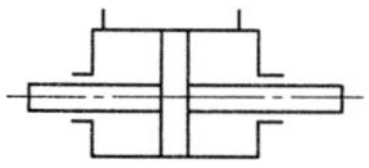	压缩空气驱动活塞向两个方向运动;速度和行程分别相等;用于长行程
双作用气缸	不可调缓冲气缸	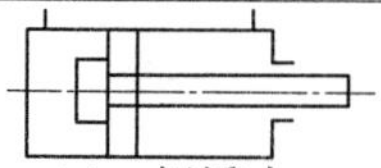 (a)一侧缓冲 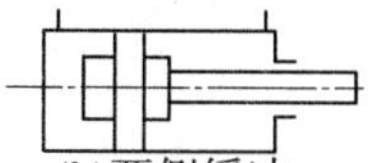 (b)两侧缓冲	设有缓冲装置以使活塞临近行程终点时减速,防止活塞撞击缸端盖,减速值不可调整。
双作用气缸	可调级冲气缸	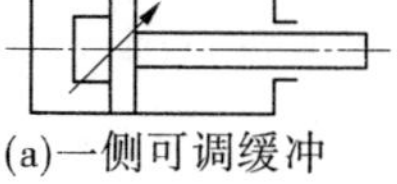 (a)一侧可调缓冲 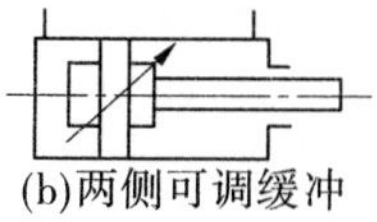 (b)两侧可调缓冲	设有缓冲装置,使活塞接近行程终点时减速,且减速值可根据需要调整

续表 9-1

类别	名称	简图	特点
特殊气缸	差动气缸	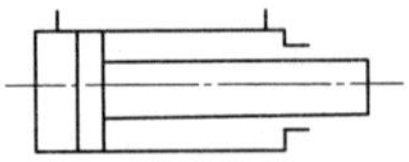	气缸活塞两侧有效面积较大,利用压力差原理使活塞往复运动,工作时活塞杆侧始终通以压缩空气,其推力和速度均较小
	双活塞气缸	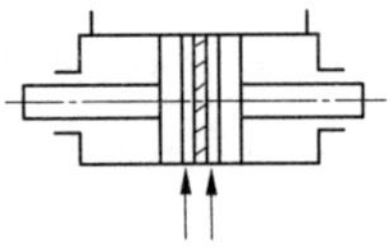	两个活塞同时向相反方向运动
	串联气缸	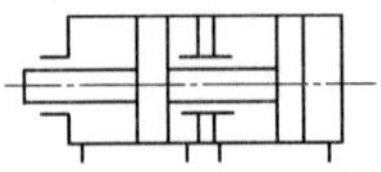	在一根活塞杆上串联多个活塞,因各活塞有效面积总和大,所以增加了输出推力
	气-液阻尼缸	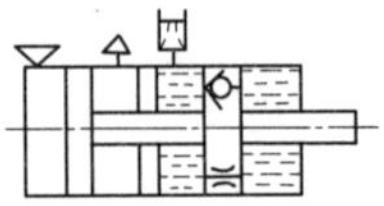	利用液体不可压缩的性能及液体排量易于控制的优点,获得活塞杆的稳速运动
	回转气缸	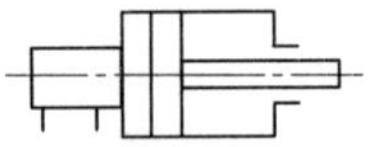	进、排气管和气缸本体可相对转动,用于机床夹具和线材卷曲装置上
	冲击式气缸	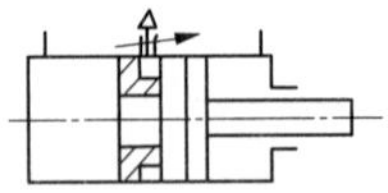	利用突然大量供气和快速排气相结合的方法得到活塞杆的快速冲击运动,用于切断、冲孔、打入工件等

二、特殊气缸的工作原理

一般形式的气缸类似于液压缸,如单作用气缸和双作用气缸等,故不再重复叙述。下面仅介绍几种特殊气缸的工作原理。

(一)气-液阻尼缸

图 9-8 所示为串联式气-液阻尼缸的工作原理图及职能符号图。气-液阻尼缸是由气缸 5 和液压缸 4 串联而成的,两缸的活塞由一根活塞杆带动,故气缸活塞运动必然带动液压缸活塞向同一方向运动。当气缸 5 中压缩空气推动活塞向左移动时,液压缸 4 左腔排油时只能经节流阀 3 流入液压缸右腔,所以产生阻尼作用,使活塞杆平稳运动,调节节流阀 3,即可改变活塞杆平稳运动的速度。反之,气缸 5 中压缩空气推动活塞向右移动时,液压缸 4 右腔排油经单向阀 2 流入液压缸左腔,所以阻尼作用很小,故活塞杆以快速退回。因液压缸 4 为双活塞杆式液压缸,所以液压缸两腔的进、排油量基本相等,只有很少量的泄漏,通常只用油杯补油即可。

由此可见,气-液阻尼缸是以压缩空气为能源的,利用液压缸控制流量来获得活塞的

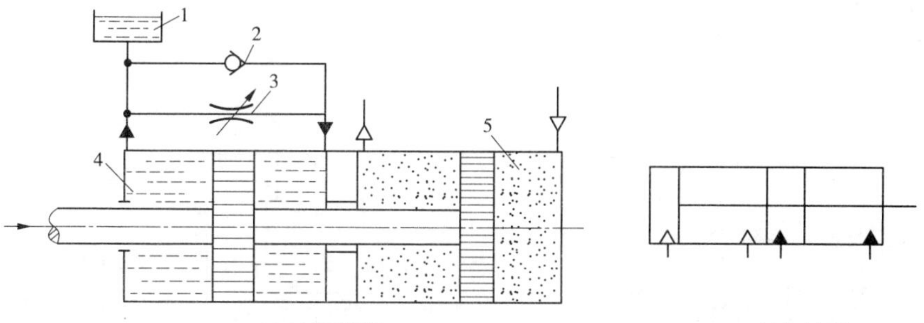

(a)工作原理　　(b)职能符号

1—油箱;2—单向阀;3—节流阀;4—液压缸;5—气缸

图 9-8　串联式气-液阻尼缸的工作原理及职能符号

平稳运动和调节活塞的运动速度。

(二)冲击式气缸

它可把压缩空气的能量转化为活塞高速运动的动能,利用此动能做功,具有体积小、结构简单、易于制造、冲击力大和操作简便等优点,可用于锻造、冲孔、铆接、切割和压配等各个方面。图 9-9 所示为冲击气缸的结构原理图。当活塞 6 处于图示原始位置时,中盖 5 与和喷嘴口 4 被活塞封闭,随着换向阀的换向,蓄能腔 3 充入 0.5~0.7 MPa 的压缩空气,当压缩空气刚进入蓄能腔 3 时,腔内压力较小,作用在活塞 6 上的力不能克服活塞杆腔排气压力所产生的向上推力和活塞与缸体间的摩擦阻力,故活塞 6 仍处在初始位置,喷嘴口 4 仍处关闭状态。随着压缩空气的不断输入,蓄能腔 3 内的气体压力逐渐升高,当腔内压力升高到作用在喷嘴口 4 面积上的总推力能克服活塞杆腔 1 的排气压力产生的向上推力与摩擦阻力的总和时,活塞就向下运动,喷嘴口 4 开启,积聚在蓄能腔内的压缩空气的压力通过喷嘴口 4 突然作用在活塞的全部面积上,喷嘴口处产生高速(可达音速)气流喷入活塞腔 2,使活塞获得强大的动能,而高速向下冲击,平均冲击速度可高达 8 m/s,约相当于普通气缸运动速度的 15 倍。

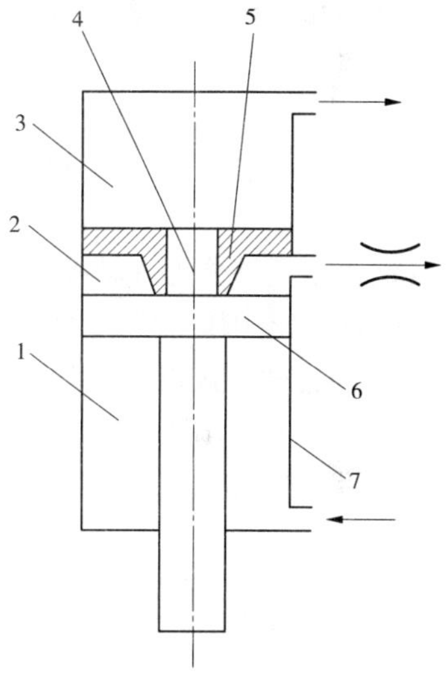

1—活塞杆腔;2—活塞腔;3—蓄能腔;4—喷嘴口;5—中盖;6—活塞;7—缸体

图 9-9　冲击气缸的结构原理

(三)薄膜式气缸

图 9-10 所示为双作用式薄膜气缸。它主要由膜片和中间膜盘相连来代替普通气缸中的活塞,利用膜片在压缩空气作用下产生变形来推动活塞做直线运动。活塞的位移较小,一般不超过 40~50 mm。薄膜式气缸与活塞气缸相比较,具有结构紧凑、质量轻、制造容易、成本低、维修方便、寿命长、泄漏小、功率高等优点。薄膜式气缸的应用很广,常用于化工生产上作调节阀,也用于汽车的刹车装置上等。

(四)回转气缸

如图 9-11 所示为回转气缸。

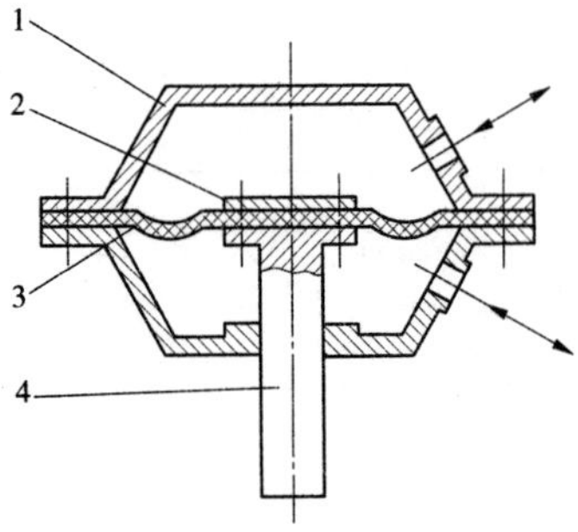

1—缸体;2—膜盘;3—膜片;4—活塞杆

图 9-10　双作用式薄膜气缸

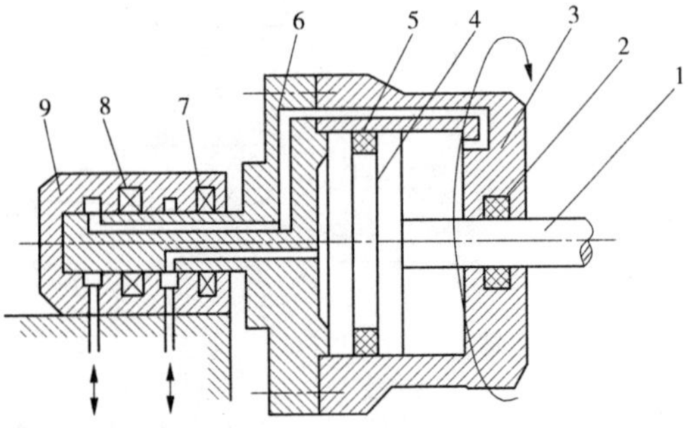

1—活塞杆;2、5—密封装置;3—缸体;4—活塞;
6—缸盖及导气头芯;7、8—轴承;9—导气头体

图 9-11　回转气缸

任务四　气动控制阀

气动控制元件分为气动控制阀和气动逻辑元件两大类。气动控制阀是用来控制和调节气压传动系统中压缩空气的压力、流量和气流方向,保证气动执行元件具有一定的力(或力矩)和速度并按设计的程序正常的进行工作。它是气压传动技术中必不可少的控制元件。气动逻辑元件是气动控制技术中能够完成一定逻辑功能的器件。采用气动逻辑元件可以组成全气控系统,它是气动控制技术中必备的控制元件。本任务着重介绍气动控制阀。

一、气动控制阀的分类及作用

气动控制阀的分类方法很多,但最常见的是根据阀在系统中所起的作用来分,因此可以分为压力控制阀、流量控制阀、方向控制阀三种类型。

压力控制阀用于调压和稳压,主要包括调压阀、安全阀和顺序阀。

流量控制阀用于控制气体流量,主要包括节流阀、单向节流阀等。

方向控制阀用于控制气流方向与通断,按其功用可分为换向型控制阀和单向型控制阀。

二、压力控制阀

(一)调压阀

气压传动系统不同于液压传动系统,一般每台液压设备中都有能源装置,而在气压设备中,通常都由统一的压缩空气站供气。就其压力来讲,气压系统的压力比液压系统的压力低得多,其压力值波动也较大,经常是将高压气体存积在储气罐内,用调压阀将一般符号或直动型中储气罐的输出压力调节到每台装置所需要的压力,并保持压力值稳定。因此,调压阀的输出压力总是低于输入压力,实际上起减压和稳压作用,所以又称减压阀。

调压阀按调节压力的方式不同,可分为直动式和先导式两类。

图 9-12 所示为直动式调压阀的结构原理和常用调压阀职能符号。在图 9-12 所示的情况下,调压阀处于工作平衡状态,压缩空气 p_1 由左侧入口注入,经阀口 8 降压,从调节阀右侧流出,压力降低为 p_2。与此同时,出口侧的一部分气流经阻尼孔 7 进入膜片室,对膜片 4 产生一个向上的推力,与上方的弹簧力相平衡,调压阀便输出稳定的压力 p_2。当输入压力 p_1 增高时,输出压力 p_2 将随之升高,膜片室的压力也升高,将膜片 4 向上推,阀芯 5 在复位弹簧 9 的作用下上移,使阀口 8 开度减小,节流作用增强,使输出口压力 p_2 下降,直至降低到调定值时,重新达到平衡状态,输出稳定的气压。反之,若输入压力下降,则输出压力也随之下降,打破平衡状态,膜片 4 下移,阀口 8 开度增大,节流作用减弱,使出口压力又上升,直至达到调定值时再保持稳定输出。调压手柄 1 便可控制阀口开度,即可控制输出压力的大小。图 9-12(b)为常用调压阀的职能符号。

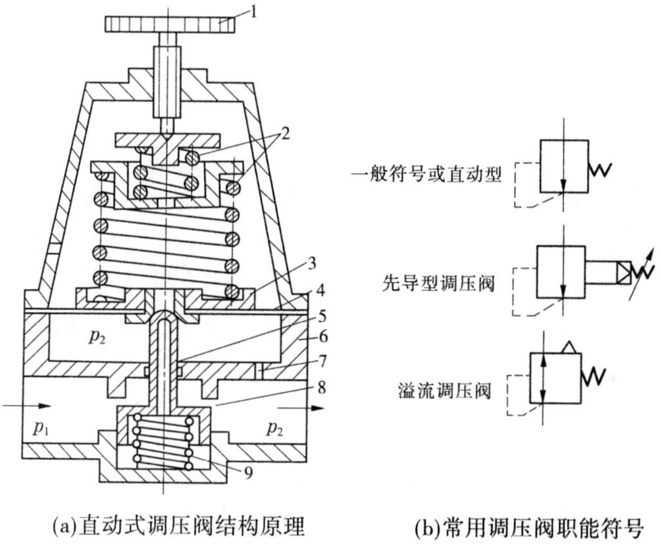

(a)直动式调压阀结构原理　(b)常用调压阀职能符号

1—调压手柄;2—调压弹簧;3—下弹簧座;4—膜片;5—阀芯;6—阀套;
7—阻尼孔;8—阀口;9—复位弹簧

图 9-12　调压阀及职能符号

(二)溢流阀

溢流阀主要用在储气罐或气动回路中,起超压安全保护作用,通常又称为安全阀。此外,也有时用于气缸操作回路中起溢流作用。

溢流阀和调压阀一样也有直动式和先导式之分,结构上有活塞式和直动式溢流阀膜片式两种。直动式溢流阀与液压直动式溢流阀基本相同,因此不再重复叙述。图 9-13(a)所示为外控先导式溢流阀的结构原理图,该溢流阀是薄膜式溢流阀。上端口 K 与控制压缩空气相连,使压缩气作用于膜片 2 上,当左端系统压缩空气进入溢流阀并大于控制压缩空气的压力时,就推动膜片 2 和膜盘 1 向上移动,使先导式溢流孔 3 打开,对系统进行溢流。先导式溢流阀的这种结构形式能在滥流孔开、闭过程中,使控制压力保持不变,故阀的流量特性较好。图 9-13(b)为气动溢流阀的职能符号。

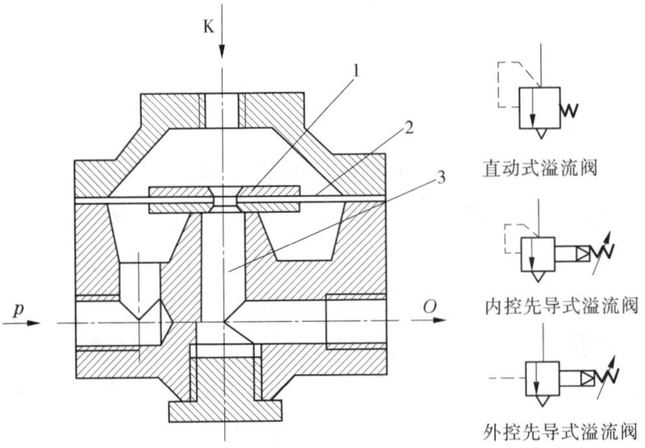

(a)外控先导式溢流阀的结构原理　　(b)职能符号

1—膜盘;2—膜片;3—溢流孔

图 9-13　溢流阀

(三)顺序阀

顺序阀是依靠回路中压力的变化,来控制各种执行机构按顺序动作的压力控制阀。顺序阀常与单向阀组合在一起,称为单向顺序阀。

1. 单向顺序阀

图 9-14 所示为单向顺序阀的工作原理图和职能符号。当压缩空气由 P 口进入腔 4 后,作用在活塞上的力小于弹簧 2 的力时,阀处于关闭状态。当作用在活塞上的力大于弹簧 2 的力时,活塞被顶起,压缩空气经腔 4 流入腔 5 由 A 口流出,此时单向阀处于关闭状态,如图 9-14(a)所示。当切换气源时,顺序阀关闭,单向阀开启,压缩空气由腔 5 流入经腔 4 向外排出气体,如图 9-14(b)所示。图 9-14(c)为单向顺序阀的职能符号。

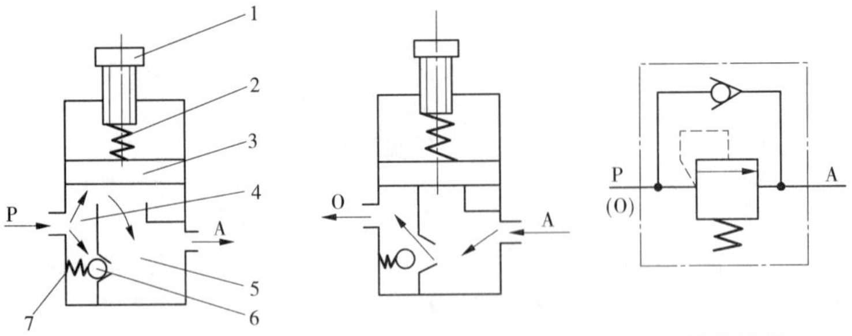

(a)开启状态　　(b)关闭状态　　(c)职能符号

1—调压螺钉;2—调压弹簧;3—活塞;4—输入气室;5—输出气室;6—单向阀;7—弹簧

图 9-14　单向顺序阀的工作原理和职能符号

2. 顺序阀的应用

图 9-15 所示为用顺序阀控制两个气缸顺序动作的回路。压缩空气先进入气缸 1,使气缸 1 的活塞向右移动到极限位置,则单向顺序阀的左侧压力开始升高,待压力达到某一

定值后，便打开单向顺序阀，压缩空气进入气缸2，使气缸2开始动作。当切断气源，与大气相通时，气缸1、2的活塞基本同时返回，气缸2活塞返回时的气体经单向阀从排气口O排空。

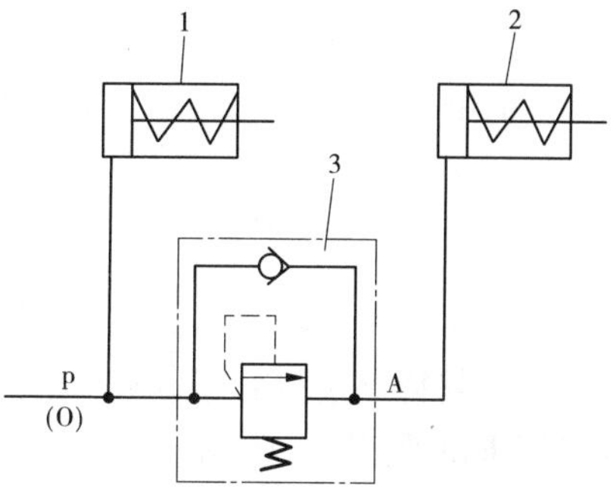

1、2—单作用气缸；3—单向顺序阀

图9-15　顺序阀的应用回路

三、流量控制阀

由于气动节流阀和单向节流阀的工作原理和液压阀中同类型阀基本相同，故在此不再重复叙述。图9-16(a)所示为排气节流阀的结构原理图和职能符号。气流从A口进入阀内，由节流口1节流后经消声套2排出。由此可见，它不仅能调节空气流量，还能起到降低排气噪声的作用。排气节流阀通常安装在换向阀的排气口处，与换向阀联用，起单向节流阀的作用。图9-16(b)所示为常用节流阀的职能符号。

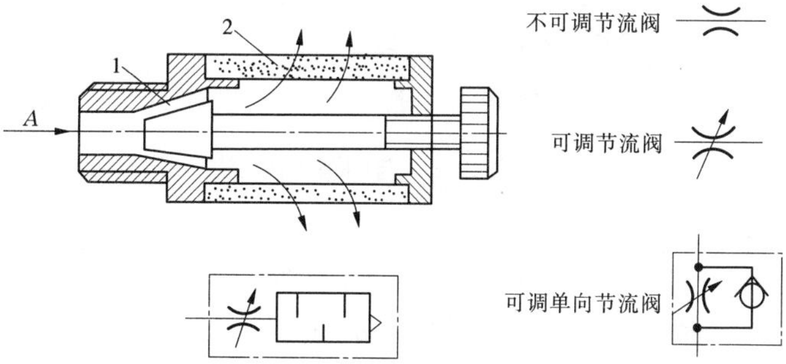

(a)排气节流阀　(b)职能符号

1—节流口；2—消声套

图9-16　流量控制阀及职能符号

四、方向控制阀

(一)单向型方向控制阀

常用的单向型控制阀有单向阀、或门型梭阀、与门型梭阀和快速排气阀。单向阀的工作原理和职能符号与液压单向阀相类似，在此不再重复叙述。

1. 或门型梭阀

图9-17所示为或门型梭阀的工作原理图和职能符号。它相当于两个单向阀的组合。P_1、P_2为该阀的两个进气口，A为排气口，设进气口进气状态时为"1"，不进气时为"0"，排气口向外排气状态时为"1"，不排气时为"0"。从图中可以看出，P_1口为"1"时，A口为"1"，P_2口为"1"时，A口为"1"，P_1、P_2两口均为"1"时，A口仍为"1"，即P_1或P_2等于A，这种阀在气动回路中起到"或"门的作用。

2. 与门型梭阀

这种阀又称双压阀，图9-18所示为其工作原理图及职能符号。它也相当于两个单向

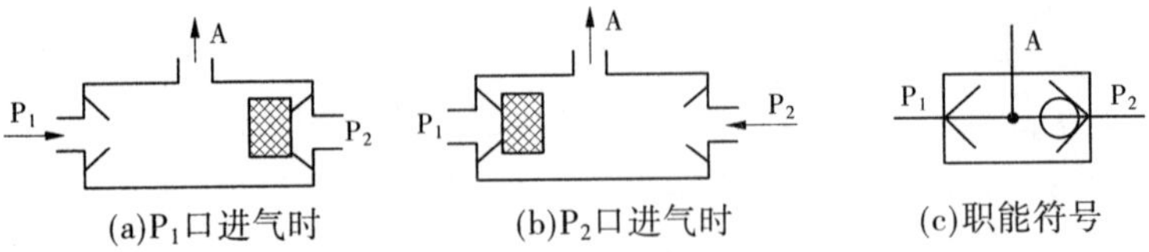

图 9-17　或门型梭阀

阀的组合，其特点是只有当进气口 P_1、P_2 同时进气时，A 口才输出，当两端进气压力不等时，则低压口通过 A 口输出。

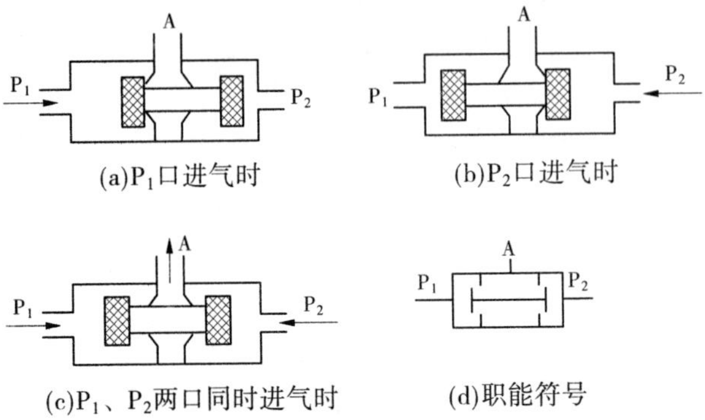

图 9-18　与门型梭阀

3. 快速排气阀

它将气缸中大量的压缩空气直接排出，降低了排气阻力，使活塞获得最快的运动速度。图 9-19 所示为快速排气阀的结构原理图及职能符号。

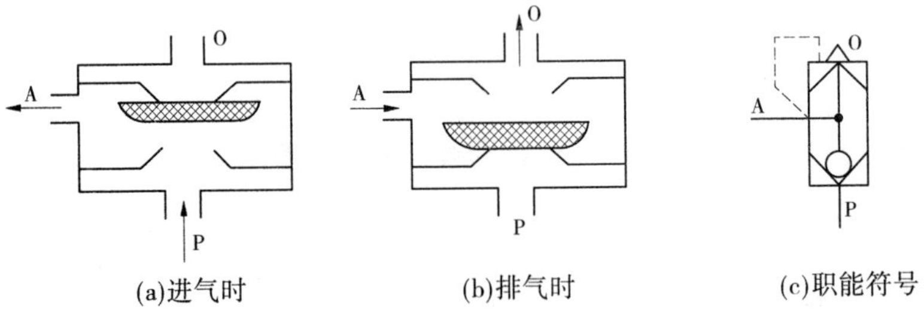

图 9-19　快速排气阀

(二)换向型方向控制阀

按阀芯结构特性可分为截止式换向阀和滑阀式换向阀，滑阀式换向阀与液压换向阀的结构和工作原理基本相同，故在此不再重复。

图 9-20 所示为二位三通截止式气控换向阀的工作原理图，这种阀的开启和关闭是用大于管道直径的圆盘从端面进行控制的。图 9-20(c)为二位三通截止式气控换向阀的职能符号。

五、常见故障分析及排除方法

气动控制阀安全、可靠地工作是保证气压系统正常工作的前提。若出现故障，能及时

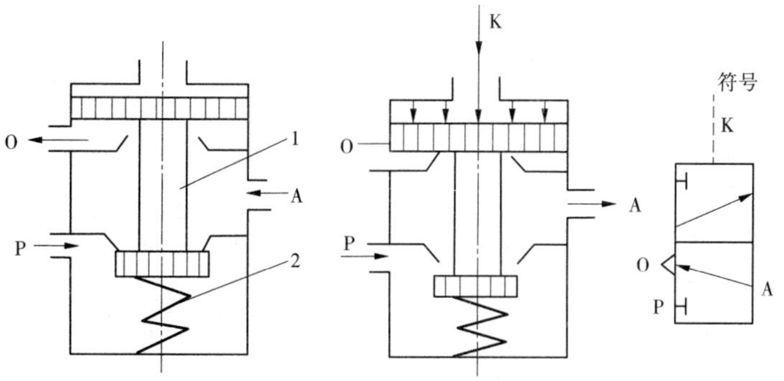

图 9-20　二位三通截止式换向阀的工作原理

准确地确定故障的原因,并采取相应措施予以排除,会使损失降到最低。表 9-2 列出气动控制阀的常见故障及原因。

表 9-2　气动控制阀的常见故障及原因

故障现象	故障产生原因	排除方法
气阀不工作时慢性漏气	1. 锥阀密封不好 2. 密封件失效 3. 阀座密封垫失效 4. 阀体漏气	1. 检查、清洗、研磨、重新装配或更换 2. 更换密封件 3. 更换密封垫 4. 修补或更换
气阀工作时慢性漏气	1. 阀座密封垫失效 2. 密封件失效 3. 阀芯损坏 4. 阀体漏气 5. 气源压力太低 6. 水或油污染	1. 更换密封垫 2. 更换密封件 3. 更换阀芯 4. 修补或更换 5. 提高气源压力 6. 清洗、重新装配、加强过滤
阀芯不返回	1. 复位弹簧断裂 2. 阀芯卡住	1. 更换弹簧 2. 检查、清洗、研磨、重新装配或更换
电磁铁或手动均不能操纵气阀	1. 阀内堆积油垢 2. 先导压力过低 3. 水或油污染	1. 清除油垢 2. 提高先导压力 3. 清洗、重新装配、加强过滤
电磁铁不能驱动气阀,但手动尚可	1. 电磁铁松脱或电磁铁损坏 2. 电压过低	1. 检查、重新装配或更换 2. 提高电压
先导级漏气	1. 先导阀盖松脱 2. 先导阀密封不良	1. 检查、重新装配或更换 2. 检查、清洗、研磨、重新装配或更换

续表 9-2

故障现象	故障产生原因	排除方法
锥阀抖动	1. 气源压力过低 2. 先导压力过低 3. 消声器故障	1. 提高气源压力 2. 提高先导压力 3. 检查、清洗或更换规格适中的消声器
气阀动作不灵敏	1. 滑阀阀芯密封失效 2. 气源压力过低 3. 先导压力过低 4. 润滑不良 5. 消声器失效 6. 水或油污染	1. 检查、清洗、研磨、重新装配或更换 2. 提高气源压力 3. 提高先导压力 4. 加强润滑 5. 检查、清洗或更换规格适中的消声器 6. 清洗、重新装配、加强过滤

任务五　气动基本回路

气压传动系统的形式很多,但都是由各种不同功能的基本回路所组成的,在熟悉常用基本液压回路的基础上,本任务介绍一些气动基本回路。

一、压力控制回路

(一)溢流回路

系统压力源压力的调整可采用并联溢流阀进行调节,在空压站安装溢流阀组成溢流回路,如图 9-21 所示。溢流阀 4 的外控口与储气罐相连,储气罐的压力就是空气压缩机输出压缩空气的压力,当压力高于溢流阀调定压力时,溢流阀进行溢流,从而保证系统在允许压力下工作,图中单向阀 2 的作用是防止气流倒流。

(二)调压回路

在回路中,若要求某一支路上的压力比气源压力低时,可在回路中串联调压阀,构成调压回路,所需压力的大小可由调压阀来调节,如图 9-22 所示。

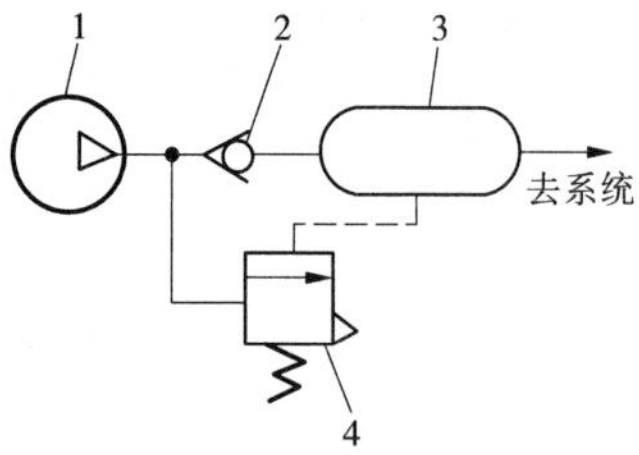

1—空气压缩机;2—单向阀;3—储气罐;4—溢流阀

图 9-21　溢流回路

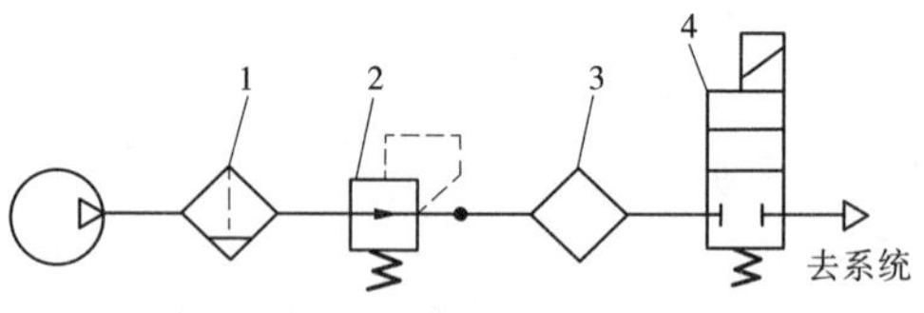

1—分水滤气器;2—调压阀;3—油雾器;4—电磁换向阀

图 9-22　调压回路

二、速度控制回路

速度控制回路是用来调节气缸运动速度或实现气缸缓冲等作用的回路。

(一)单作用气缸的速度控制回路

对于需双向都进行调速的单作用气缸,可采用双向节流调速回路来实现,如图 9-23(a)

所示。在此回路中用两个单向节流阀反向串联来调节气缸左、右移动的速度。图 9-23(b)所示的回路为单向节流调速回路，即在气缸上升时调速，下降时则通过快排阀快速排气，使气缸快速返回。

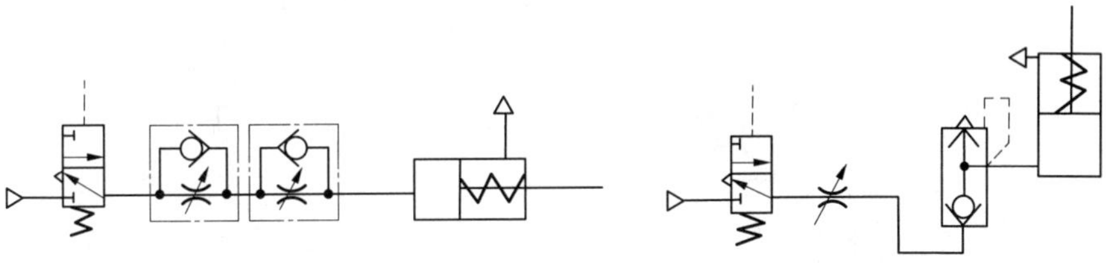

(a)　　(b)

图 9-23　节流调速回路

(二)双作用气缸的速度控制回路

图 9-24 所示为双向排气节流调速回路。采用排气节流调速的方法控制气缸速度，活塞运动较平稳，比进气节流调速效果好。

(三)缓冲回路

气动元件中的运动部件在高速运动中突然停止或换向，会产生压力冲击。为了减小这种冲击，必须采取缓冲措施，除在气缸中设缓冲装置外，也可在系统中增加缓冲回路。图 9-25 所示为常用缓冲回路，当活塞向右运动到末端压下行程阀时，气体只能经节流阀排气，因而使活塞的运动得到缓冲。

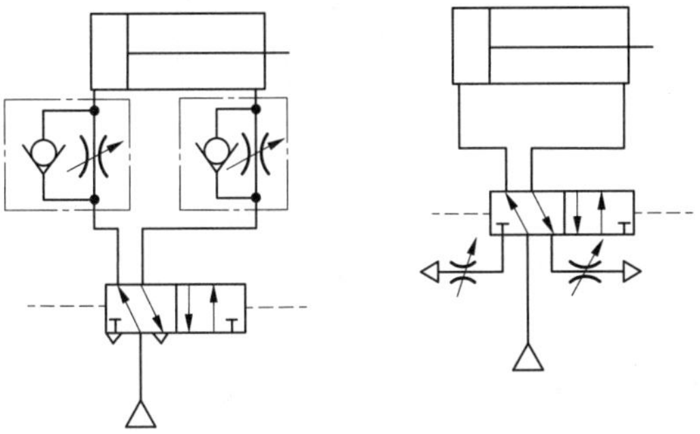

(a)进口节流控制　　(b)出口节流控制

图 9-24　双作用气缸的速度控制回路

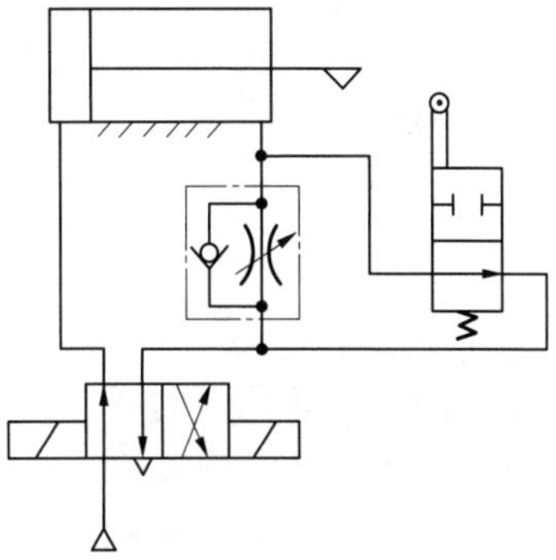

图 9-25　缓冲回路

三、气液联动回路

气液联动回路是以压缩空气为动力，利用气液缸(又称气液转换器)或气-液阻尼缸来获得液压传动所具有的传动平稳、定位精确、能实现无级调速等特点的一种回路。

(一)气液缸的调速回路

图 9-26(a)所示为气液缸双向调速回路。它利用气液缸将气压与液压相互转换，再通过改变节流口的大小来实现液压缸往复运动的无级调速。

图 9-26(b)所示为仅调节液压缸返回行程速度的气液缸调速回路。回路中二位二通

电磁换向阀的作用是使液压缸能停在任意的中间位置上。

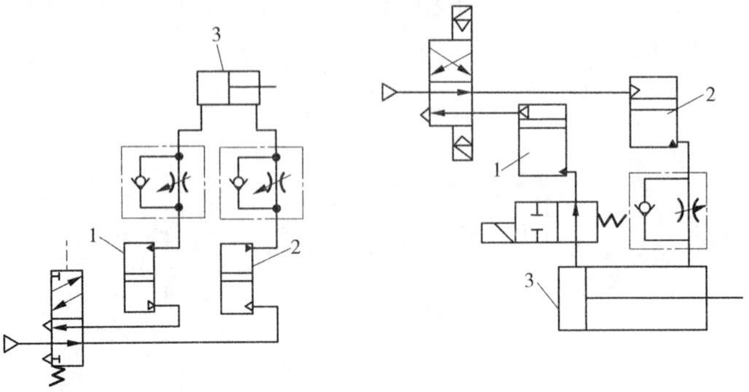

(a)　　(b)

1、2—气液缸；3—液压缸

图 9-26　气液缸的调速回路

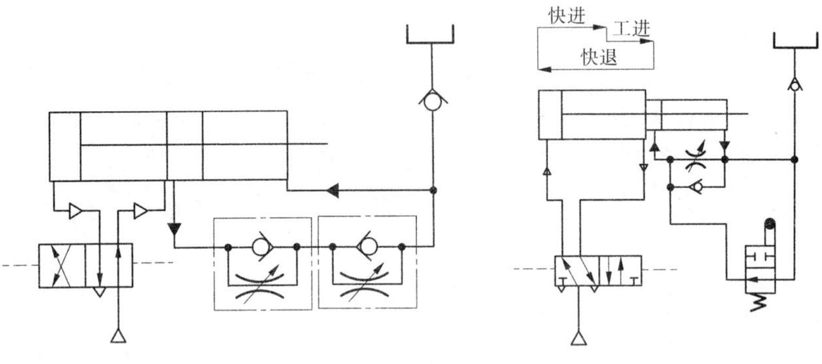

(a)　　(b)

图 9-27　气-液阻尼缸的调速回路

(二)气-液阻尼缸的调速回路

图 9-27(a)所示为采用两个单向节流阀控制的双向气-液阻尼缸的调速回路。调节两个节流阀就可获得气-液阻尼缸不同的往返速度。

图 9-27(b)所示为采用行程阀控制的单向气-液阻尼缸的调速回路。当气-液阻尼缸活塞杆向右移动时,活塞杆没有碰到行程阀时为快进,当快进压下行程阀后,转为工进,工进速度可由单向节流阀来调整。反之,气-液阻尼缸活塞杆向左退回时,活塞杆快速退回。

任务六　气动系统实例

一、气液动力滑台气动系统

气液动力滑台是采用气-液阻尼缸作为执行元件,在机床设备中用来实现进给运动的部件。图 9-28 所示为气液动力滑台气压传动系统的原理图。图中分液压控制和气压控制两部分,气-液阻尼缸的活塞杆带动滑台一起运动,滑台上安装有三个挡块 A、B 及 C。该滑台能完成两种工作循环。

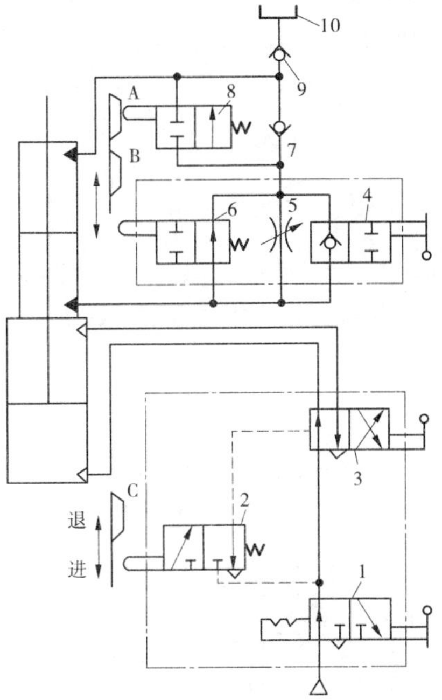

1、3、4—手动阀;2、6、8—行程阀;5—节流阀;7、9—单向阀;10—补油箱

图 9-28　气液动力滑台气动系统

(一)实现"快进—工进—快退—停止"的工作循环

当手动换向阀 4 处于图示状态时,就可实现第一种工作循环。其工作过程为:

当手动换向阀 3 切换到右位时,就发出滑台进给信号,在气压作用下,气-液阻尼缸中的气缸活塞向下运动,就会带动活塞杆和液压缸活塞一起向下运动,则液压缸中活塞下腔的油液经行程阀 6 的右位到单向阀 7,然后进入液压缸活塞的上腔,实现滑台的快进。当快进到滑台上的挡块 B 压下行程阀 6,使行程阀 6 切换到左位后,油液只能经节流阀 5 进入液压缸活塞上腔,调节节流阀 5 的开度,即可调节气-液阻尼缸的运动速度,实现了滑台的工进。当工进到滑台上的挡块 C 压下行程阀 2,使行程阀 2 切换到左位时,行程阀 2 就会输出控制气动信号,使手动换向阀 3 切换到左位,此时就发出退回信号,即气-液阻尼缸的气缸活塞下腔进气、上腔排气,气缸活塞开始向上运动,同时带动液压缸活塞及滑台一起向上运动,液压缸活塞上腔的油液经行程阀 8 的右位到手动阀 4 的左位,再进入液压缸活塞的下腔,实现了滑台的快退。当快退到滑台上的挡块 A 压下行程阀 8 时,使行程阀切换到左位,因而使油液通路被切断,活塞便停止运动,完成整个循环过程,滑台停止。再将手动换向阀 1 切换到右位,停止向系统供气。

(二)实现"快进—工进—工退—快退—停止"工作循环

当把手动换向阀 4 切换到右位时,就可实现第二种工作循环。其工作过程为:

第二种工作循环中,从快进到工进的工作过程与上述工作过程相同。当工进到滑台挡块 C 压下行程阀 2，使行程阀 2 切换到左位，就会输出控制气信号，使手动换向阀 3 切换到左位，气缸活塞开始向上运动，带动液压缸活塞同时动作，则液压缸活塞上腔的油液经行程阀 8 的右位到节流阀 5 进入液压缸活塞下腔，实现了工退。工退速度可调节节流阀 5 的开度，当工退到滑动上挡块 B 离开行程阀 6 时，使行程阀 6 切换到右位，液压缸上腔的油液经行程阀 6 的右位而进入活塞的下腔，实现了快退。快退到挡块 A 切换行程阀 8 而使油液通路被切断时，滑台就停止运动。

二、数控加工中心气动换刀系统

图 9-29 所示为某数控加工中心气动换刀系统原理图，该系统在换刀过程中实现“主轴定位→主轴松刀→拔刀→向主轴锥孔吹气→插刀”的动作。

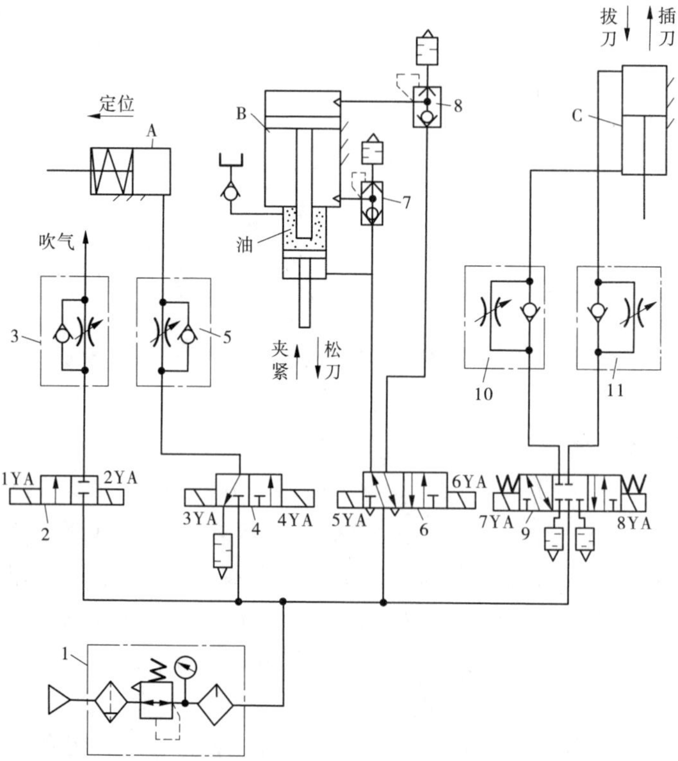

1—气动三联件；2—二位二通电磁换向阀；3、5、10、11—单向节流阀；4—二位三通电磁换向阀；6—二位五通电磁换向阀；7、8—快速排气阀；9—三位五通电磁换向阀；10、11—单向节流阀

A、C—气缸；B—气液增压器

图 9-29　数控加工中心气动换刀系统原理

具体工作原理如下：当数控系统发出换刀指令时，主轴停止旋转，同时 4YA 通电，压缩空气经气动三联件 1、换向阀 4、单向节流阀 5 进入主轴定位缸 A 的右腔，缸 A 的活塞左移，使主轴自动定位。定位后压下无触点开关，使 6YA 通电，压缩空气经换向阀 6、快速排气阀 8 进入气液增压器 B 的上腔，增压腔的高压油使活塞伸出，实现主轴松刀，同时使

8YA 通电,压缩空气经换向阀 9、单向节流阀 11 进入缸 C 的上腔,缸 C 下腔排气,活塞下移实现拔刀。由回转刀库交换刀具,同时 2YA 通电,压缩空气经换向阀 2、单向节流阀 3 向主轴锥孔吹气。稍后 2YA 断电、1YA 通电,停止吹气,8YA 断电、7YA 通电,压缩空气经换向阀 9、单向节流阀 10 进入缸 C 的下腔,活塞上移,实现插刀动作。6YA 断电、5YA 通电磁换向阀通电,压缩空气经阀 6 进入气液增压器 B 的下腔,使活塞退回,主轴的机械机构使刀具夹紧。4YA 断电、3YA 通电,缸 A 的活塞因弹簧力复位,回复到开始状态,换刀结束。

习　题

9-1　试述气压传动的优点、缺点。

9-2　简述串联式气–液阻尼缸的工作原理。

9-3　画出 10 个气动元件的职能符号,并将其与相应的液压元件职能符号相比较。

9-4　什么叫气动三联件? 每个元件起什么作用?

9-5　试分析如图 9-30 所示回路的工作过程,并说明各元件的名称和作用。

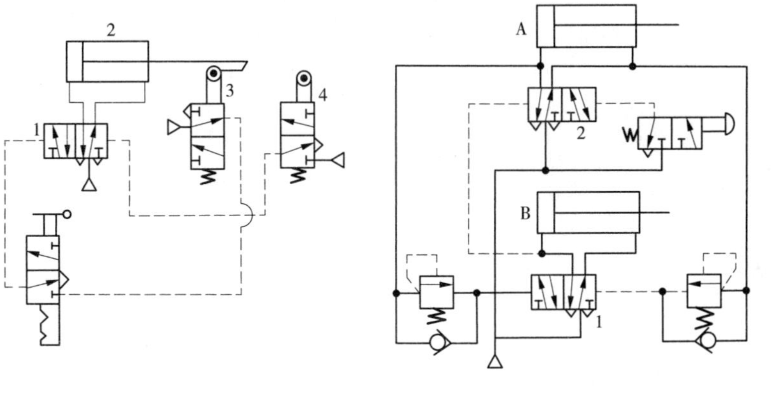

(a)　　　　(b)

图 9-30　题 9-5 图

参 考 文 献

[1] 丁承浩. 电工学[M]. 北京:机械工业出版社,1999.
[2] 胡幸鸣. 电机及拖动基础[M]. 北京:机械工业出版社,1999.
[3] 方德政. 电路电机技术[M]. 上海:同济大学出版社,1990.
[4] 谭维瑜. 电机及电气控制[M]. 北京:机械工业出版社,2000.
[5] 连赛英,机床电气控制技术[M]. 北京:机械工业出版社,1999.
[6] 李清新. 伺服系统与机床电气控制[M]. 北京:机械工业出版社,1996.
[7] 陈鼎宁. 机械设备控制技术[M]. 北京:机械工业出版社,1999.
[8] 谭有广. 设备电气控制及维修[M]. 北京:机械工业出版社,1996 .
[9] 齐占庆. 机床电气控制技术[M]. 北京:机械工业出版社,1995.
[10] 许寥. 工厂电气控制设备[M]. 北京:机械工业出版社,2001.
[11] 陈远龄,黎亚元,傅国强. 机床电气自动控制[M]. 重庆:重庆大学出版社,1995.
[12] 田瑞庭,可编程序控制器应用技术[M]. 北京:机械工业出版社,1994.
[13] 王兆义. 可编程序控制器应用技术[M]. 北京:机械工业出版社,1997.
[14] 李建兴. 可编程序控制器及其应用[M]. 北京:机械工业出版社,1999.
[15] 钟肇新. 可编程序控制器原理及应用[M]. 北京:机械工业出版社,1991.
[16] 张利平. 液压气动系统设计手册[M]. 北京:机械工业出版社,1997.
[17] 张群生. 液压传动与润滑技术[M]. 北京:机械工业出版社,1996.
[18] 张群生. 液压与气压传动[M]. 北京:机械工业出版社,2001.
[19] 徐永生. 液压与气动[M]. 北京:高等教育出版社,1998.
[20] 袁承训. 液压与气压传动[M]. 2 版. 北京:机械工业出版社,2000.
[21] 丁树模,姚如一. 液压传动[M]. 2 版. 北京:机械工业出版社,1992.
[22] 上海市业余工业大学. 液压传动与控制[M]. 上海:上海科学技术出版社,1981.
[23] 薛租德. 液压传动[M]. 2 版. 北京:中央广播电视大学出版社,1984.
[24] 徐灏. 机械设计手册(第五卷)[M]. 北京:机械工业出版社,1992.
[25] 王修斌,程良骏. 机械修理大全(第四卷)[M]. 沈阳:辽宁科学技术出版社,1993.
[26] 马玉贵. 液压件使用与修理技术大全[M]. 北京:中国建材工业出版社,1994.
[27] 丁树模. 机械工学[M]. 北京:机械工业出版社,1999.
[28] 李慕洁. 液压传动与气压传动[M]. 北京:机械工业出版社,1989.
[29] 李天贵. 气压传动[M]. 北京:国防工业出版社,1985.
[30] 王庭树,余从西. 液压与气动技术[M]. 北京:国防工业出版社,1985.